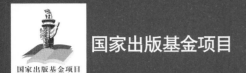 国家出版基金项目　 工业和信息化部"十二五"规划专著

航天发射科学与技术

航天发射装置试验技术

THE EXPERIMENT TECHNOLOGY OF SPACE LAUNCH EQUIPMENT

于殿君　张艳清　邓　科　编著

北京理工大学出版社
BEIJING INSTITUTE OF TECHNOLOGY PRESS

内 容 简 介

本书集中介绍了航天发射装置（重点是火箭、导弹发射装置）的试验方法。在第 1 章概论中，介绍了发射装置的特点、研制流程、试验的意义；第 2 章论述了发射装置研制过程中常见的原理性试验；第 3 章介绍了发射装置常见的工程研制试验，包括功能、性能试验，协调匹配试验，发射试验，环境试验，电磁兼容性试验等；第 4 章重点论述了定型试验的种类和要求；第 5 章和第 6 章分别介绍了发射装置可靠性试验和维修性试验的要求和方法；第 7 章和第 8 章从试验测试的角度论述了发射装置试验测试技术、数据采集和处理的方法；第 9 章对新兴的试验技术进行了总结，并展望了未来发展。

本书可供从事航天发射装置研究、设计、生产、试验、使用的工程技术人员和管理人员参考和借鉴，亦可作为高等院校相关专业研究生和高年级本科生的参考书。

图书在版编目（CIP）数据

航天发射装置试验技术 ／ 于殿君，张艳清，邓科编著 . —北京：北京理工大学出版社，2015.6

（航天发射科学与技术）

国家出版基金项目　工业和信息化部"十二五"规划专著

ISBN 978 - 7 - 5682 - 0736 - 2

Ⅰ. ①航…　Ⅱ. ①于… ②张… ③邓…　Ⅲ. ①航天器 - 发射装置 - 试验　Ⅳ.
①V553 - 33

中国版本图书馆 CIP 数据核字（2015）第 133409 号

出版发行／北京理工大学出版社有限责任公司
社　　址／北京市海淀区中关村南大街 5 号
邮　　编／100081
电　　话／（010）68914775（总编室）
　　　　　（010）82562903（教材售后服务热线）
　　　　　（010）68948351（其他图书服务热线）
网　　址／http：//www. bitpress. com. cn
经　　销／全国各地新华书店
印　　刷／北京地大天成印务有限公司
开　　本／787 毫米 ×1092 毫米　1/16
印　　张／20.75　　　　　　　　　　　　　　责任编辑／莫　莉
字　　数／396 千字　　　　　　　　　　　　　文案编辑／莫　莉
版　　次／2015 年 6 月第 1 版　2015 年 6 月第 1 次印刷　　责任校对／周瑞红
定　　价／79.00 元　　　　　　　　　　　　　责任印制／王美丽

航天发射科学与技术

编写委员会

航天发射科学与技术

学术顾问委员会

总序

世界各国为了进一步提高综合国力，都在大力开发空间资源和加强国防建设。作为重要运载器的火箭、导弹，以及相关的发射科学技术，也相应地都得到了广泛的重视。发射科学技术综合了基础科学和其他应用科学领域的最新成就，以及工程技术的最新成果，是科学技术和基础工业紧密结合的产物。同时，发射科学技术也反映了一个国家相关科学技术和基础工业的发展水平。

航天发射科学技术的发展历史漫长，我国古代带火的弓箭便是火箭的雏形。火箭出现后，被迅速用于各种军事行动和民间娱乐。随着现代科学技术的发展和人类需求的增加，美国、俄罗斯、中国、日本、法国、英国等航天大国，投入了大量的人力、物力进行航天发射的研究和开发，并取得了丰硕成果，代表了世界的先进水平。火箭、导弹的发射水平，决定了一个国家航天活动和国防保障区域的范围。因此，各航天大国均把发展先进的发射和运载技术作为保持其领先地位的战略部署之一。无论是空间应用、科学探测、载人航天、国际商业发射与国际合作，还是国防建设，都对发射技术提出了新的要求，促使航天发射科学技术向着更高层次发展。

综上所述，系统归纳、总结发射领域的理论和技术成果，供从事相关领域教学、研发、设计、使用人员学习和参考，具有重要的意义。这对提高教育水平、提升技术能力、推动科学发展和提高航天发射领域的研发水平将会起到十分重要的作用。

航天发射科学技术构成复杂，涉及众多学科，而且内容广泛，系列丛书的编写需要有关领域的专家、学者来共同完成。因此，北京理工大学、北京航天发射技术研究所、北京机械设备研究所、北京特种机械研究所、总装备部工程设计研究院等国内从事相关领域研究的权威单位组建了本丛书的作者队伍，期望将发射科学技术的重要成果著作成册，帮助读者更深入地了解和掌握航天发射领域的知识和技术，推动我国航天事业的发展。

本丛书力求系统性、完整性、实用性和理论性的统一，从发射总体技术、发射装置、地面支持技术、发射场总体设计、发射装置设计、发射控制技术、发射装置试验技术、发射气体动力学、发射动力学、弹射内弹道学等多个相互支撑的学科领域，以发射技术基本理论，火箭、导弹发射相关典型系统和设备为重点，全面介绍国内外的相关技术和设备、设施。

本丛书作者队伍是一个庞大的教育、科研、设计团队，为了编写好本丛书，编写人员辛勤劳动，做出了很大努力。同时，得到了相关学会，以及从事编写的五个单位的领导、专家及工作人员的关心和大力支持，在此深表感谢！由于种种原因，书中难免存在不当之处，敬请读者批评指正！

编写委员会

前言

　　航天发射装置是航天系统中一个重要的组成部分，对航天任务成败有着决定性的作用，因此，如何确保航天发射装置功能、性能的稳定性及其工作的可靠性一直以来都是设计开发人员最为关注的问题。在一套发射装置的研制过程中，通过试验来验证产品工作原理的正确性、设计方案的可行性，并对产品主要技术指标进行评估考核，已经成为最为常用和有效的手段。长期以来，航天产品开发人员通过积累大量的工作经验，形成了一套行之有效的试验方法体系，这套体系涵盖了产品开发的全过程，为航天产品的开发和发展做出了卓越贡献。

　　北京特种机械研究所自1965年建所以来，长期从事航天发射技术的研究，是国内最早从事该领域研究的专业化研究机构。近20年来，伴随着中国航天事业的飞速发展，北京特种机械研究所在航天发射技术的研究和工程应用也取得了长足的进步，在航天发射装置试验技术上积累了丰富的经验。本书以航天发射装置试验技术为对象，从工程应用角度出发，系统、全面地总结了近20年来北京特种机械研究所在陆基、舰载、潜载等发射装置试验技术上的研究成果，理论联系实际，力求完整而系统地论述发射装置从研制到定型全过程的试验技术理论和方法，论述的试验内容具有真实性和覆盖性，力求内容翔实、概念清楚、结论正确。为了描述清楚某些内容，书中给出了详细的工程实例，便于工程技术人员参考。本书在编写过程中进行了非密化处理，以达到公开出版的要求。

　　本书共9章，由于殿君构思和设计全书，张艳清、邓科进行全书的统稿和审定。第1、9章由于殿君撰写，第2、4章由邓科撰写，第3章由罗勇、邓科撰写，第5章由张平雨撰写，第6章由吴向阳、张平雨撰写，第 7、8 章由岳红芳、王建新撰写。

北京特种机械研究所的郝志忠研究员对书稿进行了审阅，提出了许多宝贵的修改意见，并在本书筹备初期做了很多组织协调工作；北京理工大学的姜毅教授对该书进行了审阅，并提出了宝贵的修改意见，对本书的出版做出了较大贡献。此外，本书出版过程中，得到了北京特种机械研究所各级领导和相关技术人员的大力支持，以及兄弟单位、院校的大力协助，特此一并表示衷心的感谢。

鉴于作者水平所限，书中疏漏之处在所难免，恳请广大读者批评指正。

编著者

2014 年 7 月

目 录
CONTENTS

第1章 概　　论

1.1　航天发射装置概述

　　航天发射装置是火箭导弹武器系统的重要组成部分，其基本任务是发射火箭或导弹。发射装置的设计水平和制造质量直接影响火箭、导弹发射的成败，影响武器系统的作战效能及载体（飞机、舰艇、车辆）的安全，以及武器的费效比。所以发射装置的设计、试验技术是火箭导弹武器系统设计的重要内容。

　　航天发射装置发展至今，主要作用是平时贮存和运输火箭、导弹等武器，确保其处于良好状态；战时为火箭、导弹提供规定的初始姿态和轨上运动距离，保证火箭、导弹发射的初始精度。按照发射姿态可分为水平式发射装置、倾斜式发射装置和垂直式发射装置。目前，国外的航天发射装置主要有下文中介绍的几种。

　　图 1 – 1 是美国 MK – 41 舰载垂直发射装置，采用模块化结构，可由 8 个、12 个或 16 个模块组成。每个模块为焊接的钢梁网格结构，由中央烟道和气室分隔成两排，每排 4 个号位，各容纳 4 个发射箱。导弹采用共架发射方式，可以发射"战斧"对地攻击型巡航导弹、"阿斯洛克"反潜导弹、"标准"对空导弹等。

图 1 – 1　美国 MK – 41 舰载垂直发射装置

　　这种舰载垂直发射装置也可根据军舰布置的需要安装于舷侧，图 1 – 2 即美国 DDG – 1000 驱逐舰上布置的 MK – 57 舷侧垂直发射装置，可装载美国海军现役的各种防空导弹、"战斧"对地攻击型巡航导弹、"阿斯洛克"反潜导弹及正在研制的"标准"导弹。

图 1 - 2　美国 DDG - 1000 驱逐舰上布置的
MK - 57 舷侧垂直发射装置

图 1 - 3 是美国"三叉戟"潜射弹道导弹发射装置，采用水下弹射发射、导弹弹出水面后再点火的技术方案。"俄亥俄"级战略核潜艇配有 24 座用于发射"三叉戟"潜射弹道导弹的发射井。后来美军改装了几艘潜艇，将其中的 22 个发射井改装成每个发射井可装载 7 枚"战斧"对地攻击型巡航导弹。改装后，单艘"俄亥俄"级战略核潜艇可以携带 154 枚巡航导弹，其打击火力相当于一个航母作战群（所有舰艇共携带 120 ~ 180 枚对地导弹）。

图 1 - 3　美国"三叉戟"潜射弹道导弹发射装置

图 1 - 4 是俄罗斯 S - 400"凯旋"远程防空导弹发射车，用于瞄准和拦截隐身飞机、短程导弹、巡航导弹等，也是采用将导弹弹射出发射筒后再点火的发射方式。

图 1 - 4　俄罗斯 S - 400 "凯旋" 远程防空导弹发射车

图 1 - 5 是直升机和 "守望者" 无人机挂载轻型多用途导弹（Lightweight Multi - role Missile，LMM）导弹发射装置和挂架的照片。

图 1 - 5　直升机和 "守望者" 无人机挂载 LMM 导弹发射装置和挂架

LMM 是泰勒斯公司为满足英国对未来空面制导武器轻型弹药需求而研制的一种可用于陆、海、空的低成本制导武器。LMM 将装备于 AW159 Lynx 野猫（曾命名为 "未来山猫"）直升机。经过优化设计的 LMM 可由无人机携带。泰勒斯公司正在尝试将 LMM 集成到奥地利希伯尔公司的 S - 100 Camcopter 旋翼无人机和 BAE 系统公司的 Fury 无人机（Herti 无人机的武装版）上。在 2009 年巴黎航展上，LMM 挂载于英国 "守望者" 无人机参展。

图 1 - 6 是美国 "网火" 发射装置，它是一种独立于平台之外的系统。贮运与发射装置采用基本的导弹运输发射箱和垂直发射装置，具有无人值守、遥控发射的能力。垂直发射装置无需进行导弹的方位和高低瞄准，从而缩短了任务完成的总时间，增加了敌方探测导弹的难度。在建筑物密集、丛林和隐蔽阵地等区域使用时，具有明显优势。箱式发射装置以 4 × 4 矩阵方式装载待发弹药，内装 15 枚导弹，在第 16 个箱内装载计算机和通信系统，能够安装在高机动多用途轮式车的后部进行机动，也能够使用直升机吊运或 C - 130 运输机空运。箱式发射装置安装有自动定位系统，自动定位系统能够从多种传感器接收目标信息。

箱式发射装置的主要功能是作为待发弹药的运输和发射平台。作为未来战斗系统网络的一个节点，箱式发射装置能够向未来战斗系统的网络火力提供共有目标数据图像，同时还能提供可供使用的综合弹药系统的位置和数量。"网火" 系统具有内置的灵活性，可以响应不同层次指挥机构的射击命令，或来自传感器和前敌侦察员的攻击命令，可以通过未来战斗系统和近岸战斗艇直接与攻击系统进行通信。

图 1－6　美国"网火"发射装置

发射装置的性能对火箭导弹武器系统的作战使用性能，生存能力，发射方式，阵地配置，费效比及火箭、导弹的结构参数等有重要的影响。

1. 对武器系统作战使用性能的影响

发射准备时间是火箭导弹武器系统的主要作战使用指标之一。对弹道导弹和海防导弹而言，发射准备时间是指从武器进入发射阵地开始，直至能够实施发射所需的时间，反映了武器系统快速作战的能力。对防空导弹而言，发射准备时间也是武器系统对空暴露时间，直接影响武器系统生存能力。新研制的固体弹道导弹和海防导弹的发射准备时间已达到十几分钟甚至几分钟。

陆基机动发射系统的机动能力，如最大行驶速度，最大续驶里程，道路、桥梁、涵洞的通过性等，也是武器系统的主要作战使用性能指标。

此外，发射装置的"三化"（通用化、系列化、组合化）和"七性"（可靠性、维修性、安全性、保障性、测试性、环境适应性、电磁兼容性）也是影响部队使用战备和保持战备完好性的重要性能指标。

2. 对武器系统生存能力的影响

生存能力是指火箭导弹武器系统在敌方核袭击及常规袭击下，保存下来并迅速实施反击的能力。在核攻击条件下，固体地下井发射的火箭导弹武器系统，其生存能力取决于地下井的抗核加固能力。核爆炸引起的地震波使井内的火箭、导弹发生振动，影响减震系统等装置的防护效果。对于陆基机动发射的火箭导弹武器系统，其生存能力取决于发射车的机动能力、伪装隐身性能及其对特殊环境（核、生物、化学、电子干扰、常规轰炸等）的防护能力。

3. 对武器系统发射方式的影响

发射方式一般指战斗部署、发射动力、发射设备、发射姿态等综合形成的发射方案，它直接影响武器系统的生存能力及作战使用性能。发射方式的确定很大程度上取决于发射装置的技术可行性。

4. 对武器系统阵地配置的影响

阵地配置包括各阵地间距离的确定及阵地设备的配备。各阵地间距离的确定，除须考虑来袭弹头毁伤半径及地形条件外，还须考虑发射装置的机动能力。

5. 对武器系统费效比的影响

发射装置的费用在整个武器系统中占有相当大的比重，固体弹道导弹地下发射井与陆基机动发射系统就是如此，如 1 辆多功能发射车的费用与 1 发导弹的费用接近。因此，发射装置的作战能力直接影响武器系统的费效比。

6. 对武器系统导弹（火箭）的结构参数的影响

发射装置的设计和导弹（火箭）的结构参数密切相关，如陆基机动发射系统，导弹（火箭）的尺寸决定了发射车的选型和每辆发射车能够装载的导弹（火箭）数量等。

由此可见，发射装置在火箭导弹武器系统中占有重要地位，发射装置的技术研究涉及多个工程技术领域，如发射技术、车辆工程、电源工程、自动控制、仿真技术和试验技术等，是一门综合学科。

1.2　航天发射装置的组成与功能

航天发射装置的类型较多，下面介绍几种常见发射装置的组成和功能。

1.2.1　舰载发射装置的组成与功能

舰载发射装置按姿态分为垂直发射装置和倾斜发射装置。垂直发射装置（图 1-7）一般安装在甲板下，其上端部与甲板平齐，导弹（火箭）发射轴线与舰艇水平基准垂

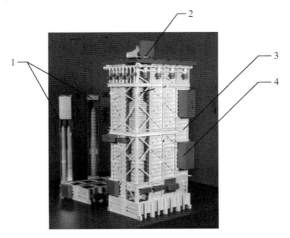

图 1-7　舰载垂直发射装置组成示例

1—贮运发射箱；2—舱口盖系统；3—发射架；4—电气控制系统

直；倾斜发射装置（图1-8）一般安装在甲板上，导弹（火箭）发射轴线与舰艇水平基准成一定的夹角。按照发射方式分为自推力发射装置和外推力发射装置。自推力发射装置利用导弹（火箭）助推器或发动机点火产生的推力发射导弹（火箭）；外推力发射装置利用导弹（火箭）以外的动力将导弹（火箭）发射出去。

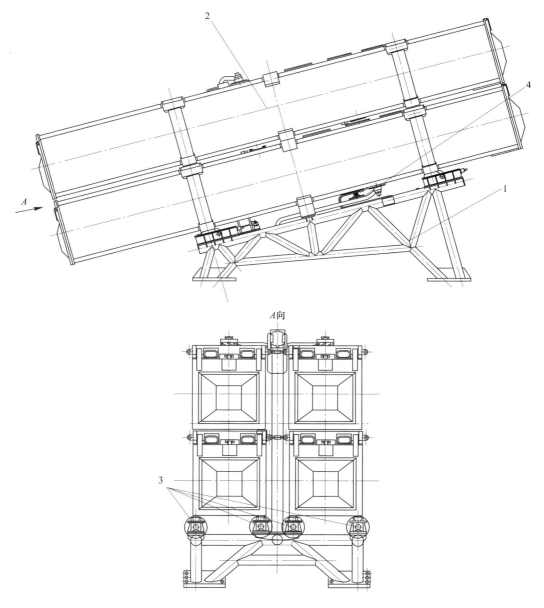

图1-8　舰载倾斜发射装置组成示例

1—发射架；2—贮运发射箱；3—箱架锁紧机构；4—电气控制系统

舰载发射装置主要由发射架、贮运发射箱（筒）、箱架锁紧机构、电气控制系统等组成。此外，根据安装位置和功能要求，发射装置还可以有舱口盖系统、随动系统、燃气流排导系统、补给装填设备等。

舰载发射装置应具有贮存、运输和发射导弹（火箭）的基本功能。此外，还具有模拟训练、故障诊断和隔离与/或导弹（火箭）补给装填等功能。

舰载发射装置在设计和试验时主要考虑和验证的性能包括发射装置质心、发射装置反应时间、导弹（火箭）发射离轨速度、导弹（火箭）连射间隔时间、导弹（火箭）补给速度、发射装置寿命、发射装置隐身性、发射装置环境适应性、发射装置电磁兼容性、可靠性、维修性、安全性、人机工程等。

1.2.2 潜载发射装置的组成与功能

潜载发射装置有弹道导弹发射装置和战术导弹发射装置。一般潜载弹道导弹采用燃气—蒸汽动力发射，发射装置按功能分为定深度发射装置和变深度发射装置。战术导弹发射装置有采用导弹装载于运载器或保护筒中，和鱼雷共用鱼雷管发射的雷弹发射装置；有采用发射筒燃气自排导垂直发射方式，或在发射筒内采用燃气发生器弹射出筒后再用助推器（或发动机）点火的发射方式。

下面以潜射弹道导弹发射装置为例（图 1-9）介绍发射装置的组成和功能。

潜射弹道导弹发射装置一般由发射筒、筒盖系统、筒口水密装置、水平和垂直减震装置、弹筒气密装置、脱落插头回收机构和发射动力系统等组成。

潜射弹道导弹发射装置具有贮存、运输和发射导弹的功能。在贮存过程中应满足导弹的贮存环境要求；在运输过程中受到冲击载荷时，发射装置应满足导弹对垂直和水平方向的减震性要求；在发射过程中发射动力系统能按定深度或变深度发射的筒内弹道要求将导弹弹射出发射筒。

潜射弹道导弹发射装置在设计和试验时主要考虑和验证的性能包括筒盖开（关）盖时间和开盖角度、脱落插头回收机构工作时间、弹筒气密装置的气密性和抗弯刚度、发射筒气密性、艇上安装和方位归零精度、减震性、发射装置寿命、发射装置环境适应性、发射装置电磁兼容性、可靠性、维修性、安全性、人机工程等。

1.2.3 机载发射装置的组成与功能

机载发射装置与飞机刚性连接，用于携带、检测、发射或投放机载导弹。一般情况下，质量小于 160 kg 的导弹采用导轨式发射装置；质量为 160~360 kg 的导弹，既可采用导轨式发射装置，又可采用弹射式发射装置；质量大于 360 kg 的导弹，采用弹射式发射装置。

机载发射装置主要由结构基体、限动机构、支撑和减震组件、锁定机构、脐带线

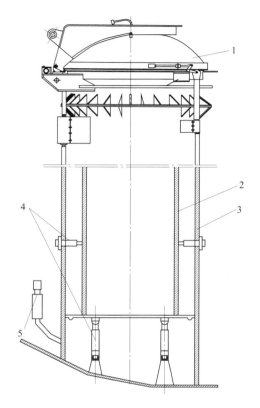

图1-9　潜射弹道导弹发射装置组成示例

1—筒盖系统；2—内筒；3—外筒；4—水平和垂直减震装置；5—发射动力系统

缆机构、电缆束和发动机点火电路等组成。

　　机载发射装置的功能主要是安全可靠地运载、检测和发射导弹，并提供和处理导弹系统工作和检测所必需的能源，以及处理飞机、导弹的信号。此外，发射装置还能使导弹快速和可靠地从发射装置上装卸，发射装置本身也能够从飞机上快速和可靠地装卸。在规定的载荷和环境下，发射装置应能正常工作。

　　机载发射装置在设计和试验时主要考虑和验证的性能包括结构载荷应满足的各种要求（起飞和着陆载荷、挂飞载荷、发射载荷、投放载荷），发射装置与飞机、导弹、地面的辅助设备接口，发射装置质量，阻力，雷达反射面积，发射装置寿命，发射装置环境适应性，互换性，可靠性，维修性，安全性，人机工程等。

1.2.4　车载发射装置的组成与功能

　　车载发射装置根据发射对象（火箭、弹道导弹、巡航导弹等）的不同，其结构组成和功能略有差异。下面以车载巡航导弹发射装置为例（图1-10）介绍发射装置的组成和功能。

图 1 - 10　车载巡航导弹发射系统组成示例

1—起竖装置；2—伪装设备；3—起落架；4—电源装置；5—贮运发射筒

车载巡航导弹发射装置主要由贮运发射箱（筒）、起落架、液压或电动起竖调平装置、车控设备、发控设备、电源装置、定位定向设备、指挥通信单元和伪装设备等组成。

车载巡航导弹发射装置具有贮存、运输和发射导弹的功能。此外，还应具有通信、自主定位定向、装订导弹航迹数据等功能。

车载巡航导弹发射装置在设计和试验时主要考虑和验证的性能包括承载能力、发射方式和能力、发射准备时间、连射间隔时间、换装时间、撤收时间、待机时间、装成整车后的通过性和行驶性、伪装和隐身性、发射装置质量、发射装置寿命、发射装置环境适应性、可靠性、维修性、安全性、保障性、人机工程等。

1.2.5　新型集装箱发射系统

俄罗斯的"俱乐部 - K"集装箱式巡航导弹系统（图 1 - 11）由通用模块、战斗指挥模块、能源供应及后勤支持模块组成，各模块均被集成进长 40 ft（约 12 m）的标准集装箱，能轻松地部署在货船、铁路机车、卡车上，使用起来非常隐蔽。按设计要求，

图 1 - 11　"俱乐部 - K"集装箱式巡航导弹系统

一个集装箱可装载 4 枚导弹,既可单枚发射,又可 4 枚齐射。目前,俄罗斯革新家设计局已在第 12 届马来西亚防务展上展出了该系统。该类型的发射系统隐蔽性强,能够实现多种类型导弹集装箱式系统共架共发控制,具有较好的应用前景。

1.3　航天发射装置的工程研制过程

航天发射装置的研制主要经历方案阶段、工程研制阶段和设计定型阶段等。

方案阶段的主要工作是进行航天发射装置的方案论证,初步确定发射装置的总体性能指标、总体结构方案、整个研制周期和进度安排、各研制阶段的研制内容,以及完成研制工作所需的经费。

工程研制阶段的主要工作是进行发射装置的方案设计和技术设计、样机试制和试验,以及对发射装置的改进设计工作。为了确保工程研制顺利开展,一般又将工程研制阶段分为初样研制阶段和试样研制阶段。初样研制阶段主要是给试样提供全面、准确的依据,对设计和工艺方案进行实态验证,进一步完善设计和工艺方案的过程。试样研制阶段主要是为了全面鉴定产品的设计和工艺,按规定的技术状态完成研制中的各项试验,全面考核产品技术性能指标的过程。

设计定型阶段的主要工作是按照产品鉴定试验大纲进行全面的试验,以验证产品的战术技术性能指标是否满足合同或任务书的要求,在完成鉴定试验的基础上对设计文件进行全面整理并完成设计鉴定的过程。

详细的研制过程如图 1－12 所示。

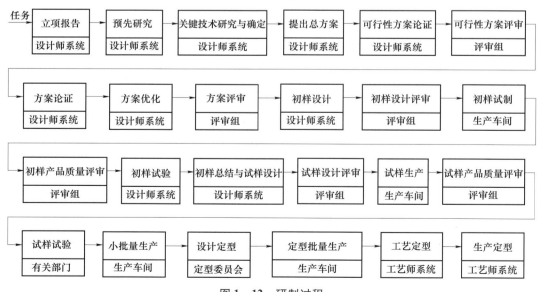

图 1－12　研制过程

1.4 航天发射装置试验

1.4.1 试验的意义

在航天发射装置的研制过程中，对发射装置的总体方案、性能指标和结构设计的确定进行理论分析是必不可少的，而且需要大量的、一系列的仿真计算工作。但是评定和验证仿真计算数据的准确性，确认某些性能指标，以及评定发射火箭导弹时产生的燃气流作用到发射装置上对其结构的影响程度和防护效果等，则需要相关试验来验证。因此，要完成一种航天发射装置的研制，不仅要从理论上分析透彻，而且要从试验中得到验证，也就是说各项试验研究工作是必不可少的，而且是一项重要的工作，必须认真对待。

例如，研究一个新的导弹型号是采用自力发射还是外动力发射。首先，要对这两种发射方式的动力能源需求、导弹和发射装置的作用力，以及热防护等进行充分的理论分析和仿真计算。其次，还要采用理论和试验相结合的方式来验证发射方式的可行性。发射试验分为缩比发射试验和全尺寸发射试验两种。发射方式研究大量采用缩比发射试验，因为缩比发射试验的工程量和投资都比较小，试验周期短，试验实施也比较容易。通过大量缩比发射试验的数据分析，验证发射原理是否可行。最终，还要通过一定数量的全尺寸发射试验验证发射原理，并校正缩比和全尺寸发射试验的数学模型。

此外，发射装置研制过程中，为了检验设计、生产质量和考核战术技术指标是否满足技术要求，需要进行一系列的试验，以便为修改设计、改进工艺和产品定型提供依据。

试验根据试验目的可分为功能、性能试验和环境试验，以及其他配套试验。每类试验包括很多试验项目，可以根据型号特点和技术成熟度等具体情况予以适当增减。例如，称重试验、跟踪瞄准试验、贮存试验等属于功能、性能试验，高温日照、低温试验、低气压（高海拔）试验、振动试验、淋雨试验、风载试验、"三防"（防盐雾、霉菌、湿热）试验等属于环境试验。随着研制工作的开展，不同研制阶段所涉及的试验项目和试验目的也不同。航天发射装置的试验项目按照阶段划分一般有原理性试验、工程研制试验和定型试验等。各研制阶段中，按进靶场飞行试验前后又可分为地面试验考核和飞行试验考核。

1.4.2 试验真实性和覆盖性分析

航天发射装置试验前要进行试验的真实性和覆盖性分析。试验真实性包括三方面：

试验产品与飞行试验产品状态的一致性；试验环境（自然、力学、电磁等）与飞行试验环境的一致性；试验条件（工作流程条件、飞行条件）与飞行试验条件的一致性。试验覆盖性包括三方面：参加飞行试验产品的覆盖性；影响成败的产品属性［功能、环境适应性、可靠性、协调性（机械、电气接口和工作流程）等］的覆盖性；飞行试验中发射流程的覆盖性。

通过试验的真实性、覆盖性分析，对航天发射装置工作流程中各个环节是否通过了试验验证、试验条件是否真实、试验状态是否到位等做到心中有数，对不能覆盖的环节开展风险分析和危害性分析。

1.4.3　试验的主要程序

航天发射装置是典型的机电液一体化产品，其试验的开展主要经过以下流程：

（1）试验任务的确认。通常，产品设计单位会向试验承担单位提出试验任务书，用于规定试验目的、试验内容、试验方法、试验结果评定原则等，作为试验开展的基础。

（2）试验大纲或试验细则的编写。试验承担单位在开展试验之前，需要按照试验任务书的要求研究试验方案，并依据相关试验标准编制详细的试验大纲，作为试验开展的主要依据。

（3）试验设备与参试设备状态的确认。依据试验大纲对试验设备及参试设备的技术状态进行确认，确保试验的有效性。

（4）试验前准备。在正式试验前，进行试验设备的展开、架设和安装等工作，使试验所需的所有条件满足试验大纲要求。

（5）试验实施与试验数据记录。按照试验大纲和细则规定的试验流程开展试验，并记录试验过程中的数据。

（6）试验数据分析。试验完成后，利用相关设备和软件处理试验数据，得到技术人员进行技术分析所需的数据、曲线或图像等。

（7）试验结果评定。将试验分析结果与试验目的进行比照，按照试验大纲的规定对试验完成程度和效果进行评价。

（8）试验结束。

试验项目的顺序，一般按产品研制进展的需要来安排，如果在同一研制阶段需要做多项试验时，可按照以下几种方法安排试验顺序。

（1）从最严酷的试验项目开始安排试验顺序，以便在早期阶段得到试验样品失败的趋势。

（2）从最不严酷的试验项目开始安排试验顺序，以便在试验样品损坏前尽可能得到最多的信息。特别是当可利用的试验样品数量有限时，多采取这种方法安排试验顺序。

（3）前一个试验所产生的后果，由后一个试验来暴露或加强。

（4）以对产品起主要影响的环节因素在产品实际使用过程中的出现次序作为基础安排试验顺序。

（5）从研制的实际情况及条件来安排试验顺序（一般采用此方法安排试验顺序）。

总之，试验顺序的确定，应以设备使用时的工作条件为基础，根据实际情况确定。

第 2 章　原理性试验

2.1　概　　述

　　航天发射装置的原理性试验一般在预先研究或方案论证阶段进行，用于验证新理论或新方案的可行性。原理性试验的试验对象一般比较具体，如某个运动机构或某个关键参数，试验规模不大，可以采用模拟件或缩比试件进行试验。在后续研制阶段涉及较大的方案更改时，也可以安排原理性试验对更改方案的可行性进行验证。

　　比较常见的航天发射装置原理性试验有开（关）盖机构原理性试验、易碎盖冲破试验、水下发射缩比试验、弹射试验、液压调平和起竖原理性试验、电气控制系统原理性试验、燃气流排导冷态或热态试验、运动机构的原理性试验等。开（关）盖试验、易碎盖冲破试验、运动机构的原理性试验等属于重要机构或结构的功能验证试验；水下发射缩比试验、弹射试验属于发射方式的验证试验；液压调平和起竖原理性试验、电气控制系统原理性试验属于发射平台的调试试验。这些试验往往涉及某型发射装置的关键技术，原理性试验结果决定了该方案是否能够继续进行下去，因此，试验方案的制定和试验过程的合理安排至关重要。

2.2　运动机构和结构原理性试验

　　航天发射装置属于机电产品，涉及运动机构和结构的原理性试验比较多，例如开（关）盖机构原理性试验、插头机构原理性试验、锁定解锁机构原理性试验、易碎盖冲破试验等。下面以几种典型试验为例介绍运动机构和结构原理性试验。

2.2.1　开（关）盖机构原理性试验

1. 开（关）盖机构及其工作原理

　　发射箱的开（关）盖方式很多，有采用爆炸螺栓、导爆索或爆炸网络提前将箱盖抛掷或炸碎的易碎盖，有采用燃气发生器点火后憋压将箱盖胀破的薄膜盖，也有采用电动机构开启的机电式开（关）盖。每种开盖方式都有各自的特点，需根据各火箭导弹武器系统的特点灵活选用。第 2.2.1 节介绍的开（关）盖机构原理性试验对象是机电式开（关）盖机构。

开（关）盖机构是贮运发射箱（筒）上的重要机构，在发射箱（筒）带弹贮存和运输期间，前（后）盖处于关紧状态，保证发射箱（筒）的气密性；发射前，发射箱在规定的时间内接收到武器发控系统的指令，打开箱盖到位并反馈"到位"信号给发控系统。开（关）盖机构采用的是非破坏式主动开盖方式，属于能够多次使用的设备。

开（关）盖机构开盖时需要将箱盖推开到正确位置，不能影响导弹（火箭）的发射，同时防止导弹（火箭）出箱的初段燃气吹坏箱盖；关盖时需要将盖体回拉到位，且能有一定的预紧力，确保箱盖能够压紧密封垫（圈），保证发射箱的气密性。由于不能影响导弹（火箭）发射通道，留给开（关）盖机构安装和动作的空间非常有限，使得开（关）盖机构通常是一个费力机构，除机构本身设计合理以外，用于机构安装的箱体刚强度也需要加以考虑。

图 2-1 是一个采用电动机构的开（关）盖机构〔也称机电式开（关）盖机构〕结构。

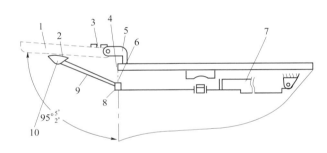

图 2-1 机电式开（关）盖机构

1—前盖；2—顶杆座；3—转动板；4—发射筒法兰；5—轴座；6—滑块；
7—前开盖电动机；8—电动机销轴；9—顶杆；10—顶杆座销轴

2. 试验目的

进行开（关）盖机构原理性试验通常有以下目的：

（1）验证机构设计合理性。要求开（关）盖过程中无结构干涉，开盖角度满足发射要求。

（2）验证电动机构选型的正确性。要求电动机构在箱盖承受风载条件下能够将箱盖顺利打开。

（3）验证关盖密封性。要求箱盖关盖到位后，箱盖与箱体之间的密封可靠。

（4）验证结构刚强度设计的可靠性。要求开（关）盖过程中（考虑平台摇摆及风载条件）箱体及盖体结构刚强度安全可靠。

从机电式开（关）盖机构的工作原理可知，机构的工作协调性、电动机构的工作可靠性、结构的刚强度、机构开盖角度和关盖密封性等特性是否满足设计指标都是需要在研制初期通过原理性试验验证、解决的问题。此外，开（关）盖过程所用的时间也是某些武器系统关注的指标，需要在方案设计阶段通过原理性试验进行考核。总之，开（关）盖机构原理性试验就是要对方案的合理性进行验证，对重点设计指标的达到情况进行初步考核。

3. 试验条件

试验条件包含试验设备、试验环境、试验载荷、试验测试等一系列能够制约试验结果的因素，在进行试验之前，必须将这些因素分析清楚，并落实到位。

1）试验设备

（1）被试件。密闭箱段、开（关）盖机构。可以根据不同产品对开（关）盖机构的不同要求进行调整，省略辅助结构。

（2）参试件。加载配重、安装台架、电动机控制箱及电缆附件、充气设备及气路附件等。

（3）测试设备。力传感器、应力应变片、数据采集设备及电缆附件、压力表等。

（4）其他。电源、气源等。

2）试验环境

开（关）盖试验通常在具备试验空间和供电等条件的厂房内进行，对温度、湿度等没有特别严格的要求。但如果试验过程中箱盖受到明显的风载作用，需要采取措施剥离该影响因素。

3）试验载荷

试验载荷主要有两方面：开（关）盖所需要的动力；开（关）盖过程中遇到的阻力。动力由电动机构提供，而阻力通常指箱盖自身的重力、风载、摩擦力及平台摇摆产生的惯性力。电动机构提供的动力载荷在设计之初通过理论计算得到，然后依据理论计算值进行电动机构选型。而风载及平台摇摆等则按照发射条件最严酷的情况进行换算，然后通过加载配重施加至箱盖上进行等效。

4）试验测试

试验过程中，按照试验大纲要求对关注的数据进行测试。

4. 试验前准备

试验前进行准备工作的目的是确保试验能够顺利开展。准备工作包括试验设备状态检查确认、试验设备架设、电气部分连接调试、测试设备状态检查、技术安全检查等。

试件要牢固可靠地安装在试验台架上，检查设备连接状态满足试验大纲要求；如图2-2连接试验电路，并进行电路通断检查；安装传感器，连接数据采集设备，进行数据试采；确认试验现场和试验过程的技术安全措施到位。

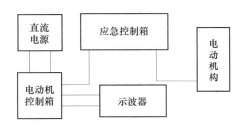

图 2 - 2 试验电路连接

5. 试验程序与方法

1）开（关）盖试验

试验目的：验证开（关）盖机构的原理是否可行，测量开（关）盖过程中电动机构的推（拉）力，测量箱盖和转轴等处的应力和应变值，验证开（关）盖机构的工作可靠性。

试验方法：用电动机控制箱控制开（关）盖动作，要求每次开盖到位和关盖到位都有"到位"信号，记录开（关）盖时间；每次动作都测量相应的力、应力、应变数据。按照试验大纲要求进行开（关）盖可靠性试验。

2）关盖时的气密试验

试验目的：验证机电式开（关）盖机构的密封结构形式和电动机构拉紧力能否满足火箭、导弹规定的气密贮存保压要求。

试验方法：按要求充入一定压力的气体，用检漏仪或肥皂泡进行气密环节检漏；气密满足要求后进行 7 d（可根据不同产品的气密要求调整）的气密保压试验，每天不少于 2 次，记录试验箱（筒）段内的压力、温度值；7 d 后箱（筒）内的压降应满足规定的指标要求。

6. 试验数据处理与结果评定

1）试验数据处理

试验过程中力传感器测得的电动机构推（拉）力值，开盖时间和关盖时间，示波器监测到的电动机构行程到位时电压下降抖动波形，开（关）盖过程中箱盖和转轴的应力、应变值，气密保压试验数值等应记录完整。试验中测量出的有效数据应写入试验报告。

2）试验结果评定

开（关）盖试验成功的评定标准：

（1）完成试验大纲要求的全部试验内容。

（2）获得全部有效试验数据。

（3）达到试验目的。

完成全部试验工作后，试验承担单位应完成试验报告的编写工作。

2.2.2 插头机构原理性试验

1. 插头机构及其工作原理

贮运发射箱（筒）上的插头机构用于导弹（火箭）与发控设备的信号转接，实现武器控制设备及供电系统与发射箱内导弹（火箭）之间的电气信号连接。在导弹（火箭）发射前，要求插头机构能够保证插头与弹上插座可靠插接。助推器或发动机点火后，导弹（火箭）开始运动，在插头机构弹簧力的作用下插头快速与弹上插座分离。一种插头机构的结构如图 2 −3 所示。

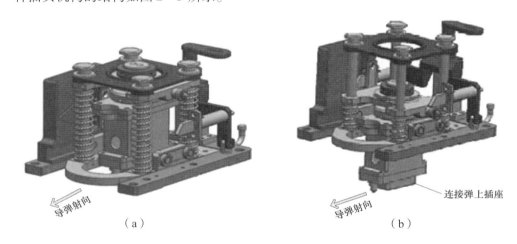

图 2 −3 插头机构

（a）拔出到位状态；（b）插接到位状态（未示出导弹及弹上插座）

2. 试验目的

插头机构设计合理与否，关键在于两点：机构是否能够正常运转，完成插头的插拔功能；插头分离到位时间能否满足使用要求。因此，进行插头机构原理性试验的目的通常有两点：用于模拟导弹（火箭）发射时，插头机构工作原理是否满足要求；试验过程中，测试插头分离到位时间是否满足使用要求。

3. 试验条件

1）试验设备

（1）被试件。插头机构、带插座的导弹（火箭）模拟件等。

（2）参试件。试验台架、用于安装插头机构的模拟件、模拟导弹（火箭）运动的加力装置等。

（3）测试设备。高速摄像设备、电秒表、万用表等。

（4）其他。照明设备、电源、气源等。

2）试验环境

插头机构原理性试验通常在具备试验空间和供电条件的厂房内进行，对温度、湿度等没有特别严格的要求。

3）试验载荷

试验载荷主要模拟导弹（火箭）运动的动力载荷，导弹（火箭）模拟件带着插座在动力装置的驱动下向前运动，运动速度与实际一致或近似。

4）试验测试

试验过程中，按照试验大纲要求对关注的数据进行测试。主要是利用高速摄像机拍摄插头机构工作的全过程，利用高速摄像影像和电秒表数据分析插头机构工作过程和插头分离时间。

4. 试验前准备

（1）安装试件。试件要牢固可靠地安装在试验台架上，安装、支承条件必须满足强度要求。

（2）架设好高速摄像机和照明设备。调试好摄像机与照明设备的工作角度，使高速摄像机能够捕获插头机构运动情况，画面清晰。

（3）连接好电秒表、万用表等。

（4）正式试验前，需全面检查测量系统，以及试验场地质量和技术安全条件。

5. 试验程序与方法

1）手动插拔

（1）使试件呈水平状态，手动插拔，检查插头和插座的插拔动作是否灵活无卡滞。

（2）使试件与水平面夹角成15°，安装插头机构试验装置，并使插头与插座插接好，手动分离检查机构的动作灵活性、可靠性，分离应到位。

2）正式试验

（1）在插头与插座未连接的情况下，开启动力装置，测试导弹（火箭）模拟件运动速度。

（2）连接插头与插座，模拟导弹（火箭）发射，使插头与插座自动分离，测出插头拔出的时间。

（3）连续重复步骤（2）多次，记录每次的试验数据，用高速摄像机记录分离过程。

6. 试验数据处理与结果评定

试验过程中测得的分离时间应记录完整，每次分离过程的高速摄像影像应编号。列表对比多次试验结果，总结归纳插头机构工作过程特点及分离时间。如果多次试验结果有个别明显异常，应分析原因，如果原因与机构设计合理性相关，需完善机构设计，再次开展试验。如果多次试验数据比较一致，则可按试验结果对插头机构设计合理性给出评价。

该试验为原理性试验，完成大纲规定的全部试验内容，获得有效试验数据即认为试验成功。

完成全部试验工作后，试验承担单位应完成试验报告的编写工作。

2.2.3 锁定解锁机构原理性试验

1. 锁定解锁机构试验简介

导弹（火箭）在发射装置内的航向限位主要依赖锁定解锁机构。该机构需要在平时贮存、运输期间对导弹（火箭）可靠锁定，在发射时可靠解锁，有的机构甚至能够在导弹（火箭）意外点火时也能解锁。

常见的锁定解锁机构有剪切挡弹机构、镁带锁紧机构等。它们功能相似，但工作原理不同，因此，使用不同的机构形式，试验内容也不同。例如，剪切挡弹机构的主要部件是剪切销，剪切销在设计、生产时已经通过选材和控制结构尺寸来保证其破坏力，则剪切挡弹机构原理性试验的重点是机构是否能够顺利解锁。而镁带锁紧机构原理性试验必须结合助推器进行，因此，重点是通过试验调整镁带的截面尺寸。试验目的不同，试验过程自然迥异。

下面以镁带锁紧机构为例讲述锁定解锁机构的试验方法。

2. 镁带锁紧机构及其工作原理

镁带锁紧机构是一种将导弹（火箭）在发射箱（筒）内锁定限位的机构，在平时贮存和运输时，镁带作为机构的重要一环，确保锁紧机构将导弹（火箭）牢牢锁定在发射箱（筒）内，当导弹（火箭）点火发射时，利用镁带的热敏感性，使镁带在高温燃气冲击、烧蚀作用下断裂，机构对导弹（火箭）的约束解除，实现解锁。

发射箱（筒）镁带锁紧机构有两个主要的功能：在导弹（火箭）的运输过程中可靠锁定导弹（火箭），确保运输过程中载体传递到弹上的最大过载都能被镁带锁紧机构承受，可靠锁定导弹（火箭）；在导弹（火箭）发射过程中，镁带在助推器的燃气流作用下顺利解锁，导弹（火箭）在推力作用下正常运动。如果是弹射导弹发射方式，镁带锁紧机构一般是靠燃气发生器产生的燃气解锁。对于某些武器系统而言，镁带解锁的时机也是关注的指标。

一种典型的镁带锁紧机构的结构示意如图2-4所示。

3. 试验目的

与镁带锁紧机构的功能相适应，镁带锁紧机构原理性试验通常有两个：机构静力加载试验；搭载助推器（或发动机、副燃气发生器）的热试车进行机构解锁试验。前者可先通过仿真计算进行理论分析来指导结构设计，再通过加载试验来验证机构承受运输过载的能力；后者则根据不同武器系统对锁紧机构性能指标的要求开展不同复杂

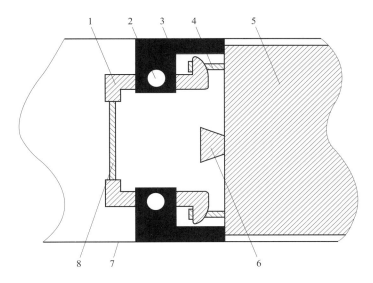

图 2－4　镁带锁紧机构

1—锁紧钩；2—转动轴；3—挡弹座；4—锁弹栓；5—导弹；

6—发动机喷口；7—箱壁；8—镁带

程度的解锁试验，以验证机构运动协调性、机构设计合理性，分析机构解锁时机对导弹（火箭）发射过程的影响。

4. 试验条件

1）加载试验条件

（1）试验设备。镁带锁紧机构一套，含镁带、锁弹栓等。

（2）参试设备。液压加载平台、机构安装架、导弹（火箭）尾舱模拟件等。

（3）测试设备。液压加载平台自带载荷测试装置、力传感器、数据采集设备等。

（4）环境条件。需在专门的液压加载试验室开展。

2）解锁试验条件

（1）试验设备。镁带锁紧机构一套，含镁带、锁弹栓等。

（2）参试设备。助推器、助推器热试车台、机构安装架、导弹（火箭）尾舱模拟件、配重等。

（3）测试设备。导线、数据采集设备、高速摄像机等。

（4）环境条件。专门的助推器热试车试验室，试验场地具备相应的安全条件。

5. 试验前准备

1）加载试验前准备

按照图 2－5 连接设备。

连接前，可手动进行机构的解锁运动，确保机构运转正常无卡滞。连接完毕后，

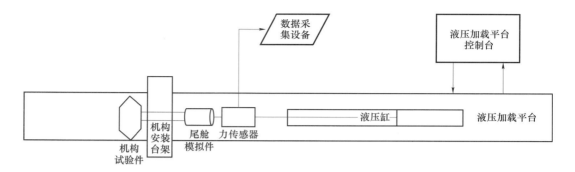

图 2 - 5　加载试验设备连接关系

可进行试加载，载荷应远小于试验规定峰值，以检验设备连接正确，机构固定牢。

2）解锁试验前准备

按照导弹（火箭）装箱后助推器与镁带锁紧机构的位置关系，进行镁带锁紧机构试件的安装。一种镁带锁紧机构搭载助推器热试车试验装置如图 2 - 6 所示。

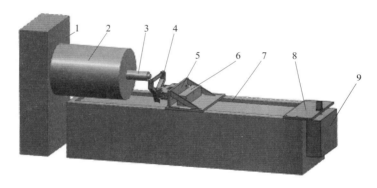

图 2 - 6　镁带锁紧机构搭载助推器热试车试验装置

1—水泥墩；2—试车工装；3—助推器；4—镁带锁紧机构；5—固定工装；6—滑块；

7—钢丝绳；8—固定座；9—标准载荷块

机械与电气连接完成后，可进行模拟点火，并观察点火信号发出的同时，数据采集设备和高速摄像机是否被触发。

6. 试验程序与方法

1）加载试验程序与方法

（1）启动液压加载设备，按照试验大纲的要求，分步骤逐级加载。通常加载的峰值应与镁带锁紧机构在实际工作中承受导弹（火箭）的最大过载一致。

（2）每加载一级，都需要检查机构是否有明显的失稳或变形，如果情况正常，则稳定 3 ~ 5 min 后继续进行下一级加载。

（3）如果加载至最大值，机构工作仍无明显变形或失稳现象，则保持载荷

3～5 min后卸载。拆下镁带锁紧机构，手动进行分离，观察机构运转是否灵活。

2）解锁试验程序与方法

解锁试验较加载试验复杂得多，首先是试验方案的确定有一定难度。由于镁带解锁机构解锁过程非常复杂，其解锁时间受到多个因素的影响，如镁带截面尺寸、解锁过程环境温度、燃气中固体（或液态）粒子含量、助推器喷口堵盖冲击、燃气流冲击、导弹（火箭）向前拉力、机构传力比等。在设计解锁试验方案时，要充分考虑试验的覆盖性，尽可能使各因素都以接近真实情况的状态参与到试验中。

以一种镁带锁紧机构的解锁试验为例。试验中采用真实的助推器，则可真实模拟燃气冲击、燃气粒子冲刷、喷口堵盖冲击。由于试验在敞开的空间进行，与发射箱（筒）内的密闭空间不同，镁带解锁过程中环境温度会与实际情况存在差别。但考虑到解锁时间为毫秒级，温度影响可以忽略。采用真实的镁带锁紧机构，则机构传力比和镁带截面尺寸与真实状态一致。由于助推器与机构无机械连接，且助推器为限动点火，导弹（火箭）拉力作用需通过配重来实现。因导弹（火箭）拉力作用随时间变化，试验前可通过仿真计算，估算出镁带断裂时间点前后导弹（火箭）拉力值，以此值为依据，准备多个配重块，近似模拟镁带断裂前后导弹（火箭）拉力状况。

该试验的测试是一个难点。通常镁带断裂时间在导弹（火箭）点火后10～100 ms，根据助推器推力和装药成分不同，时间会有所不同。如助推器采用清洁燃料，且推力较小时，使用相同的镁带锁紧机构，解锁时间会偏长，但仍属于毫秒级。如此短的时间，要通过有线测量手段来测试有一定难度。燃气冲击镁带时，整个机构会完全包裹在燃气、烟雾和火光中，给高速摄像带来一定难度。通常，通过在镁带两端连接导线，以镁带断裂前后电流的通断来测得镁带断裂时间，并用以判断解锁时间，而通过高速摄像机观察机构从镁带断裂到转动分离到位的过程。

一般试验程序如下：

（1）无关人员清场。该试验具有一定的危险性，采取相应安全措施，确保试验安全。

（2）数据采集设备和高速摄像机开机准备。

（3）进入点火程序。助推器点火，同时数据采集设备和高速摄像机被触发，进行数据和影像记录。

（4）确定助推器停止工作后，试验结束，相关人员可进入试验现场进行观察。

7. 试验数据处理与结果评定

1）加载试验数据处理

加载试验数据主要有两方面：加载曲线，确认峰值满足加载要求；机构卸载后手动解锁，机构运转情况的描述。

2）加载试验结果评定

如果加载至峰值并稳定后，机构无明显变形和失稳，卸载后手动运转灵活，则表明试验成功，达到试验目的。

3）解锁试验数据处理

解锁试验数据主要有两部分：数据采集设备采得点火时刻至电路断开时刻的时间间隔；高速摄像机拍到的试验过程影像。

4）解锁试验结果评定

如果解锁时间满足设计要求，机构在镁带断裂后顺利转动到位，则表明试验成功，达到试验目的。

完成全部试验工作后，试验承担单位应完成试验报告的编写工作。

2.2.4 易碎盖冲破试验

1. 易碎盖常见结构及工作原理

易碎盖是易碎式发射箱盖的简称，根据破裂形式的不同，也被称作冲破盖、薄膜盖、易裂盖等。易碎盖的功能与机电式箱盖相同，平时用作发射箱（筒）一端或两端的密封。易碎盖开盖方式属于被动开盖，根据导弹（火箭）特性不同，易碎盖开盖的原理也有所不同，有利用导弹（火箭）点火后助推器产生的燃气激波开盖的，有利用助推器（或燃气发生器）点火后产生的燃气在密闭箱体内憋压产生较大压差后开盖的，还有利用导弹（火箭）初始运动的撞击开盖的。

图 2-7 为"里夫"舰空导弹发射筒，其前盖采用较厚的易碎盖，内侧预制刻痕，当发射筒内部压力高出外部环境压力 3 atm① 时，盖体被冲破，让开导弹发射通道。

图 2-7 "里夫"舰空导弹发射筒

该易碎盖是典型的易碎盖结构，采用脆性材料（如环氧发泡材料、聚氨酯发泡材料）制成，成型时在其内侧预制刻痕作为薄弱区，当盖体受力时沿薄弱区破坏，呈碎片飞出，从而达到设计目的。这种盖体成型容易，结构简单，被广泛应用。根据薄弱区设计的不同，易碎盖的碎片有整盖飞出的、分瓣飞出的，还有破成若干碎片飞出的。图 2-8 为"里夫"舰空导弹发射时易碎盖的碎片情况。

采用发泡材料制成的易碎盖，其薄弱区通过调整厚度、制作应力槽等实现，这种薄弱区一般显露在外。但也有一类易碎盖的薄弱区是不可见的 [如某专利（专利号200610040053）所提出的，利用纤维铺层制作成薄弱区]。当然，也有使用金属材料制

---

① atm 为常见非法定单位，1 atm = 1 325 Pa。

图 2 - 8　"里夫"舰空导弹发射时易碎盖的碎片情况

成的易碎盖，其薄弱环节通过机械加工产生，如以色列"巴拉克"－1 导弹贮运发射箱上下箱盖。其上箱盖为钢板结构，内表面预制有 Π 形应力槽。当导弹发动机点火，燃气流达到一定压力时，上盖胀破，Π 形应力槽破裂（即三边破裂），在没有预制应力槽的一边处发生塑性变形，燃气压力使 Π 形钢板向外（上）折翻，形成一个大于导弹折叠翼方形截面积的方孔，使导弹折叠翼和尾翼能够飞离发射箱。其下箱盖也为钢板结构，内表面也有预制应力槽，但应力槽深度与上盖不同，实际上是一个具有两个功能的下盖。在正常发射时，下盖呈封闭状态，应力槽的强度能够保证在正常点火时（发动机燃气流作用时间短）不会破裂，使燃气流在此反转 180°，从两侧燃气排导通道向发射箱上部排出。在误点火（导弹不动、燃气流作用时间长）时，下盖呈吹破状态，同上盖一样，Π 形钢板向外（下）折翻，燃气流经下盖进入安全排导装置低压室。这种盖体的设计原理与易碎盖的工作原理一样，虽然没有碎片产生，但也应归为易碎盖一类。图 2 - 9 所示即为"巴拉克"－1 导弹点火后前箱盖翻转的情景，图中并没有看到因箱盖破裂而产生的碎片。

图 2 - 9　"巴拉克"－1 导弹发射时未见盖体碎片

可见，易碎盖通常由脆性或塑性材料加阻燃、屏蔽、绝缘和"三防"材料组合而成，具有尺寸小、重量轻、结构简单、一次性使用、安全可靠性高、使用维护方便等显著特点，是发射箱（筒）的重要部分，对导弹（火箭）的贮存寿命、使用维修性能及发射时的反应时间有直接影响。从易碎盖的功能可以看出，平时贮存的气密性和战时正常打开是易碎盖最重要的两个特性。其中，战时正常打开关系到导弹（火箭）是否能够正常发射，因此该特性尤为重要。影响易碎盖打开性能的参数很多，如箱（筒）外环境、箱（筒）内环境、盖体自身结构、盖体开盖压力等，这些参数在易碎盖设计之初就需要确定，用以展开易碎盖的技术设计。易碎盖冲破试验即是针对开盖性能进行的试验，用以验证易碎盖关键参数设计的合理性。

从易碎盖的工作原理可以知道，验证易碎盖开盖性能实际上就是考核易碎盖薄弱区设计的合理性。冲破试验要考虑易碎盖具体的工作环境，尽可能模拟易碎盖真实的受力状态。

2. 冲破试验

1）试验目的

开展易碎盖冲破试验的目的是验证易碎盖开盖压力和破裂过程中的形态是否满足设计要求，考核易碎盖的设计是否能够满足导弹（火箭）发射要求。

2）试验条件

易碎盖依赖燃气冲开，因此，进行易碎盖冲破试验必须具备气源条件，根据不同的试验压力需求，配备的气源压力和体积要满足相应要求。

易碎盖在试验时安装在试验装置上，其安装接口要与发射箱（筒）的安装接口一致，试验装置上需要设置相应的充气、泄压、压力测试等设备接口，这些接口位置可以气密也可以不气密。如果不用该装置验证易碎盖的气密性能，无需对试验装置的气密性提过高要求，只要能够保证试验装置的封闭腔内压力上升足够快即可。

易碎盖冲破试验需要关注的参数有易碎盖冲破瞬间受到的压力值，以及易碎盖破裂和碎片飞出过程的形态。前者采用压力传感器、记忆型压力表等压力测试工具进行测试，可记录压力变化曲线，也可以记录峰值。后者则采用高速摄像手段进行监测。取得关注的数据是试验的根本目的，不同易碎盖的设计指标不同，试验前需要仔细研究试验方案。

有些易碎盖冲破过程中，碎片会随意飞出，对试验人员和设备造成危险；破盖的同时伴随较大的噪声，对周围的居民产生影响。因此，开展试验必须考虑这些因素。通常，易碎盖冲破试验需要选择较为偏僻或相对封闭、隔音的场所开展，试验设备上方应设置铁丝网或绳网等碎片防护网。

3）试验前准备

首先，需要依据相关要求编写试验大纲和试验细则，作为试验开展的文件依据。

其次，需要确认易碎盖的状态，并相应地标记试件，以便分析试验数据。然后，需要确认试验装置的状态完好。最后，需要研究合理的测试方案，并确保测试设备正常工作，以及测试的仪器、仪表都通过相关机构检定合格，并在检定期内。

4）试验程序与方法

不同结构的易碎盖，其冲破试验的程序和方法繁简不同。目前使用最广的有两种方法：密闭容器充气憋压将易碎盖胀破；用常温气体模拟高速燃气流将盖体冲破。前者简单易行，但与实际工况近似度差；后者更接近实际工况，但试验过程复杂。下面分别对这两种方法进行说明。

（1）方法一：憋压胀破。

①试验设备。

a. 密闭筒段。体积可以灵活设计，不宜太大（体积太大会使充气速度变慢）。筒段一端为密闭结构，另一端为易碎盖安装接口，在筒体合适位置设置充气、放气（可行的前提下，充、放气口可以共用）、压力表等接口。

b. 气源、电源。

c. 易碎盖。

d. 测试设备。压力表或传感器，记录压力峰值和压力时变曲线；高速摄像机，拍摄速率不低于 500 帧/s。

试验设备的安装如图 2 - 10 所示。

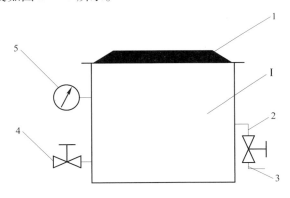

图 2 - 10　憋压胀破试验设备

1—易碎盖；2—充气口；3—连接气源；4—放气口；5—压力表；I—密闭筒段

②试验场地。

空旷的场地，并划定危险区域，或是有铁丝网防护的场地，但均需远离居民区，避免胀破瞬间的噪声扰民。

③试验过程。

将易碎盖安装在密闭筒段的开放端，确保安装紧固可靠后，向筒内充气，如果采用传感器进行压力测试，在充气前或同步开启数据采集设备和高速摄像机进行压力监控和高速摄像。持续充气至一定压力后，易碎盖被冲破，关闭气源，测试数据存盘即可。

（2）方法二：高速气流冲破。

①试验设备。

a. 试验装置。该试验装置比较复杂，为了采用常温气体模拟助推器点火产生的压力场，试验装置需要产生高速气流，其产生过程类似高速风洞，如图 2-11 所示。

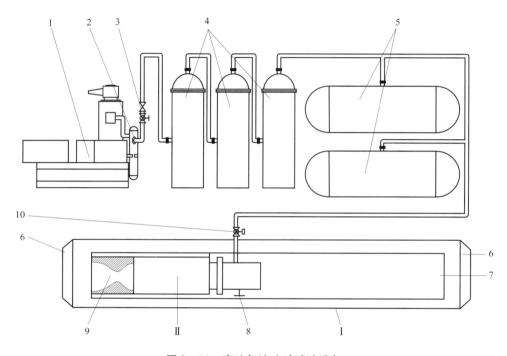

图 2-11　高速气流冲破试验设备

1—空气压缩机；2—油水分离器；3—单向阀；4—纯化器；5—贮气罐；6—易碎盖；

7—模拟弹；8—调压阀；9—拉瓦尔喷管；10—电动密闭阀；Ⅰ—模拟箱段；Ⅱ—稳定段

b. 气源、电源。

c. 易碎盖。

d. 测试设备。含压力测试和高速摄像机。试验装置自带监控测试系统，监测拉瓦尔喷管喷出气流的压力场与助推器点火后燃气压力场特性符合程度。

②试验场地。

空旷的场地（划定危险区域）或是有铁丝网防护的场地，场地需求面积要比憋压胀破大，盖体碎片飞行距离和破裂过程中的噪声也比憋压胀破大，条件允许时应有专门的安全防护措施和消声装置。

③试验过程。

将被试盖安装在喷管后端，如图 2 - 11 件 6 的位置。调整并启动高速摄像和有线测量设备，依次打开单向阀、调压阀和电动密闭阀，盖体会被瞬间冲破。关闭管路的各个阀门，停止高速摄像机和有线测量设备，数据存盘。

（3）两种试验方法的选用。

两种试验方法可以灵活选择，选择的主要依据是易碎盖本身特性和结构特点，同时考虑试验覆盖性和试验成本。

憋压胀破的方法简单易行，但与实际工况差别较大。易碎盖在高速燃气流条件下的破裂过程与缓慢增压至胀破的过程区别较大，但在原理试验阶段，验证薄弱环节设计的合理性和薄弱环节成型工艺的一致性时，采用憋压胀破的方法还是可行的。如果易碎盖设置了多个相互并不关联的薄弱环节，采用憋压胀破的方法就会显现出局限性。一旦有一个薄弱环节破坏，筒段的密闭性被破坏，压力会迅速回落，如果充气速度小于泄压速度，则其他薄弱环节就无法被打开，此时不宜选用憋压胀破的方法。

高速气流冲破的方法比较复杂，且试验设备通用性差，为了模拟燃气流的压力场特性，拉瓦尔喷管结构设计与助推器特征参数密切相关，不同型号上使用的易碎盖工作工况截然不同，很难采用通用冲破装置进行试验，甚至进行较大改动后也难以适应。但该试验方法也有其突出的优点，如与实际工况近似度高，覆盖性强，且对各种易碎盖结构均能适应，测试的参数真实准确等。

5）试验数据处理与结果评定

采用憋压胀破方法时，试验数据就是压力峰值，认为当密闭筒段内压力达到峰值时，盖体破坏，另外高速摄像的影像数据也是能够说明易碎盖破盖形态的重要数据，但由于试验条件与实际工况差别较大，影像资料也只能作为一个参考。

高速气流冲破试验过程中，压力数据是一个时变曲线，且盖体破裂后，气流持续喷出，压力曲线未必会马上下行，因此，压力数据配合高速摄像影像一起进行判读会更加准确。当然，前提是压力测试和高速摄像必须有一个时统，通过高速摄像得到盖体破裂瞬间的时刻点，再去读取该时刻点对应的压力值，即可得到易碎盖冲破压力，高速影像也能够较好地反映盖体实际使用时的破裂形态。

2.3　燃气流排导试验

2.3.1　燃气流排导试验简介

目前，大多数火箭、导弹依靠推进剂的化学能转换为动能作为其发射和飞行的动力，伴随着推进剂的燃烧和燃气流动，喷入环境介质中的高温高速燃气流对发射装置产生烧蚀和冲击，对飞行器的气动力特性产生影响。因此，燃气流动特性是火箭、导弹设计中需要考虑的重要内容，燃气流的排导和防护是发射装置设计中需要考虑的关键技术。在理论分析、数值仿真计算的基础上，试验方法研究也是验证理论计算和最终确定燃气流排导方式的重要手段。

1. 冷态燃气试验

为了在火箭、导弹研制的早期得到燃气流排导特性，可以在正式助推器或发动机试验前，利用风洞中的高速气体模拟燃气，确定静动态流量系数和燃气排导性能预测。美国在设计"战斧"导弹发射筒增推底板孔的构型时，首先进行的就是冷态燃气试验，得到了一个较理想的增推底板多孔构型。国内的一些高超声速风洞可以进行飞行器高空气动力或气动热试验研究、稀薄气体流动特性研究、高空羽流以及喷流干扰试验研究等。在风洞中用高压冷气做介质模拟飞行器喷流是目前国内外使用较为广泛的喷流模拟技术。

2. 热气喷流试验

通过加热空气及火药燃烧等方式可为风洞模型提供热喷流，它能真实地模拟喷流出口参数。但由于增加了燃料、加热、点火及控制系统，使风洞喷流试验装置和运行都更加复杂，试验所需费用也大幅增加。此外，由于燃烧的不稳定性、时间短等因素，热气喷流试验数据的精度明显低于冷态燃气试验。故一般在研究受温度因素影响严重的问题时才选用热气喷流试验。

3. 模型弹助推试验

如果说冷态燃气试验和热气喷流试验是理论研究常用的试验手段，那么模型弹助推试验则是进入工程研制阶段，燃气排导方式已定的情况下最常见的试验手段。目的是研究在既定发射方式下，如何减少燃气对发射过程的不利影响。

目前，火箭、导弹发射过程中燃气排导方式主要包括开放排导、公共排导和自排导等多种方式，采用不同的燃气排导方式，在进行燃气排导试验时的目的也不尽相同。

1）开放排导

对于开放排导而言，进行燃气排导试验的重点在于研究火箭、导弹点火后，燃气对发射装置的冲刷作用，以及确定导流装置的导流效果。图 2 - 12（a）是车载倾斜发射装置，前后盖均采用机电开盖，这种发射装置的燃气排导方式是典型的开放排导；图 2 - 12（b）是陆基垂直发射装置，也采用开放排导。

这种发射装置的燃气排导试验，关注的是火箭、导弹发射过程中燃气对发射箱盖、箱内机构、电气系统的损伤情况，以及导流装置的构型是否满足发射装置燃气排导需求，能否把燃气排导到发射平台以外，避免损坏发射平台。

2）公共排导

对于公共排导而言，进行燃气排导试验的重点是研究火箭、导弹发射过程中，燃气对相邻号位导弹（火箭）、排导通道等的影响，以及排导通道、发射装置等设计的合

（a）

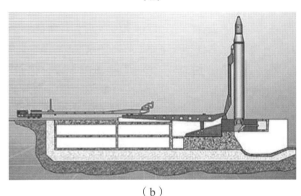

（b）

图 2 - 12　开放排导发射装置

（a）车载倾斜发射装置；（b）陆基垂直发射装置

理性。图 2 - 13 为典型的舰载垂直发射装置，采用公共排导。

这种发射装置的燃气排导试验，关注的是火箭、导弹发射过程中燃气对排气通道的损伤和对邻箱的影响，燃气排导是否顺畅，以及对火箭、导弹的影响。

3）自排导

对于自排导而言，进行燃气排导试验的重点是调整燃气排导参数，如排导面积、挡流板构型等。由于燃气自排导发射中，燃气对导弹（火箭）会有增推作用，燃气排导试验需要与导弹（火箭）的参数调整一起考虑。

下面介绍美国潜射导弹采用同心发射筒水下发射的燃气自排导试验。美国海军对

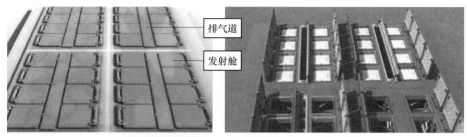

图 2 - 13 公共排导发射装置

同心筒发射装置作为新潜艇导弹发射装置的可行性进行了评估。同心筒发射装置与传统潜艇导弹发射装置相比具有以下优点：

（1）可增加发射深度，提高发射导弹时的潜艇速度。

（2）导弹在燃气流中飞行，不会与海水接触，因而不需要常规水下发射所需的复杂、高噪声压力平衡系统（该系统用于增加发射前导弹壳体的内部压力，防止海水渗入导弹）。

（3）简化发射装置结构，因为导弹利用自身推力飞离发射筒，可省去燃气发生器弹射系统。

（4）采用分布式电子结构，具有可升级的模块化设计，每个贮运箱都具有发射导弹所需的所有电气设备，电气设备的通用性可以使潜艇发射多种类型的导弹，并且具有即插即用的能力。

（5）减少导弹发射过程中的声、光和热信号特征。

（6）减少水下导弹发射装置的成本。

同心筒发射装置与传统潜艇导弹发射装置的主要不同在于导弹从离开发射装置到海平面之间所处的环境。传统潜艇导弹发射装置利用燃气发生器将导弹从发射装置上弹射出去，导弹离开海平面时弹上发动机点火。同心筒发射装置利用导弹自身推力飞离发射筒，发动机燃气形成一个水下高速射流，该射流将导弹飞行通道内的海水吹开（图 2 - 14），为导弹在水下飞行提供了一个干燥的通道。由于导弹飞离发射筒之后在由水蒸气和燃气组成的燃气流中飞行，类似于在空气中飞行，导弹具有较高的出水速度。

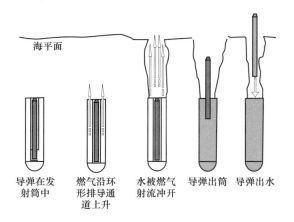

图 2 - 14　同心筒发射装置发射导弹

　　同心筒发射装置的基本假定是通过一个连续且垂直的燃气射流为水下发射导弹提供一个干燥环境。在下列三种情况下，导弹发射可能失败。

　　（1）射流不稳定，例如开尔芬—赫尔姆霍茨（Kelvin—Helmholtz）或者雷利—泰勒（Rayleigh—Taylor）不稳定性，这些不稳定性可能导致射流破裂。

　　（2）射流前缘转变成羽流，该羽流可以作为一个大气泡脱离射流并独自上升到海平面。

　　（3）横向流可能使射流发生弯曲并侵入导弹发射路径。

　　理想的稳定射流为一个气柱，其半径在气柱上升过程中没有明显的增大。为了在燃气流因横向流而弯曲的情况下保持该标准，需确定燃气流最小容许半径等于同心筒发射装置的外筒半径。

　　因为来自环形排导空间的燃气具有较高速度，所以在发射装置出口附近的导弹燃气为圆柱形。在这个区域，导弹燃气可看作一个射流，该射流的动量通量来自于导弹助推器和周围环境的压力差。随着射流的运动，周围海水被卷吸到气流中，射流的速度降低，并且沿径向膨胀。在距离发射装置的某处，射流将转变为一个羽流。因为燃气和周围海水之间的密度差异，高速燃气具有浮力，并且这种上浮行为会影响射流特性。

　　将射流分为近区、过渡区和远区，近和远是相对于发射装置出口的距离而言的（图 2 - 15）。对于近区，气流被认为是一个近似圆柱形射流，并且在有横向流的情况下保持垂直向上。过渡区含有羽流和射流的特性。对于远区，气流被认为是一个羽流，它与横向流的方向接近一致。识别过渡区很重要，因为射流和羽流的特性明显不同，并且如果射流过渡为羽流的速度过快，那么导弹发射成功的概率就会降低。

　　以小比例同心筒发射装置的水下发射试验为例来介绍燃气流排导试验。试验利用缩比模型弹助推器提供推力，发射装置内部气流通道完全按照导弹发射装置进行缩比。需要完成的试验包括限动点火试验和导弹飞出试验。缩比试验装置如图 2 - 16 所示。

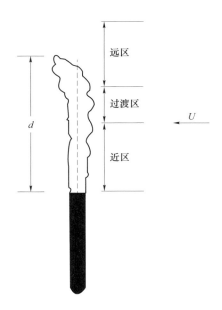

图 2 - 15 高速燃气流分为近区、过渡区和远区

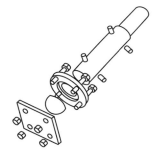

图 2 - 16 小比例同心筒发射装置

试验的目的是验证同心筒发射装置水下导弹发射方案，并且研究烟柱的不稳定性。试验得到的两项经验如下：

（1）前盖的破裂对于建立一个稳定并且对称的烟柱极为重要。

（2）在给定一个恰当的前封闭破裂条件下，水下导弹发射装置可以工作。回收的导弹完全干燥，没有暴露于海水的迹象。

利用另外一个小比例设备研究烟柱的进展程度和不稳定性，以此得到燃气出口速度、发射深度、发射装置出口几何形状等控制变量的函数。利用高速（1 000 帧/s）摄像影像分析结果。这些摄像设备包括聚焦逆光摄像设备和常规视频摄像设备。

将试验结果与全尺寸水下发射的计算流体动力学（Computational Fluid Dynamics，CFD）仿真结果进行比较（图 2 - 17），可以发现明显的相似之处。

（1）在燃气与水的交界面出现膨胀现象，距发生源相同距离处有两个明显的膨胀部分，如图 2 – 17 所示。

（2）射流顶部的变形和形状。

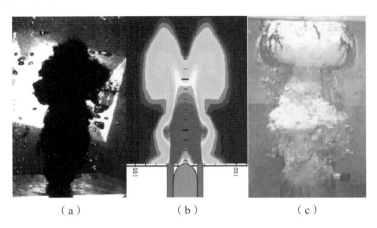

（a）　　　　　　　　（b）　　　　　　　　（c）

图 2 – 17　试验结果与 CFD 仿真结果比较

（a）试验结果 1；（b）CFD 仿真结果；（c）试验结果 2

上述同心筒式水下发射方式由于难度较大，尚未在具体导弹型号上使用，但类似的发射方式在舰载导弹发射上已经得到了实际应用。下面要介绍的同心筒垂直发射燃气流排导试验即是针对舰载同心发射筒而设计的。

2.3.2　同心筒垂直发射燃气流排导试验

1. 同心筒结构及其燃气排导原理

同心筒由内外两个直径不同，但同心的筒体组成。筒间采用纵向筋板连接，一端设置可打开的筒盖，另一端采用半球形端盖进行密封。导弹（火箭）位于内筒，点火后，燃气喷向半球形端盖，在球面上实现 180°反转，由内外筒间隙向外排出，内外筒间隙可调整，以实现导弹（火箭）不同的推力增值需求。

同心筒发射装置的结构如图 2 – 18 所示。

2. 试验目的

使用同心筒发射，应注意两方面：燃气流排导对弹的影响，如同心筒的挡流增推效能以导弹（火箭）出筒速度为表征，或燃气对导弹（火箭）的烧蚀、冲击情况以发射后导弹（火箭）表面形态和发射过程中弹体表面温度、压力为表征；燃气流排导对同心筒自身的影响，如筒体耐烧蚀能力、筒体承压能力等。两方面均与挡流增推底板构型有关。因此，进行同心筒燃气流排导试验的目的是通过测试导弹（火箭）的出筒速度，弹体和筒体温度、应变等来验证同心筒结构设计，尤其是其挡流底板构型的合理性。

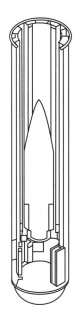

图 2 – 18 同心筒发射装置

3. 试验条件

（1）试验设备：同心筒 1 套 ［含前易碎盖、导弹（火箭）限位装置等］，圆截面模型弹 1 枚（含助推器）。

（2）参试设备：同心筒安装台架、点火控制器等。

（3）测试设备：温度传感器、压力传感器、应变片、高速摄像设备及数据采集设备等。

（4）环境条件。需在专门的发射试验场地开展试验。

4. 试验前准备

试验前需确定的内容如下：

（1）筒弹配合合理。模型弹已经装填入筒，装填过程顺畅，确保正常状态下，模型弹能够顺利出筒。

（2）前易碎盖工作正常。同心筒前盖为易碎盖，试验前应经过试验验证，其开盖性能满足试验要求。

（3）筒内机构工作正常。导弹（火箭）锁定机构能够可靠锁定，点火后能够顺利解锁，确保模型弹在正常情况下能顺利发射。

（4）模型弹助推器推力与同心筒结构参数（如挡流面积）符合理论分析的匹配关系。试验前需完成试验设备的架设和测试设备的安装调试。

5. 试验程序与方法

通常，在确定总方案时，同心发射筒的外轮廓尺寸受装载平台限制，内部尺寸受导弹（火箭）外形限制，因此结构基本确定，只可调整挡流增推底板构型。试验前，应进行详细的燃气流场数值模拟，确定一个理论上满足要求的挡流增推底板构型，然后浮动调整挡流面积，需制作多套底板备用，或制备挡流面积可调的底板。

试验过程中，弹上传感器通过弹体内部存储器将发射出筒过程中模型弹表面的温度、压力参数记录下来，筒体上的传感器通过数据采集设备将发射过程中筒体上的温度、压力、应变等参数记录下来，再通过高速摄像影像推算出模型弹出筒速度。因此，可以依赖上述数据评价同心筒结构，尤其是挡流增推底板设计的合理性。

具体试验步骤如下：

（1）检测设备开机。

（2）进入正式点火流程。助推器点火的同时，时统信号发出并激发数据采集设备、弹上存储器及高速摄像机记录数据。

（3）易碎盖被燃气冲开，锁弹机构解锁，模型弹向前运动出筒。

（4）测试数据存盘。

按照不同火箭导弹武器系统的具体要求，在进行燃气流排导试验的同时可以进行振动、弹体过载（加速度）、弹体滚转等参数的测试，为发射方案的确定提供更为丰富的参考依据。

6. 试验数据处理与结果评定

该试验的数据分为两个部分：有线测量数据和影像数据。有线测量数据滤波后可得到温度、压力及应变的时变曲线，直观反映燃气排导效果；通过影像数据（通常在 1 000 帧/s 左右的拍摄速度）可以间接得到弹体出筒瞬间的速度和燃气在筒口的形态，作为燃气排导效果评价的参考依据。

按照经验，如果模型弹出筒速度达到 20 m/s，弹体及筒体无明显变形，弹体尾端未出现严重烧蚀，电气部分未产生烧蚀破坏，则可认为燃气排导试验成功，同心筒结构及挡流增推底板构型设计合理。

2.4　电气系统原理性试验

2.4.1　电气系统原理性试验简介

发射装置电气系统因发射装置本身的繁简程度、装载平台的不同有很大差别。例如，发射箱的电气系统由环境监测装置、信号转发装置、弹箱连接控制装置、箱盖控制装置等组成。发射车比发射箱更为复杂，集成了射检发控台、电源控制柜、指控台、遥测设备、定位定向设备、发电单元、车控设备、电动机控制设备、电缆网，以及装载在车上的发射箱（电气部分）等。这些设备与控制台和设备之间的信息交互都通过电气系统来实现，因此，设备之间必然存在电气接口，设备间接口是否匹配、信息传输是否正确、设备间工作是否协调、电磁兼容性能是否达标、多个设备工作流程是否合理都需要通过电气系统原理性试验来验证。

一个新研发的发射装置，在方案设计阶段就应该开展电气系统原理性试验。但由于电气系统的复杂程度、继承性不同，以及工程研制进度要求，有些发射装置并不开展电气系统原理性试验，而是在进入工程研制阶段以后通过地面联调或靶场试验进行验证。下面以典型的发射车为例，介绍发射装置电气系统地面联调试验。

2.4.2 发射车电气系统地面联调试验

发射车电气系统的原理性试验也称为地面联调试验。开展时机是在装车设备未装车前。

1. 试验目的

开展地面联调试验的目的包括：检查各设备间接口及其信息传输的正确性和协调性；检查各设备间协同工作的协调性、正确性、电磁兼容适应性；检查各设备准备情况和程序的协调性；检查各设备射检发控程序的协调性、正确性。

2. 试验设备

装载在发射车上并带有电气功能的设备均要参加试验。以某发射车为例，参加地面联调试验的设备及设备间连接关系如图2-19所示。

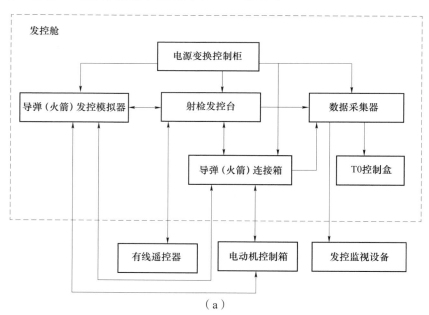

（a）

图2-19 参试设备及设备间连接关系

（a）发控单元连接的设备

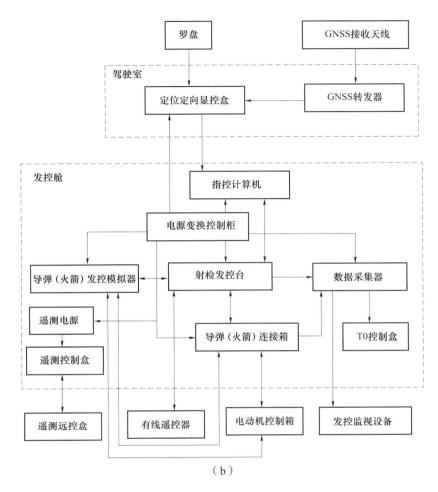

图 2 - 19　参试设备及设备间连接关系（续）

（b）指控单元连接的设备

3. 试验条件

（1）试验场地需满足整个试验中所有设备的顺利展开。

（2）电源：380 V/50 Hz 三相交流 15 kW，220 V/50 Hz 交流 10 kW。

（3）提供必要的安全、消防和防护措施。

（4）经质量技术安全部门认可并出具合格或准用证明。

4. 试验程序与方法

1）试验前准备

设备展开，检查参试设备，保证参试设备技术状态的正确性。

（1）检查各设备状态是否满足试验条件。

（2）检查设备和电缆配套情况、电缆芯线和电缆连接是否满足设备技术要求和试验要求。

（3）检查外部电源供电设备和配电是否满足本次试验要求。

2）发控设备联调试验

按照图2-19（a）中的连接关系将参试设备连接起来，并确认连接正确。

通电检查，按照预期的工作流程进行调试，检查以下内容：

（1）检查电源变换控制柜供电是否正常。

（2）发控设备工作是否正常。

（3）数据采集器采集是否正常。

（4）发控监视设备接收、显示是否正常。

（5）各设备接口连接是否正确，发送的数据信息与对方收到的信息是否一致，开关指令和状态的发送和接收是否一致。

3）指控单元联调试验

按照图2-19（b）中的连接关系将参试设备连接起来，并确认连接正确。

通电检查，按照预期的工作流程进行调试，检查以下内容：

（1）检查参试设备工作是否正常。

（2）指控计算机与射检发控台信号传输是否正确。

（3）数据采集器采集的各设备信息是否正确。

2.5　液压系统原理性试验

2.5.1　液压系统原理性试验简介

发射装置液压系统多用于发射车的调平装置、起竖回平装置和回转装置，也有用作发射箱的减震装置。与发射装置电气系统原理性试验类似，在开展发射装置方案设计阶段就应该开展液压系统原理性试验，以验证液压系统设计方案的合理性。第2.5.2节以典型的发射车液压系统为例，介绍发射装置液压系统原理性试验方法。

2.5.2　发射车液压系统原理性试验

1. 试验目的

开展发射车液压系统原理性试验的主要目的是验证液压系统设计方案的合理性，包括液压系统确保自身正常工作的设计正确性、达到发射装置性能指标要求的方案可行性，以及液压系统与装载平台之间的工作协调性。

2. 试验设备

根据具体的试验目的不同，试验设备也有所不同。液压系统原理样机是被试设备。

在开展液压控制原理性试验时，需要的设备与仪器为程序控制台、模拟控制台及秒表；在开展液压系统调平试验时，需要的设备与仪器为秒表、直尺、百分表、磁化表架；在开展起竖回平及工作稳定性试验时，需要的设备与仪器为振动传感器、电荷放大器、磁带机和计算机等。

3. 试验条件

环境条件无特殊要求，但应该在产品使用环境条件范围内；被试品应符合设计文件要求，试验中用到的工作介质应与实际产品一致；参试设备与仪器、仪表经过检定且在检定期内。

4. 试验程序与方法

1）液压控制原理性试验

液压控制原理性试验分为单步控制试验和程序控制试验。前者是分别在空载和带载工况下，按照导弹（火箭）发射及撤收程序分步操作，检查各工步功能，以及参数与设计指标的符合性，从而验证设计方案的合理性。后者是分别在空载和带载工况下，按照导弹（火箭）发射机撤收程序自动操作，检查系统功能与参数。

2）发射车调平试验

在规定坡度的场坪条件下，设备处于满载状态，手动、自动调平和撤收各进行三次，或按试验大纲要求进行，过程中观察液压系统工作情况，要求工作正常，能够在规定指标内完成调平和撤收功能，无异常现象。

3）起竖回平及工作稳定性试验

在空载和满载条件下，进行多次手动、自动起竖、回平动作，观察动作过程中液压系统工作情况。

在发射装置最前端安装振动传感器，用程序控制起竖及回平发射装置，记录冲击加速度，观察振动的时变曲线来评价工作稳定性。

在起竖、回平过程中，可在油缸伸出途中或油缸伸出到位时停止，30 s 后测油缸实际伸出量，保持状态 1 h 后测其变化量，由此评价油缸下沉量。

2.6　缩比试验

以相似理论为基础的模型试验是现代设计方法之一，在近代科学研究和工程设计中起着重要的作用。缩比试验是模型试验的一种，指利用缩小的模型来进行结构特性的研究。缩比试验的优点有：

（1）缩比试验模型与原型相比，尺寸一般都是按比例缩小的，所以生产容易，拆装方便，试验人员少，能够节省经费、人力和时间。

（2）缩比试验一般在研制的初期开展，可以预先获得一些重要参数，使一些问题及早暴露，避免方案性的颠覆。

（3）缩比试验可以严格控制试验对象的主要参数，不受外界条件和自然条件的限制，并得到正确的结果。

（4）缩比试验有利于在复杂的试验过程中突出主要矛盾，便于把握和发现现象的内在联系，有时还能对原型所得的结论进行校验。

（5）缩比试验可以对新研制的结构方案进行功能、性能试验和可靠性试验，获得大量参数，为方案的确定提供设计依据。

2.6.1 缩比试验的理论基础

缩比试验与原型试验之间必须遵循一定的相似准则，二者才具有相似性，缩比试验的数据和结果也才有一定的参考意义。为了使缩比试验与原型试验的现象相似，两者之间需要满足一定的相似理论，相似理论主要包括相似概念、相似定理、相似准则等内容。

1. 相似概念

相似指组成模型的每个要素必须与原型的对应要素相似，包括几何要素和物理要素，其具体体现为由一系列物理量组成的场对应相似。书中所讨论的相似主要指：在几何相似的体系中，进行具有同一物理性质的变化过程，而且各体系中对应点上同名物理量之间具有固定的比例，则称这些物理体系是相似的。

其中，几何相似又称为空间相似，是指缩比模型与原型之间所占据的空间对应尺寸之比是一个固定数。即缩比模型的边界形状与原型边界形状相似，且对应线性尺寸成相同的比例。本书所提到的缩比试验都是几何相似的。同一物理性质是指两种现象必须具有同一物理性质，才能有严格意义的相似。例如，机械运动与另一种机械运动相似，热传导过程与另一热传导过程相似，固体内应力状态与另一个固体的内应力状态相似，流体运动与另一流体运动相似。本书所提到的缩比试验都是同一物理性质的。同名物理量，指长度与长度、加速度与加速度、流量与流量、应力与应力等。固定的比数又称为相似常数，两个相似系统（如缩比模型与原型相似）之间同名物理量的相似常数相等，不同名物理量的相似常数可能不相等。

2. 相似理论

相似理论的核心是相似三定理，相似三定理的实用意义主要有两方面：指导如何正确设计缩比模型；指导如何整理模型试验的结果并应用到工程原型上。

1）相似第一定理

相似的现象因为是同一物理性质的变化过程，所以能够用完全相同的方程描述，其中大多数的物理现象可以用微分方程的形式来表示，以质点的运动过程为例，其运动方程和力学方程分别为

$$v = \frac{\mathrm{d}s}{\mathrm{d}t} \tag{2-1}$$

$$F = ma = \frac{\mathrm{d}v}{\mathrm{d}t} \tag{2-2}$$

若以角标 p、m 分别表示原型和缩比模型发生在同一对应点和同一对应时刻的同类量，则

$$\frac{s_m}{s_p} = C_s \text{ 或 } s_m = C_s \cdot s_p,\ \frac{t_m}{t_p} = C_t \text{ 或 } t_m = C_t \cdot t_p,\ \frac{v_m}{v_p} = C_v \text{ 或 } v_m = C_v \cdot v_p, \tag{2-3}$$
$$\frac{m_m}{m_p} = C_m \text{ 或 } m_m = C_m \cdot m_p,\ \frac{F_m}{F_p} = C_F \text{ 或 } v_m = C_F \cdot v_p$$

式中　s——位移或几何尺寸；

　　　t——时间；

　　　v——速度；

　　　m——质量；

　　　F——载荷；

　　　C_s, C_t, C_v, C_m, C_F——相似常数。

研究式（2-1），其描述彼此相似的两个现象，这时原型质点运动速度为

$$v_p = \frac{\mathrm{d}s_p}{\mathrm{d}t_p} \tag{2-4}$$

缩比模型质点运动速度为

$$v_m = \frac{\mathrm{d}s_m}{\mathrm{d}t_m} \tag{2-5}$$

将式（2-3）代入将式（2-5）则

$$C_v = \frac{C_s}{C_t}$$

即

$$\frac{C_s}{C_t \cdot C_v} = C = 1 \tag{2-6}$$

把式（2-6）中相似常数的组合 C 称为相似指标，其意义是对于相似现象，它的值为 1。同时也说明，各相似常数不是任意选择的，它们的相互关系要满足 $C = 1$ 这一条件约束。也就是说在 C_s、C_t、C_v 三者中，只有二者可以为任意值，第三者要由式（2-6）确定。

这种约束关系还可以采用另外的形式，将式（2-3）中 C_s、C_t、C_v 的值代入式（2-6）得

$$\frac{v_m t_m}{s_m} = \frac{v_p t_p}{s_p}$$

$$\frac{vt}{s} = 不变量 \tag{2-7}$$

同理，在研究式（2-2）时可得

$$\frac{C_F C_t}{C_m C_v} = C = 1 \tag{2-8}$$

或

$$\frac{Ft}{mv} = 不变量 \tag{2-9}$$

式（2-7）、式（2-9）综合数群 vt/s 和 $Ft/(mv)$ 都是不变量，它们反映出物理相似的数量特征，叫作相似准则（又称相似参数、相似准数）。

特别要注意，这里给相似准则的概念是"不变量"而非"常量"。所说不变量，是因为相似准则这一综合数群只有在相似现象的对应点和对应时刻上才相等。

相似第一定理可以描述为：相似的现象，其相似准则的数值相同，或相似指标等于1。相似第一定理是以现象相似为前提，研究彼此相似的现象具有的性质，根据与原型相似的缩比模型上得出的相似准则的数值，就可得出原型上相应相似准则的数值，进而得出所研究的物理量的值。这样，在模型上的试验结果就可推广到其他与之相似的现象上。根据相似现象的相似准则数值相同可确定出各物理量的相似常数之间的关系（相似指标），这是设计模型试验的依据。

2）相似第二定理

相似第二定理是关于物理量之间函数关系结构的定理，可以表述为：一个包含 n 个物理量 $G_1, G_2, \cdots, G_n$（其中有 k 个具有独立量纲的物理量）的物理方程，可以转换为 $m = n - k$ 个由这些物理量组成的无量纲数群（指数幂乘积）$\pi_1, \pi_2, \cdots, \pi_m$ 之间的函数关系，即 $f(G_i) = 0$ 可以转换为 $\varphi(\pi_j) = 0$。其中，$i = 1, 2, \cdots, n$；$j = 1, 2, \cdots, m$。

上式 $\varphi(\pi_j) = 0$ 称为准则关系式或 π 关系式，把式中的相似准则称为 π 项。

相似第二定理是用量纲分析法推导相似准则的依据。另外，因为彼此相似的现象相似准则数值相同，它们的相似准则关系式也应相同。如果把某现象的模型试验结果整理成相似准则关系式，那么得到的相似准则关系式就可推广到其他与之相似的现象。因为相似准则关系式中各项都是无量纲 π 项，这样的关系式不随物理量单位的变化而变化。此外，相似准则关系式是由一个多元的物理量函数关系式转化而来的少元的只有无量纲 π 项的相似准则关系式，使研究时试验次数减少，简化了试验过程。

3）相似第三定理

相似第三定理是关于现象相似的条件的，可以表述为：凡物理本质相同的现象，当单值条件相似，且由单值条件中的物理量组成的相似准则数值相同，则现象必定相似。

根据这一定理判断出两个现象相似，就可把一个现象的研究结果应用到另一个现象上。

3. 相似准则

以流体相似为例，这些单值性条件包括：

（1）初始条件指非定常流动问题中开始时刻的流速、压力等物理量的分布。对于定常流动不需要这一条件。

（2）边界条件指所研究系统的边界上（如进口、出口及壁面处等）流速、压力等物理量的分布。

（3）几何条件指系统表面的几何形状、位置及表面粗糙度等。

（4）物理条件指系统内流体的种类及物理性质，如密度、黏性等。

流体相似具有以下相似准则：

1）欧拉数 Eu

Eu 是物体表面作用的压力 F_p 与惯性力 F_I 之比。

$$Eu = \frac{F_p}{F_I} = \frac{pl^2}{\rho v^2 l^2} = \frac{p}{\rho v^2} \quad (2-10)$$

流体力学中的压力系数 $c_p \left[c_p = \dfrac{p - p_\infty}{(1/2)\rho v^2} \right]$ 即欧拉数。

2）牛顿数 Ne

Ne 是作用在物体上的外力 F 与惯性力 F_I 之比。

$$Ne = \frac{F}{F_I} = \frac{F}{\rho v^2 l^2} \quad (2-11)$$

3）比热比 k

k 是定压比热 c_P 与定容比热 c_V 之比。

$$k = \frac{c_P}{c_V} \quad (2-12)$$

4）雷诺数 Re

Re 表示惯性力 F_I 与黏性力 F_v 之比。

$$Re = \frac{F_I}{F_v} = \frac{\rho v^2 l^2}{\mu v l} = \frac{\rho v l}{\mu} \quad (2-13)$$

5）马赫数 Ma

Ma 是惯性力 F_I 与气体压缩力 F_c 之比。对于完全气体有

$$\frac{F_I}{F_c} = \frac{\rho v^2 l^2}{p l^2} = Ma^2 \quad (2-14)$$

Ma 是气体压缩性对流动影响的一个量度，是高速气动现象中十分重要的相似准则。

6）弗劳德数 Fr

Fr 是惯性力 F_I 与重力 F_g 之比。

$$\frac{F_I}{F_g} = \frac{v^2}{lg} = Fr^2 \qquad (2-15)$$

Fr 数是重力对流动影响的一个量度。

2.6.2 典型缩比试验相似准则

1. 燃气喷流缩比试验相似准则

根据流体力学通用缩比准则，得出燃气喷流缩比试验相似准则如下：

线性几何尺寸比 $\qquad C_l = \dfrac{l_1}{l_2}$

燃烧室压力（压强）$\qquad p_0$

环境压力（压强）$\qquad p_a$

火药力 $\qquad RT_f$

比热比 $\qquad k$

在满足以上 5 个相似准则的条件下，缩比模型试验的燃气流场结构与原型试验的燃气流场结构保持线性几何尺寸相似，对应位置处流场参数（温度、压力、流速、马赫数等）一致。

2. 火箭、导弹运动相似

火箭、导弹的瞬时速度及加速度由下述微分方程描述。

$$v = \frac{\mathrm{d}l}{\mathrm{d}t}$$

$$a = \frac{\mathrm{d}v}{\mathrm{d}t}$$

现以速度方程为例推导相似准则。

在原型中方程为

$$v_1 = \frac{\mathrm{d}l_1}{\mathrm{d}t}$$

在模型中方程为

$$v_2 = \frac{\mathrm{d}l_2}{\mathrm{d}t}$$

模型与原型方程中对应量之比（相似比）为

$$\frac{v_2}{v_1} = C_v, \frac{l_2}{l_1} = C_l, \frac{t_2}{t_1} = C_t$$

将各相似比代入模型方程中可得相似指标式为

$$C_v v_1 = \frac{C_l \mathrm{d}l_1}{C_t \mathrm{d}t_1}$$

$$\frac{C_v C_t}{C_l} v_1 = \frac{\mathrm{d} l_1}{\mathrm{d} t_1}$$

整理后得相似指标式

$$\frac{C_v C_t}{C_l} = 1 \qquad\qquad (2-16)$$

即

$$\frac{\dfrac{v_2}{v_1} \cdot \dfrac{t_2}{t_1}}{\dfrac{l_2}{l_1}} = 1$$

整理后得相似准则 π 为

$$\frac{v_1 t_1}{l_1} = \frac{v_2 t_2}{l_2} = \frac{vt}{l} = 不变量$$

即

$$\pi_1 = \frac{vt}{l}$$

同理可得

$$\pi_2 = \frac{at}{v}$$

π_2 相应的相似指标式为

$$\frac{C_a C_t}{C_v} = 1 \qquad\qquad (2-17)$$

取模型的加速度与原型相同，即

$$C_a = 1$$

则由式（2-16），式（2-17）可得

$$C_v = C_t = \sqrt{C_l}$$

3. 火箭、导弹动力相似

（1）弹所受的推力 F。

$$F = \xi S_{\mathrm{kp}} p_0$$

式中　ξ——推力系数；

S_{kp}——喷喉面积；

p_0——发动机工作压力。

在模型中方程为

$$F_2 = \xi_2 S_{\mathrm{kp2}} p_{02}$$

在原型中方程为

$$F_1 = \xi_1 S_{kp1} p_{01}$$

故有

$$\frac{F_2}{F_1} = \frac{\xi_2}{\xi_1} \cdot \frac{S_{kp2}}{S_{kp1}} \cdot \frac{p_{02}}{p_{01}}$$

即有相似指标式

$$C_F = C_\xi C_{S_{kp}} C_p$$

取模型的燃烧室工作压力 p_{01} 与原型的 p_{02} 相同，即

$$C_p = 1$$

因推力系数 ξ 主要与推进剂的比热比 k、燃烧室工作压力 $S_{kp}p_0$ 及喷口扩张角 α 有关，而这三者均相同（模型的 k 与原型相近），则 $C_\xi = 1$。故

$$C_F = C_{S_{kp}} = C_d^{\ 2} \tag{2-18}$$

相应的相似准则为

$$\pi_4 = \frac{F}{\xi S_{kp} p_0}$$

$$\pi_5 = \frac{S_{kp}}{d^2}$$

（2）弹的运动方程。

$$(F - mg)l = \frac{1}{2}mv^2$$

在模型中方程为

$$(F_2 - m_2 g)l_2 = \frac{1}{2}m_2 v_2^{\ 2}$$

在原型中方程为

$$(F_1 - m_1 g)l_1 = \frac{1}{2}m_1 v_1^{\ 2}$$

各对应量之相似比为

$$C_F = \frac{F_2}{F_1}, \quad C_m = \frac{m_2}{m_1}, \quad C_l = \frac{l_2}{l_1}, \quad C_v = \frac{v_2}{v_1}$$

代入模型方程得

$$(C_F F_1 - C_m m_1 g)C_l l_1 = \frac{1}{2}C_m m_1 C_v^{\ 2} v_1^{\ 2}$$

由 $C_v = \sqrt{C_l}$，故

$$(C_F F_1 - C_m m_1 g)l_1 = \frac{1}{2}C_m m_1 v_1^{\ 2}$$

将此式与原型方程比较知，此式成立的充要条件为

$$C_F = C_m \tag{2-19}$$

（3）发动机的秒流量 G。

$$G = \frac{1}{C^*}S_{kp}p_0$$

故

$$C_G = C_d^2 \qquad\qquad (2-20)$$

4. 缩比试验应遵守的条件及结果

综上所述，当模型试验遵守以下条件（模化条件）：

（1）模型的装药性能尽量与原型接近。

（2）模型的燃烧室压强 p_0、喷口压强 p_e、喷口马赫数 Ma、喷口扩张角 α 及推力系数 ξ 与原型相同（即 $C_p = C_{p_e} = C_{Ma} = C_\alpha = C_\xi = 1$）。

（3）模型在长度方向与直径方向的几何尺寸按同一几何相似比 C_d 缩比（即 $C_l = C_d$）。

（4）模型弹的质量、推力、秒流量、面积均按几何相似比 C_d 的平方缩比（即 $C_m = C_F = C_G = C_S = C_d^2$）。

则可得结果：模型弹的加速度与原型相同（即 $C_a = 1$）；模型弹的速度和对应的时间比原型的速度和时间缩小 $\sqrt{C_d}$ 倍（即 $C_v = C_t = \sqrt{C_d}$）；模型弹的全行程 l_g 和 l_m 比原型的全行程及时间缩小 C_d 倍（即 $C_{l_g} = C_{l_m} = C_d$）。

2.7　发射方式原理性试验

在开展发射装置的方案设计和验证试验之前，往往还需要开展一些有关发射方式的试验，尤其是首次采用的新发射方式，必须通过原理性试验来确认所采用的新发射方式在原理上是可行的，这样才能开展后续的工程研制。

与针对发射装置具体结构或特性开展的原理性试验不同，发射方式原理性试验是综合性的试验，往往需要一整套综合发射试验设施，或选择专门的发射试验场地，试验设备也涵盖了发射装置、模型弹（含动力装置）、测试系统等，试验用的发射装置可以尽量简化，对试验目的不产生显著影响的次要因素可以适当忽略。

发射方式不同，试验的研究重点也不同。例如，传统的自推力发射，关注燃气的排导和防护；燃气自排导类自推力发射，除了关注燃气排导与防护外，还要关注燃气排导对火箭、导弹的附加推力作用；外动力发射技术，关注发射动力与火箭、导弹飞行弹道重要参数的匹配关系；新的动力源发射技术，又将探索发射技术途径作为试验的重点。

第 2.7 节以电磁弹射原理性试验为例进行介绍。

2.7.1　电磁弹射原理

直线感应电动机的初级输入交流电后，产生交变磁场，这种磁场在直线电动机的次级产生感应电流，使次级变为有感应电流的导体，处于交变磁场的次级板就会受到安培力的作用，带动运动机构和导弹（火箭）加速向前运动。当导弹（火箭）的速度达到离轨飞行速度时，电动机在电力调节装置的控制下瞬时制动，导弹（火箭）依靠惯性解锁起飞。滑行小车和次级板在电动机制动力的作用下停止运动，并重新回到初始位置，准备下一次发射。电动机推力与电流成正比，只要保证足够大的电流输入，就能在发射装置内产生足够大的推力，将导弹（火箭）弹射出去。

2.7.2 电磁弹射原理性试验

电磁弹射虽然是一种新型动力源发射技术，但从国内外的应用情况看，其原理的可行性已经得到了验证，因此，开展电磁弹射原理性试验的目的是验证该发射方式的工程实现途径，通过试验来找寻被弹射体、发射装置及电磁动力控制系统之间的协调匹配规律。例如电流输入值、被弹射体质量、运动机构的运动距离、制动距离、被弹射体离轨速度等参数之间的对应关系，通过试验找到规律，作为工程研制的依据。

试验设备包括发射装置（结构部分）、动力系统（含直线电动机、变流器、能量储存装置）、控制系统、模型弹（或者其他被弹射体模型，有多种规格）、测试系统（含光测装置、有线测量设备）及地面技术支援系统。

试验程序包括试验前准备、初始状态参数测量、多种工况的发射试验、试验后参数测量、设备恢复、数据分析。其中试验前准备包括参试设备就位与调试、试验场地清场、口令合练等；初始状态参数测量要涵盖所有被测参数，作为试验后对比的基线；在正式试验中，需要合理安排试验条次，以便试验后分析数据，找到规律。

在发射方式原理性试验中，往往需要让被发射物以一定速度发射出去，因此试验场地的选择必须充分考虑安全性，试验中需要按照规范辨识危险因素，划定危险区域；自推力发射方式的原理性试验中会用到助推器等火工品，增加了试验的危险性，制定试验方案时需要重点考虑。

第3章 工程研制试验

3.1 概　　述

试验在航天发射装置的研制过程中占有极其重要的地位。试验贯穿于发射装置的方案设计、技术设计、制造和定型全过程。工程研制试验一般是为解决发射装置总体设计、分系统和重要的组（部）件方案的正确性，采用新技术的可行性及所需参数而进行的试验。这些试验项目，有的是在进行总体方案设计时提出的，有的是根据技术设计的需要提出的，试验与设计相辅相成，互相完善，直至设计出既满足任务书要求又先进可行的发射装置。各项工程研制试验结束后，应编制出试验报告并提出明确结论，进而完善设计。

根据试验的性质及目的不同，工程研制试验又分为功能、性能试验，协调匹配试验，发射试验，环境试验，电磁兼容性试验等。

试验项目的开展没有严格的顺序，从试验目的出发，可按照以下原则进行安排。

（1）按照研制进度和试验条件来开展试验。该原则在工程研制阶段普遍采用。

（2）按照试验项目要求的严酷性来安排试验。如果通过试验来进行方案选择，可先进行要求最为严酷的试验项目，以便尽早排除不可行方案；如果试件数量有限，可先进行要求最不严酷的试验项目，以便在试件损坏前收集到尽可能多的信息。

（3）按照试验项目之间的关联性来安排试验。如果前后两个试验存在某种关联，前一个试验所产生的后果由后一个试验来暴露或加强，则可以安排对试件有最显著影响的试验顺序，以确保试验的覆盖性；如果各试验项目对产品实际使用的影响存在主次关系，则可以按照先主后次的顺序安排试验，以增强试验的真实性。

试验顺序的安排还需要考虑经济性、可行性等因素。总之，应以产品使用时的工作条件和开展试验的目的为基础，根据实际情况灵活开展。

3.2　功能、性能试验

功能、性能试验是工程研制试验的重要组成部分，也是最基础的部分，用以验证产品是否具备任务书要求的功能、性能，并考核产品功能、性能指标与设计指标的符合性。

3.2.1 发射装置仿真试验

在模型上进行，而不是在真实产品或系统中进行的研究过程称为仿真。仿真分为数学仿真和物理仿真。采用一组能够反映和描述产品运动和工作过程的数学方程作为模型，将此数学方程在计算机上进行运算求解，从而得到产品特性的过程被称为数学仿真试验。如果仿真过程中有产品或产品的缩比模型参与，则称为物理仿真试验，按照产品或产品的缩比模型参与程度又分为实物仿真和半实物仿真。数学仿真试验和物理仿真试验各有优势，前者模型参数更改方便灵活，对于工况复杂的工作过程仿真有明显的效率和成本优势，后者修改或更换模型较为复杂，但因其能较真实且全面地表现研究对象特性，也常常被采用。数学模型常常要依靠物理仿真试验的结果来校验和修正。

随着计算机技术日臻发达，仿真试验在工程研制中的重要性越来越明显。仿真试验对于工程研制有着不可替代的作用，主要表现为：

（1）提高设计质量。

（2）缩短研制周期，节约试验成本。

（3）作为飞行试验的有效补充，全面评估产品性能。

对于航天发射装置而言，常见的仿真试验项目见表 3－1。

表 3－1　常见仿真试验项目

序　号	试验项目	试验内容
1	动力学仿真	（1）验证发射方案的正确性。通过导弹（火箭）点火至导弹（火箭）发射出箱（筒）过程的动力学仿真，了解发射箱（筒）及其装载平台（如发射车）的动态响应特性。 （2）重要零部件在导弹（火箭）发射过程中的协调匹配性
2	运动部件运动、分离过程仿真	（1）验证运动部件设计方案的正确性。 （2）验证运动零部件工作的协调性
3	流场仿真	（1）验证燃气流排导方案的合理性。 （2）获取发射装置在燃气流场中工作的环境参数，包括温度、压力、冲击等
4	结构刚强度仿真	验证发射装置结构刚强度的可靠性。仿真分析发射装置在运输、发射、吊装等各工作条件下的结构刚强度
5	内弹道仿真	获取导弹（火箭）在发射出箱（筒）过程中的弹道参数，从而修正发射装置设计

续表

序　号	试验项目	试验内容
6	模态仿真	分析发射装置的模态，确保避开导弹（火箭）及装载平台的固有频率，防止出现共振破坏现象
7	隐身性能仿真	分析发射装置的隐身性能，调整隐身设计的参数
8	发控系统仿真试验	（1）验证发控系统设计的正确性。 （2）验证发控系统工作流程的合理性及接口协调性

1. 试验目的

仿真试验是航天发射装置的重要设计和评价手段。仿真试验的目的是验证发射装置设计的正确性、合理性和可行性，考核发射装置在武器系统实时工作条件下的工作性能及接口的协调性，以相应试验结果改进设计、评估发射装置，支撑飞行试验。

2. 试验设备

试验设备根据仿真试验方法的不同而有所不同。数学仿真的主要设备为硬件（如计算机）和软件；物理仿真的主要设备为产品的缩比模型、仿真计算机、测试、监控、显示、记录等设备。

根据产品的特点，航天发射装置的仿真试验多采用数学仿真。下文以数学仿真为例，介绍相关试验设备。

（1）硬件：计算机、模型修正用的试件实物。

（2）软件：解算程序和仿真模型。解算程序能够采用现有商业软件的可直接采用，其他专业性较强部分需要技术人员自己编制专用仿真程序。仿真模型包括发射装置数学模型、发射动力学模型、环境模型（力学、温度、压力等）等。

仿真程序设计应保证仿真程序运行的实时性、仿真结果的精度和可重复性。仿真模型的建立应尽可能体现仿真对象的主要特征。仿真程序的设计及模型的建立通常要借用大量的经验数据，对于较新的技术，甚至需要通过实物试验数据来修正模型，以提高仿真试验的精度。

3. 试验条件

仿真试验的环境条件应符合仿真设备和参试设备（参试的火箭导弹武器系统的设备）的使用要求。

4. 试验程序与方法

不同的仿真试验有不同的试验程序和方法。以某型产品的仿真试验为例，试验流程如图 3 - 1 所示。

（1）仿真试验任务的确定。由任务提出单位确定仿真任务类型、目的、要求和数学模型，并提出仿真试验任务书。经试验承担单位会签，有关领导或职能机关批准后，

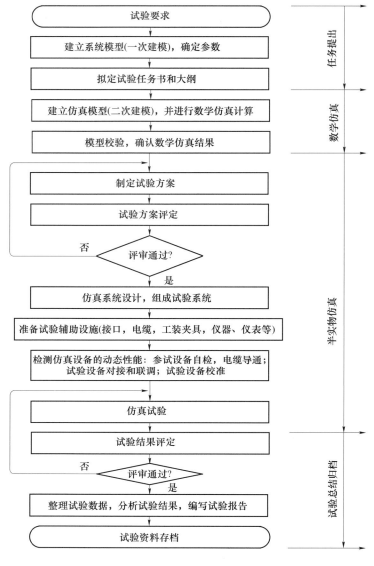

图 3-1 仿真试验流程

将任务书正式下达仿真试验实施单位。

（2）仿真试验文件的编写。任务提出单位编写仿真试验大纲，仿真试验实施单位根据任务书和大纲编写仿真实施细则、质量保证措施、安全保证措施，并按规定履行审批手续后方可实施。

（3）试验前准备。组成和调试仿真系统，并确保系统处于良好工作状态。在进行仿真试验之前，应根据数学仿真和半实物仿真的不同要求，对仿真系统和仿真对象进行检查、测试和调试。数学仿真时，应对仿真软件进行检查、测试和调试。半实物仿真时，应检查、测试和调试仿真计算机及其外围设备，指挥、通信、监控和控制设备，导弹（火箭）运动仿真器，目标/背景/干扰仿真器，测试实物部件，部分仿真软件等。

对于硬件和软件的测试和调试，一般应采用分步测试，由小到大、由低级到高级、由分系统到总系统，逐级联试的方法。工作顺序为先检查、测试、调试，然后进行联试，应特别注意系统间接口的联试。

（4）试验实施。建立仿真模型，设计、编制、调试仿真软件，由任务提出单位对仿真软件进行确认。开展仿真设备和参试设备的检测和联试（数学仿真时除外）。在半实物仿真前，必须先进行数学随动，再进行实物闭合。当仿真状态更改时，应填写技术更改通知单。仿真试验的实施应当由易到难、由简单到复杂，循序渐进地安排试验。在下列情况下，应当重复试验。

①软件和（或）硬件调试、联试阶段。

②典型仿真情况。

③关键仿真情况。

具体重复次数根据仿真试验情况确定。

5. 试验数据处理与结果评定

试验结束后，由仿真试验实施单位撰写仿真试验报告，主要包括仿真时间、仿真地点、仿真目的、仿真过程、仿真中出现的问题及采取的措施。由任务提出单位撰写结果分析报告。

3.2.2 发射装置结构强度试验

发射装置是典型的机电产品，具有可靠的结构强度是其正常工作的基本前提。为了确保发射装置结构强度满足使用要求，通常在设计之初就通过数学仿真手段进行校核。对于一些复杂工况，需开展相应的试验进行考核。第 3.2.2 节介绍的结构强度试验即针对发射装置结构部分在其所承受的最恶劣工作条件下能否正常工作进行的试验。

1. 试验目的

结构强度试验是在试验室内模拟发射装置所承受的最恶劣工作条件，以检验其能否满足使用要求的重要手段。通过结构强度试验可以验证发射装置在设计载荷下能否正常工作，获取发射装置所能承受的极限载荷。

2. 试验设备

（1）发射装置。试验对象为发射装置，要确保主要承力结构完整，辅助结构部分允许省略。

（2）试验台架。发射装置需要安装在试验台架上，以便于加载。试验台架本身必须有足够的强度和刚度（与试件相比），能够满足试验中最大加载的要求。如果新设计试验台架，除考虑发射装置的加载要求外，还需要考虑发射装置及台架自身质量等因素。

（3）试验加载设备。加载设备应满足以下要求：

①试验加载设备应使用多点自动协调加载仪，保证多点加载时，各点同步缓缓加载、卸载，加载误差控制在1%/FS（Full Scale，满量程）以内。

②加载设备和测力传感器应检定合格，并在有效期内使用。

（4）测试设备。主要包括应变测量设备和位移测量设备。

应变测量设备应满足以下要求：

①应变仪和应变巡回检测设备的测量误差应满足测量要求，并在有效期内使用。

②电阻应变计是应变测量的主要传感器。它的阻值要与使用的应变仪相匹配，同一台应变仪所使用的电阻应变计的阻值分散度应控制在 ±0.1 Ω 以内。

③电阻应变计应使用同牌号、同批次、同阻值的合格品，并备有出厂合格证。

位移测量设备应满足以下要求：

①位移测量时应使用巡回检测系统。巡回检测仪的误差不大于 0.5% FS。

②位移传感器应检定合格，并在有效期内使用。

3. 试验条件

结构强度试验大纲明确规定了试件的选用和支承方式，试验载荷的分布、大小和方向，试验加载要求和程序，应变、位移测量要求（包括测量点数和位置分布）等。

试验设备与测试设备必须经过权威部门检测或标定合格。

试验场地及环境条件不会影响试验结果。

4. 试验程序与方法

1）试验前准备

（1）试验件的安装。发射装置试验件要牢固可靠地安装在试验台架上，安装、支承条件必须满足强度要求，安装中试验件不允许磕碰和损坏。

（2）各种传感器的安装。

①应变计的粘贴。粘贴应变计应选用质量合格的粘接剂；应变计的粘贴应按规范进行；粘贴好的应变计要进行质量检查，保证绝缘电阻 $R \geqslant 500$ MΩ；应变计和焊接引线要进行表面防潮处理。

②位移传感器的安装。固定位移传感器的支架要正确可靠；在安装时，传感器的探头与被测位置保持垂直。

正式试验前，需对加载系统、测量系统及试验场地进行全面的质量和技术安全检查。

2）预加载试验

预加载试验的目的是全面检查加载系统、测量系统的工作运转是否正常。方法是将载荷由 0 分级加载至 30% 的使用载荷，加载稳定后，检查各系统是否工作正常。

3）正式加载试验

试验载荷的施加可根据需要分级进行，每级加载的递增量不大于设计载荷的 10%～15%。

试验方法如下：

（1）对试验件施加 10% 的设计载荷，加载稳定后，应变和位移测量调零。

（2）按技术要求对试验件逐级加载，每级载荷加载稳定后，进行应变、位移测量。

（3）载荷加载至使用载荷后，逐级卸载，卸载到 10% 时进行零测量。

（4）使用载荷试验按步骤（1）～（3）重复进行 3 次，保证各项测量数据的完整、可靠。

（5）完成第 3 次使用载荷试验加载后，不需卸载，按步骤（2）要求进行设计载荷试验。

（6）完成设计载荷加载后，要逐级卸载到 10%，进行零点测量。

4）破坏载荷试验

破坏载荷试验主要考核发射装置主要承力件的极限承载能力，确定强度储备。试验方法是从设计载荷值开始缓慢加载，直到试验件出现破坏为止，并记录下加载的破坏值。进行破坏载荷试验时，要确保人员和设备的安全，须做到以下两点：

（1）现场指挥人员和参试人员要远离试件，利用望远镜及录像设备观察试验动态。

（2）根据需要对试件主要部位的应变、位移进行跟踪测量。

5. 试验数据处理与结果评定

试验中测量出的试验数据，需经适当处理、修正后才能写入试验报告。在 n 次试验中，将同级载荷值下所测量的数据取算术平均值，若个别值偏离平均值较远，疑为异常值，经分析后决定取舍。用所得正确值进行计算和绘制曲线。

在本体强度试验中，应变计的粘贴多以直角形式为主。试验测出的位移经修正后即可绘制各截面的变形图和应力—应变曲线。

在结构强度试验中，如果试验测得值完整、可靠，且满足任务书提出的技术指标要求，则视为试验成功。

3.2.3　插头机构分离试验

插头机构为发射箱（筒）的重要机构，通常弹上插座与电缆插头的分离形式有径向分离和轴向（射向）分离两种。插头机构结构形式因其分离方式、安装空间的不同会有较大差异，但无论是哪种结构形式，都要求插头插拔时工作可靠。

考虑到插头机构在发射箱（筒）中的重要性，通常在设计之初会通过原理性试验对其工作原理进行验证。在工程研制阶段开展插头机构分离试验的目的是验证其工作可靠性。

第3.2.3节以径向分离的插头机构分离试验为例进行介绍。

1. 试验目的

验证插头机构与发射箱（筒）的结构协调性，考核其工作可靠性。

2. 试验设备

（1）插头机构试验装置。该试验的试验对象既可以直接用插头机构，又可以用模拟试件代替，但试件必须能够体现插头机构的主要特征，尤其是运动部件。

（2）发射箱。作为插头机构的安装载体。

（3）发射箱支架（或工艺支架）。用于固定发射箱（筒）。

（4）测试设备（或工具）。电秒表、万用表。

3. 试验程序与方法

（1）试验前准备。在发射梁上安装好插头机构试验装置，按试验大纲要求布设检测点和连接电秒表。检查插头和插座相对位置能否满足图样、技术条件要求。

（2）插接和手动分离。进行插头的插接，观察插头能否顺利插接到位。手动分离插头和插座，检查手动分离动作的灵活性、可靠性，观察插头能否分离到位。

试验需重复多次，如无特殊要求，建议至少连续重复3次。

（3）插接和自动分离。将插头和插座恢复到分离状态，观察插头和插座相对位置能否满足图样、技术条件要求。模拟导弹（火箭）发射，使插头机构自动分离，测量插头拔出时间和护门关闭时间。

4. 试验数据处理与结果评定

该试验的试验数据较为简单，按照试验情况真实记录。

试验过程中，如果插头机构的性能满足：插头、插座相对位置符合图样、技术条件要求，插接和分离灵活、可靠、顺利到位，自动分离的拔出时间和护门关闭时间符合试验大纲规定等，则认为试验成功。

3.2.4 发射箱（筒）气密试验

1. 试验目的

箱（筒）式发射装置的气密性是其重要性能之一。箱（筒）平时充有略高于标准大气压的干燥氮气，使得导弹（火箭）能够免受恶劣环境（如雨、雾、盐雾、温度、湿度、风沙）条件的影响，保证导弹（火箭）在箱（筒）内能较长时间存放。

开展发射箱（筒）气密试验的目的是考核发射箱的气密性是否符合使用要求。

2. 试验设备

试验对象是发射箱（筒），应该已经完成500 km跑车试验，发射箱的技术状态应与实际使用状态一致。除非有足够的证据表明所采用的工艺件对发射箱（筒）气密试验结果无影响；否则，不允许采用工艺件来代替真实的零部组件。

试验中需要用到的设备或配套设施包括：

（1）发射箱（筒）拖车或托架，用于转移或存放发射箱（筒）。

（2）工艺气源或专用充气设备，无论采用哪种气源充气，都要满足出口压力可控、安全可靠。

（3）标准压力表的量程应满足试验需求，一般所选用的压力表量程不小于发射箱（筒）充气压力最大值的 1.2 倍，压力表测试精度应不超过测试值的 ±1%，否则发射箱（筒）微漏情况很难测量。也可以采用环境监测设备（由压力传感器和数据采集设备组成）进行压力测试。

（4）SF_6 检漏仪。用于初始监测。

3. 试验程序与方法

（1）试验前准备。检查所有螺栓连接环节是否连接紧固，所有粘接环节是否有开裂，所有密封环节的密封垫、密封圈是否都压缩到位。

（2）初始监测。向发射箱（筒）内充入少量 SF_6 用于检查。由于检漏仪非常灵敏，考虑箱（筒）体的体积，充入少量 SF_6 即可，具体值可以根据经验给出。停止充气后 5 min，待气体在箱（筒）内分布均匀后，可利用检漏仪对所有密封环节进行检查。

（3）充气过程。检漏仪检查合格后，向箱（筒）内充入干燥气体至要求压力，通常发射箱（筒）要求的充气压力为 8 ~ 12 kPa。关闭气源后稳定 5 ~ 10 min，监测箱（筒）内气体压力，并记录。

（4）试保压。充气状态下，监测 1 ~ 2 h。如果压力无降低（如果温度变化，需要将气态压力换算至相同温度对应的压力值进行比较），则可继续保压；如果压力有变化，则需查明原因后重新开始试验。

事实上，试保压的作用与 SF_6 检漏仪检漏的目的一样，但两种方法都不能达到检测微漏现象的作用。发射箱（筒）的气密指标所给出的漏率一般在 10^{-2} Pa·m^3/s 的量级，需要一定时间才能准确检测出来。因此，有时客户会要求在鉴定试验阶段开展长期气密试验进行验证。

（5）保压试验。试保压合格后，继续保压。试验持续时间的通常要求是 7 d。如果有经验数据作为支撑，或箱（筒）体结构气密性足够可靠，也可以将时间适当缩短。在保压试验期内，每天进行两次（上午 9 时、下午 4 时）箱（筒）内气体压力值和环境温度值检查，并填入试验数据记录表。

4. 试验数据处理与结果评定

试验数据要详细记录，试验结束后，将压力值换算至同一温度下进行对比，并结合试验时间计算发射箱（筒）的漏率，作为最终试验结果。如果漏率超过要求值，则说明产品气密试验不合格；否则，认为试验合格。但是，需要注意：在研制阶段，由于气密试验保压时间不够长，漏率计算值会有一定的误差，不能作为产品气密性合格与否的唯一判据。

3.2.5　发射箱（筒）机电开（关）盖试验

1. 试验目的

发射箱（筒）前、后盖的开、关性能是发射箱（筒）的一项重要指标。平时，箱（筒）盖关闭到位保持箱体前后气密；战斗状态时，需要正常开启，让开导弹（火箭）发射通道，导弹（火箭）发射后，能够正常关闭，确保不会对邻箱（筒）发射造成影响。

该试验在研制阶段开展，用于考核发射箱（筒）在战斗状态时前、后盖开启和关闭的性能。

2. 试验设备

该试验中，发射箱（筒）（可以是模拟箱段）是试验对象，需要以下设备进行配合：

（1）支承车或托架。用于支撑发射箱（筒）。

（2）吊具。

（3）电动机（液压）控制箱。

（4）电秒表、测角仪、万用表。

发射箱（筒）应经过机电功能检查、机械对接协调试验，并符合要求。允许该试验与机电功能检查同时进行。

3. 试验程序与方法

（1）试验前准备。按要求将发射箱（筒）吊装至支承车或托架上，锁紧；按照试验大纲要求布设检测点，连接和调试测试设备。

（2）试验。用电动机（液压）控制箱操纵开、关发射箱（筒）盖，检查各机构是否有卡滞现象，进行检测并记录开启到位时间和关闭到位时间。

如果开、关盖过程中还有发射梁刚弹性装换动作，需要打开发射箱（筒）盖，检查发射梁状态转换与箱（筒）盖开启和关闭的协调性，测量发射梁在箱（筒）体内上、下位移的距离。

测量发射箱（筒）前、后盖开启到位的角度。

4. 试验数据处理与结果评定

如果试验过程中，箱（筒）盖开、关顺畅，开盖角度和开、关盖时间满足设计要求，动作过程中与其他结构无干涉现象，则认为开、关盖功能正常，试验完成。

3.2.6　发射箱（筒）易碎（裂）盖冲破试验

1. 试验目的

如果发射箱（筒）采用易碎（裂）盖作为箱（筒）盖，则易碎盖试验需要在易碎盖生产完毕后进行。试验目的是验证易碎（裂）盖开盖压力是否满足设计要求。

2. 试验设备

试验对象为易碎（裂）盖，试验中需要以下设备配合试验：

（1）模拟易碎（裂）盖安装接口的箱（筒）段。

（2）气源。如果采用憋压胀破的方式，普通气源即可；如果要求气流有一定的速度，则需要高压气源。

（3）测试设备。如压力表（有记忆功能）或压力传感器，以及数据采集设备。

（4）安全防护网。易碎（裂）盖冲开时的碎片具有危险性，因此需要安全防护网防护。

（5）必要的时候，还需要高速摄像设备。

易碎（裂）盖应按照设计文件要求按比例从一批产品中任意抽取。测试设备需经检定合格。

3. 试验程序与方法

该试验有憋压胀破和动压冲破两种方式。

1）憋压胀破方式

（1）试验前准备。连接好气源，安装压力表或压力传感器，调试、测试设备后将易碎（裂）盖安装至模拟箱（筒）段上。确认技术状态后，罩上防护网。

（2）试验。操作人员在安全距离以外进行充气操作，箱（筒）段内气压达到一定值时，易碎（裂）盖被胀破，压力表或压力传感器测得压力峰值，即为开盖压力。

2）动压冲破方式

（1）试验前准备。检查高压气源及供气管路，确认状态后，连接高压气源与模拟箱（筒）段。按照大纲要求在规定的测试点上安装压力传感器，并连接数据采集设备，调试至工作正常。安装易碎（裂）盖，确认安装状态无误。

（2）试验。设定高压室压力，充气至设计压力。确认测试设备和高速摄像设备开始记录后，打开拉瓦尔喷管前端的电磁阀，高速气流喷出，易碎（裂）盖被冲开。分析试验数据，确定开盖压力。

憋压胀破方法简单易行，但由于其压力上升速度与实际导弹（火箭）发射有差异，测得的压力值并不一定与实际发射时的开盖压力相同。如果盖体开盖压力是确定的，通过该方法可以验证产品的一致性。通常在研制初期调试开盖压力，以及产品定型后抽检时可使用该方法。当然，对于某些结构的盖体，比如具有多个薄弱环节的盖体，采用该方法会有局限性。一旦多个薄弱环节中的一个先破坏，压力会迅速降低，其他薄弱环节就难以被破坏。

动压冲破试验需要专用设备，尤其是试验过程中有高压气源参与，试验比较复杂，但其与实际发射工况较为接近。因此，在研究性试验时可以采用，或易裂盖薄弱环节较多时建议采用该方式。

4. 试验数据处理与结果评定

不同的阶段，试验结果评定标准不同。在研究阶段，开盖压力属于待调整的参数，只要试验顺利结束，获得有效数据，即可认为试验完成。当盖体设计参数确定后，在工程研制阶段或批量生产阶段，试验顺利结束，获得有效数据，且数据分析结果在给定范围内，才可认为试验完成，否则就要查找原因，或增加试验次数，直到确定满足要求为止。

3.2.7　发射箱（筒）弹射装置功能试验

1. 试验目的

开展该试验的目的是验证弹射装置的工作可靠性，燃气发生器是弹射装置的核心部件，燃气发生器的功能试验要参考相关标准单独开展。对于发射装置结构而言，常见的功能、性能试验项目包括缓冲装置功能试验和动密封功能试验。第3.2.7节以缓冲装置功能试验为例进行介绍。

缓冲装置是弹射装置的典型部件。在提拉缸式弹射发射方式中，位于发射装置前端的缓冲装置可将随弹向前运动的提拉杆滞留；在燃气蒸气弹射的发射方式中，缓冲装置可将导弹（火箭）尾部尾罩滞留，使其与导弹（火箭）分离。缓冲装置的缓冲功能关系到发射成败，是一项关键技术。

2. 试验设备

模拟箱（筒）段，尤其是发射装置前端的缓冲装置须与实际状态一致；提拉杆或尾罩等需要滞留的部件、试件；测试设备，用于测量提拉杆运动的速度和载荷，也可增加光测设备来记录运动部件与缓冲装置接触的过程；动力单元，作为运动部件提供与实际情况相当的速度，有采用高压气、电动机构，或直接使用火工品来模拟；配重，用于模拟导弹（火箭）质量，保证运动部件与缓冲装置接触瞬间的载荷传递过程与实际相符。

3. 试验程序与方法

（1）试验前准备。确认试验设备状态满足试验大纲要求；确认测试设备工作正常，测试仪器检定合格；连接试验设备，确认连接正确、可靠；记录缓冲装置试验前情况，作为基线数据。

（2）试验过程。调节动力单元参数，如果条件允许可试运行，确认运动部件的运动速度与大纲要求基本一致。正式试验时，启动动力单元，带有配重的运动部件迅速向前运动，接触缓冲装置后，需要滞留的部件在缓冲装置的阻碍下与配重分离，配重继续向前，落入设定的安全区域。确认试验过程结束、试验现场安全后，检查缓冲装置及运动部件的外观，并读取测试数据，获取影像资料。

4. 试验数据处理与结果评定

试验结束后，可通过缓冲装置及运动部件外观检查结果、测试设备测试结果、光测数据的综合分析，评定缓冲装置功能是否满足设计要求。

3.2.8　发射装置跟踪瞄准试验

1. 试验目的

开展该试验是为了检验跟踪瞄准系统的性能及其工作的准确性、协调性。

2. 试验设备

试验对象为发射装置的跟踪瞄准系统，需要配套使用天顶仪、宽波段平行光管、通用检测工具等设备。

3. 试验程序与方法

该试验主要是检测跟踪瞄准系统的主要参数是否满足设计要求。主要项目与检查（测）方法如下：

（1）瞄准范围检测。采用天顶仪测量瞄准稳定装置的方位和俯仰最大运动范围。

（2）瞄准线最大角速度、角加速度检测。通过操纵杆或外部设备使瞄准线以最大角速度运转，记录装置的角速度、转角及转动时间，正、反向各测 3 次后，根据式（3-1）计算其角加速度。

$$\varepsilon_{\max} = \left[\frac{1}{3} \sum_{i=1}^{3} (2\alpha_{i+}/t_{i+}^2) + \frac{1}{3} \sum_{i=1}^{3} (2\alpha_{i-}/t_{i-}^2) \right]/2 \qquad (3-1)$$

式中　$\varepsilon_{\max}$ ——装置的最大角加速度，（°）/ s^2；

α_{i+}, α_{i-} ——装置第 i 次正转、反转时的转角，（°）；

t_{i+}, t_{i-} ——装置第 i 次正转、反转相应转角的时间，s。

（3）稳定精度检测。将瞄准稳定装置置于扰动平台上，按要求输入扰动，采用光学测试方法，测量瞄准线空间角分辨力，用频谱分析仪测量稳定误差的均方根值。

（4）瞄准线角度输出精度检测。调整瞄准稳定装置的方位、俯仰，分别将瞄准线对准已调校好的固定角度目标，读取瞄准稳定装置输出的角度信息，连续读 5 次，取均方根值。

（5）瞄准线漂移速度检测。在固定视场下，记录瞄准线在规定时间的移动量。

（6）最小平稳跟踪角速度检测。瞄准线压住目标模拟靶进行跟踪，并且将目标运动速度调整为最低范围，记录保精度时平稳跟踪状态下目标模拟靶的运动角速度。

（7）启动时间检测。记录从接通系统电源到系统稳定回路正常工作的时间。

（8）瞄准线跟踪速度、加速度检测。将瞄准线压住跟踪目标模拟靶，进行自动跟踪，改变目标模拟靶的运动速度，记录在保精度跟踪状态下目标模拟靶的运动速度和加速度。

（9）光轴平行性检测。用宽波段平行光管测量各光轴间的平行性，其检测方法按产品规定进行。

4. 试验数据处理与结果评定

试验后测试的数据应与设计值进行对比，如果检测值在设计规定值的允差范围内，则认为试验完成，产品经过考核。

3.2.9 发射车自动调平试验

1. 试验目的

自动调平功能是发射车的一项重要功能，开展发射车自动调平试验是为了考核发射车自动调平系统（包括液压装置、车控设备等）的工作性。

2. 试验设备

试验对象是发射车，试验中还需要发射箱（筒）、配重弹、装弹装置、吊具等设备配合。

试验时，发射车自动调平系统状态应与实际使用状态一致，车载载荷也应尽量模拟实际使用工况，与该试验不相关的部分（如发控设备、指控设备、供配电设备及伪装设备等）可以不安装，但发射车已经完成安装的部分必须检验合格。试验的开展时机可以灵活安排。

3. 试验程序与方法

（1）试验前准备。检查发射车状态，应符合参试要求，起落架处于水平状态；向发射箱（筒）内装填配重弹；将箱（筒）弹吊装到起落架上并锁定。

（2）调平试验。通常有以下几种类型：

①平地调平试验。将发射车停放在基本水平（坡度不超过1°）的场坪上，启动底盘车发动机，通过车控柜控制发射车自动调平，完成自动调平后记录调平精度和调平时间；在记录调平精度时，分别通过在车控柜和辅助平台使用象限仪得到数值并记录；将发射车调平撤收，记录时间。按以上方法进行两次发射车的调平与调平撤收。

②行驶方向坡度场坪调平试验。将发射车停放在行驶方向坡度约为战术技术指标规定的最大坡度场坪上，按平地调平方法进行两次发射车的调平与调平撤收，记录调平精度和调平撤收时间。将发射车调转180°再进行两次发射车的调平与调平撤收，记录调平精度和调平撤收时间。

③宽度方向坡度场坪调平试验。将发射车停放在沿车宽方向，坡度约为战术技术

指标规定的最大坡度场坪上，按平地调平方法进行两次发射车的调平与调平撤收，记录调平精度和调平撤收时间。将发射车调转 180°再进行两次发射车的调平与调平撤收，记录调平精度和调平撤收时间。

④对角线坡度场坪调平试验。将发射车停放在车辆调平对角线方向，坡度约为战术技术指标规定的最大坡度场坪上，按平地调平方法进行两次发射车的调平与调平撤收，记录调平精度和调平撤收时间。将发射车调转 180°再进行两次发射车的调平与调平撤收，记录调平精度和调平撤收时间。

⑤随机场坪调平试验。将发射车停放在任意场坪，启动发射车底盘发动机，通过操作液压手柄，用手动方式将发射车调平与撤收，要求此功能能顺利实现。试验重复两次，记录试验结果。注意此时虽然是随机场坪，但场坪最大坡度不能超过战术技术指标规定值。

4. 试验数据处理与结果评定

该试验考核发射车满载状态的调平性能，如果达到以下要求则认为试验完成，发射车自动调平功能满足要求。

（1）要求发射车在不大于战术技术指标规定的最大坡度场坪上能够实现发射车的调平、调平撤收功能，调平精度为纵、横倾角不大于规定值。

（2）发射车自动调平时间不大于规定时间，发射车调平后自动撤收时间不大于规定时间。

（3）要求发射车在调平状态后纵、横倾角不大于规定值。

（4）通过手动方式操作液压手柄可顺利完成发射车调平。

3. 2. 10　发射车行驶试验

1. 试验目的

行驶试验的目的主要是考核发射车的工艺质量。

2. 试验设备

试验对象为经检验合格的发射车。

3. 试验条件

（1）发射装置及载体的质量。应能通过 JTJ B01—2003《公路工程技术标准》中规定的汽 – 10（或履 – 50）级桥梁，外形尺寸应符合 GB 1589—2004《道路车辆外廓尺寸：轴荷及质量限值》的规定。

（2）发射车的公路行驶试验里程。如无特殊规定一般为 1 000 km；行驶速度按表 3 – 2 的规定；里程数按各 500 km 分配；最高行驶速度和带弹状态下的行驶速度由相应的规范确定。

表 3 – 2　发射车的公路行驶速度　　　　　　　　　　km · h⁻¹

道路状况	良好公路	乡村土路
速　　度	≥70	20 ~ 25

注：（1）乡村土路指路面宽约 10 m，表面凹凸不平有车道沟，下雨时泥泞，晴天时尘土飞扬，用当地土壤削坡和填补来保养路面。

（2）良好公路指路面坚硬平直，宽度、平整度符合国家一、二级公路标准，最大纵坡度小于 3%，平面曲率半径大于 200 m。路面覆盖层可为混凝土、沥青，也可为粒度适度的砂石。路侧无障碍物，视野良好，能确保汽车高速行驶。

4. 试验程序与方法

（1）试验前准备。参照专用规范检查发射车技术状态，检查合格后方允许进行行驶试验。

（2）行驶试验。按照规定的行驶速度和路况进行行驶试验。在行驶过程中按照要求停歇检查，第 1 次为 10 ~ 15 km，之后在一级路面上每行驶 100 km，在二、三、四级路面上每行驶 50 km 停歇检查 1 次。如果行驶试验 1 天内无法完成，则每行驶 1 天也要进行停歇检查。确保行驶过程中出现的问题能够被及时发现，避免出现安全事故。

停车检查的内容包括：轮毂、制动器、轴承等有无发热；产品各部件是否固定牢固，无松动；车上设备是否有磨损、损坏、裂纹或变形等；车辆是否有漏液、漏气现象等。

整个行驶试验结束后，应按照专用规范对车辆外观质量、制造质量、装配质量及电气性能进行综合检查，并记录检查结果。

5. 试验数据处理与结果评定

所有检查内容表明车辆状态正常，无异常现象出现则认为试验完成，车辆通过行驶试验考核。

3.2.11　发射装置贮存试验

1. 试验目的

发射装置是典型的机电产品，对于金属结构部分的贮存，可以通过环境试验来验证。开展贮存试验主要是针对非金属制品和电子电器元件，通过试验来考核它们的抗老化能力，为发射装置的贮存可靠性评估和贮存期评定提供依据。

2. 试验设备

贮存试验需要将试件存放在实际存放环境中，如库房、火工品库或舰艇等。无需试验设备，只需具备试验前后必需的测试条件即可。

3. 试验程序与方法

（1）试验前检测。试验前检查参加试验的试件，确认试件都为合格品。如有必要，应在标准大气条件下对试件的关键功能、性能进行检测，记录基线数据。

（2）试件存放。试件在库房存放时，一般存放在试验架上；试件之间，以及试件与库房墙壁之间都应有0.5 m的间隔，试件必须远离热源0.5 m以上；火工品应存放在火药库内。在艇上贮存的试件均按实际使用状态安装，平行贮存试件需上艇贮存时，应放在实际工作部位附近。

（3）试验后检测。贮存试验结束后，试件一般在与初始检测相同的环境条件下进行电性能、物理性能和化学性能测试，以及外观检查，并与初始检测数据进行比较。

4. 试验数据处理与结果评定

通过分析贮存试验期所有试件的测试结果，进行产品贮存期评定，评定结果应符合任务书提出的贮存要求。发射装置应满足火箭导弹武器系统所分配的可靠性指标要求，主要包括贮存可靠度、可发射率和发射可靠度。

3.2.12　起竖装置起竖回平试验

1. 试验目的

起竖回平试验主要用以考核发射车等发射设备中起竖装置的起竖、回平工作性能的各项指标是否满足要求。

2. 试验设备

除发射车外，需要备齐测试用的设备。发射车总装合格后才能进行试验（根据具体情况，允许在不安装部分发控设备、指控设备、供配电设备和伪装设备等的情况下进行试验）。

3. 试验程序与方法

试验程序如下：

（1）发射车检验合格，符合参试状态的要求。

（2）使起竖装置处于水平状态，在起竖装置上装载与实际工况相同的载荷，固定牢。

（3）操作起竖装置，使起竖部分（含载荷）起竖，并达到规定的角度。

（4）检测起竖后角度，保持规定的时间，再次检测起竖角度值。

（5）操作起竖装置，使起竖部分回平，测量并记录回平时间。

（6）上述试验重复3次。

在试验过程中，当起竖装置工作不正常时，根据故障分析结果，按技术文件要求对设备进行调整，故障排除后，可继续进行后面的试验。

4. 试验数据处理与结果评定

起竖装置起竖、回平工作正常，动作时间、到位角度均满足指标要求，动作过程顺畅无卡滞则认为发射车起竖、回平功能正常。

3.2.13 发射装置展开和撤收试验

1. 试验目的

展开和撤收试验也是针对发射车而言，主要用于考核发射车展开和撤收状态转换的性能。

2. 试验设备

试验设备包括发射车、贮运发射箱（筒）、支承装弹车、配重弹等。进行展开和撤收试验时应包含发射箱（筒）带弹与不带弹的状态。发射车总装合格后才能进行试验（根据具体情况，允许在不安装部分发控设备、指控设备、供配电设备、伪装设备等的情况下进行试验）。

3. 试验程序与方法

试验程序如下：

（1）发射车检验合格，符合参试状态的要求，起落架在发射车上处于水平状态。

（2）向检验合格的贮运发射箱（筒）内装填配重弹，将装弹后的贮运发射箱（筒）吊装到起落架上并锁定。

（3）将发射车停放在战术技术指标规定的最大坡度场坪上，启动底盘发动机，通过车控柜控制台"设备展开"键将发射车调平、起落架起竖到位，记录完成整个过程的时间和起落架起竖的时间，以及检查结果。

（4）通过车控柜"设备撤收"键将发射车起落架回平、调平撤收，记录完成整个过程的时间和起落架回平的时间。

（5）进行3次以上试验。

当出现发射车行军与战斗状态转换不正常时，根据故障分析结果，按设计图样要求对设备进行调整。故障排除后，可继续进行后面的试验。

4. 试验数据处理与结果评定

考核发射车满载状态下，由撤收状态转换到展开状态的性能，即完成调平、起竖工作性能，以及由展开状态转换到撤收状态的性能，即完成起落架回平，发射车调平撤收的工作性能。要求发射车由撤收状态转换到展开状态，以及由展开状态转换到撤收状态的时间，均不大于规定值。

3.2.14 发射装置称重和质心位置试验

1. 试验目的

发射装置的质量、质心是一个重要指标。当发射装置设计完成后，可以通过三维设计软件对发射装置的质量进行预估，但由于三维模型中很难将焊材、漆料的质量考虑周全，因此，必须进行称重和质心位置试验来确定产品的质量、质心参数是否满足研制任务书的要求。

2. 试验设备

发射装置类型不同，试验设备也不尽相同，如发射车等大型发射装置，需要采用专用设备进行质量、质心测试，而发射箱（筒）则可以用吊秤或地磅进行称重，通过专用工装或两个（或多个）地磅来进行质心位置的确定，更小的发射装置甚至可以采用普通的称量设备即可完成质量、质心的检测。下面以常见的发射箱为例介绍称重和质心位置试验。

发射箱称重试验用到的设备包括电子吊秤、吊车、吊带，以及发射箱运输、转运辅助设备。质心位置试验用到的设备包括吊车和质心标定转台。

3. 试验条件

发射箱称重和质心位置试验的场地需满足发射箱起吊、转动的场地要求；发射箱经检验合格、齐套；电子吊秤经标定合格，其他配套设备工作正常。

4. 试验程序与方法

1）称重试验程序

（1）试验前准备。确认发射箱齐套；确认吊带额定起吊质量满足起吊发射箱的要求；电子吊秤量程和精度满足称重要求；吊车工作正常。

将单根吊带固定在发射箱理论质心位置，将吊秤一端与吊车吊钩连接，另一端与吊带连接。在箱体前后端各设置两根安全绳，在起吊过程中，派专人保护。

（2）试称重。缓慢起吊发射箱，发射箱最低点离地不超过 200 mm。

如果发射箱在单根吊带起吊状态下并不水平，则调整吊带位置，进行多次试吊，直至发射箱起吊时能够保持水平。

（3）称重。缓慢起吊发射箱至发射箱与地面完全脱离，4 根安全绳处于松弛状态。读取吊秤示数，并记录。

2）质心位置试验程序

发射箱（筒）的截面通常是轴对称（上下对称或左右对称）或中心对称的形状。人们通常会关心发射箱（筒）射向的位置，而并不关心其在截面上的位置，质心射向坐标通过称重试验单点水平起吊就可以确定（误差相当于吊带与箱体的接触宽度）。当然，某些使用场合下，质心位置需要精确给出，否则影响武器系统性能时，也要进行精确测量。

测量方法简单介绍如下：

（1）如图 3-2 所示，发射箱的质心位置用坐标（x，y，z）来表征。其中，x 向为射向。

（2）利用单点起吊的方法确定 x 向的位置及箱体质量。

（3）利用两台磅秤，沿射向摆放在两个位置，利用点支撑的方式调整发射箱至平

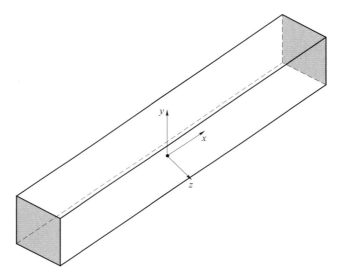

图 3 – 2　发射箱坐标轴

衡。此时质心与两台磅秤的支撑点必然共面，读出两台磅秤的示数，则磅秤示数与箱体质量、质心之间关系为：磅秤示数之和等于箱体总质量，两台磅秤提供的支撑反力对发射箱产生的力矩平衡。因此，以某个分度（通常 90°即可）翻转发射箱，则每次平衡都存在质心与两个支点共面的情况，这些面的交线是一根沿发射箱射向的轴线，则结合前述 x 向位置坐标，即可确定发射箱质心坐标 (x, y, z)。

5. 试验数据处理与结果评定

试验数据主要有两部分：发射装置的质量和质心位置坐标。如果有特殊要求，例如发射装置某重要零部组件的质量需要单独称量，则在完成发射箱整件称重后，对特殊要求的零部组件进行称重。

如果质量及质心位置坐标满足研制任务书要求，在允差范围内，则认为试验完成，发射箱质量、质心指标合格。

3. 2. 15　乘员危害性试验

1. 试验目的

在火箭、导弹发射过程中，通过对置于乘员工作位置的动物进行生物生理肌体发射反应测试及火箭、导弹发射时的噪声参数测量，确定火箭、导弹发射对乘员的危害程度。

2. 试验设备

1）参试设备

（1）参试火箭导弹武器系统要求。试验弹为合格产品，发射装置为合格产品。

（2）噪声测量系统要求。噪声测量系统主要由传声器、变换放大器、数据传输与记录设备三部分组成。测量系统的基本要求如下：

①应经计量检测部门校准或经计量检测部门检定认可的标准仪器设备校准。

②应在其使用的环境条件（如振动、冲击、加速度、噪声、温度、湿度和低气压等）下正常工作，否则应对测量系统采取隔离措施以保证有效测量。

③测量仪器之间应有良好的匹配，连接可靠，必须接地的测量系统应符合相关接地要求。

④整个测量系统的可用频率范围及动态范围应满足量程设置的要求，被测信号最大值应在测量系统量程的 80% 左右，传声器的线性动态范围上限一般不低于 172 dB。

⑤测量系统的频率响应平直部分误差应小于 1 dB。

⑥测量系统的非线性误差应小于 5%。

⑦测量系统要考虑与弹上设备的电磁兼容性问题，避免对测量数据产生干扰。

⑧测量应使用低噪声电缆。

2）受试动物及分组要求

（1）对豚鼠的要求。耳郭反射正常，体重为 200 ~ 250 g 的健康豚鼠；数量应保证每个乘员位置对应 5 只，另外有 5 只用于对照，在此基础上增加 50% 用于备份。

（2）对狗的要求。应为经过检疫、体格健康、体重 15 ~ 20 kg 的柴狗；数量应保证每个乘员位置对应 2 只，另外有 2 只用于对照，在此基础上增加 1、2 只用于备份。

（3）动物分组要求。全部豚鼠随机分组，每组 5 只，其中一组为对照组，其余为试验组；全部狗随机分组，每组 2 只，其中一组为对照组，其余为试验组。

（4）动物测试的场所要求。豚鼠听觉测试应在安静的房间内进行；豚鼠解剖应在医学机构的实验室进行。狗的解剖场所应照明充足，便于冲洗。

3. 试验程序与方法

试验程序如下：

1）试验准备

（1）文件准备。根据测量任务书编制试验大纲和试验细则，其中应包括试验任务、参试设备和动物、口令协调等内容。

（2）试验前的豚鼠听力测试。各组豚鼠于试验前和试验后 1 h、48 h，在麻醉状态下做听觉诱发电位测试。测试仪器为诱发电位仪，刺激声信号为短声，刺激声强度为声压级。

2）对发射环境进行噪声测量和生物效应试验

（1）传声器安装。传声器应布置在乘员头部位置，传声器的最大灵敏度方向应指向声源位置。

（2）噪声测量系统连接及导通。将噪声测量系统按图 3 - 3 进行连接。

在噪声测量的开始和结束，用活塞发生器检查噪声测量系统。

信号记录前应进行低通滤波以防止频率混淆，低通滤波器的截止频率应大于等于

图 3 - 3 噪声测量系统连接关系

分析频率上限。

（3）背景噪声测量。应进行背景噪声测量，以考虑背景噪声和其他声源的影响。当测量噪声比背景噪声高 10 dB 时，背景噪声可以忽略不计；当测量噪声仅比背景噪声高 3 dB 以下时，测量结果无意义；当测量噪声比背景噪声高 3 ~ 10 dB 时，应从所测噪声中减去 $10 \lg (1 - 10^{-0.1\Delta L})$ 作为修正值，其中 ΔL 为测量噪声与背景噪声的声级差。

（4）布置动物。在每个乘员位置布置一组狗，布置高度与乘员躯干位置相当，狗应装在狗笼子中。每组狗的上方布置两组豚鼠，布置高度与乘员头部位置相当，每组豚鼠装在一个豚鼠笼子中。

（5）测量。根据试验口令操作记录设备进行测量。

（6）拆除传声器。试验结束后将传声器拆除。

（7）动物的处理。将各测量点的动物根据检测需要送至相应地点。豚鼠送至实验室进行听觉诱发电位测试，狗送至解剖场所进行解剖。

3）试验后结果分析

（1）噪声结果分析。根据 GJB 2A—1996《常规兵器发射或爆炸时脉冲噪声和冲击波对人员听觉器官损伤的安全限值》公式：

$$L_p = 177 - 6\lg(T_A N) \tag{3-2}$$

式中 L_p——人员听器安全限值，dB；

  T_A—— A 的持续时间，ms；

  N——发数。

计算每次发射舱室内各点的安全限值 L_p，当 $T_A > 100$ ms 时按 100 ms 计算。当测量点的脉冲噪声超过安全限值 L_p 时，应要求工作人员在导弹（火箭）发射时必须戴护听器，确保听觉安全。

（2）豚鼠听觉诱发电位测试。各组豚鼠于试验后 1 h、48 h，在麻醉状态下做听觉诱发电位测试。刺激声信号为短声，刺激声强度为声压级。

（3）狗的大体解剖观察。狗在试验后活杀，做大体解剖，观察脑及各脏器是否有急性损伤，并对各脏器取标本，用福尔马林（甲醛）固定液固定，石蜡包埋切片。

（4）豚鼠内耳形态学观察。将豚鼠断头处死，快速取出耳蜗，蜗管内灌注氯化硝基四氮唑蓝配制的琥珀酸脱氢酶作用液，37 ℃温箱内孵育 60 min，10% 福尔马林（甲醛）固定液固定、脱钙，解剖显微镜下剥去耳蜗骨壳，去除螺旋韧带和前庭膜，按 Stockwell 等介绍的方法将耳蜗分段制备耳蜗铺片，光镜下观察内外毛细胞的排列和琥珀酸脱氢酶活性。

（5）狗的组织病理学观察。将狗的各脏器标本在光镜下做组织病理观察。

4. 试验数据处理与结果评定

豚鼠和狗的检测结果符合以下要求时表明乘员安全。

（1）豚鼠听觉诱发电位测试和内耳形态学观察结果。豚鼠听阈，经统计学处理与试验前比较无差异；试验后，将豚鼠活杀，取耳蜗标本做形态学观察，内耳组织无病理异常改变。

（2）狗的大体解剖和组织病理学观察结果。现场解剖做各脏器的大体观察和标本的组织病理学观察，均无异常改变。

3.2.16　发射装置互换性试验

发射装置互换性试验的目的是验证发射箱与发射箱支架之间的机械匹配性，通常作为发射装置出厂的例行试验。多联装形式及密集阵形式发射装置必须开展互换性试验。

以"田"字四联装发射装置为例，介绍试验方法如下：

（1）按照试验大纲要求随机抽取 1 个发射箱支架和 4 个发射箱，并随机指定发射箱支架一个号位，然后将所抽取的 4 个发射箱依次对该号位进行互换性试验。

（2）将 4 个发射箱中的任意两个安装到发射箱支架上，另两个任意吊装在下层发射箱上。

（3）将上层两发射箱位置调换。

（4）四联装状态下，将 4 个发射箱横、竖方向连接，并锁定下层发射箱支脚，检查连接件是否可安装到位。

（5）四联装状态下将上、下号位的电气插头分别与相应号位发射箱连接。

如果上述连接均正确无误，则认为互换性试验成功。

3.3　协调匹配试验

协调匹配试验指机械对接协调试验、电气性能匹配试验及全武器系统的靶场合练等。机械对接协调试验，指地面机械设备之间、机械设备与导弹（火箭）结构之间的对接协调试验。电气性能匹配试验应包括地面电源设备与用电设备之间、电源与导弹（火箭）测试用电之间的供配电参数（如电压、电流等）；地面设备间、设备与导弹（火箭）间的控制信号和状态信号的传输、接收及显示的性能匹配。

不论是机械对接协调试验，还是电气性能匹配试验，都不是单纯的机械试验或电气试验。机械产品中有电气设备，电气产品中有机械结构，所以机械对接协调试验中有电气性能匹配试验的内容，电气性能匹配试验中也有机械对接协调的内容，只有全武器系统的靶场合练才是完整统一的协调匹配试验。

根据研制程序和实际工作的需要，一般是先分别进行机械对接协调试验和电气性能匹配试验，待暴露的问题基本解决后，再进行全武器系统的靶场合练。

3.3.1 机械对接协调试验

机械对接协调试验是地面设备研制过程中的一项重要试验，为节省经费和缩短研制周期，全部地面机械设备都应参加，通过试验检验，同时机械对接协调试验也是型号全套地面机械设备的一次联合使用试验，一般简称机械合练。

1. 试验目的

机械合练的目的是检查地面设备（包括随机工具及附件）配套是否齐全；检查协调性［包括地面设备与导弹（火箭）、地面设备之间的协调性］、适用性及设计合理性；初步鉴定参试设备的技术状态、协调性、使用性及设计合理性，为靶场合练及飞行试验打下坚实可靠的基础。

2. 试验程序与项目

由于机械合练的参试设备多，检查项目多且烦琐，为保证试验的完整性，应考虑：

（1）按照武器系统的作业流程，安排试验程序。

（2）在每个程序中，按设备出现的顺序及操作步骤，对应提出试验项目，试验项目应详尽周全。

（3）所有参试设备均装配成套并备有全部工具及备、附件，操作中所用的工具应为配套的工具，以便进行齐套性检查。

（4）机械协调模型弹应为合格产品。

（5）试验场地面积应根据参试设备（包括测试设备）的就位、展开作业及撤收所需最低限度的面积确定，并考虑大型重载设备作业时对地面的承载能力要求，如在厂房内进行试验，应考虑厂房的高度（作业空间）、设备进出通道的条件，以及大门的高度和宽度，起重设备、电源和气源等的主要参数均应符合要求。

在机械合练中，有些设备并非真实产品，如筒弹对接有时采用配重弹或模型弹代替导弹，此时必须对配重弹或模型弹进行严格检测，确保其机械尺寸和接口与导弹一致。

通常，参加机械合练的设备包括发射箱（筒）、发射架、吊具、运输车、充气设备、模型弹（或配重弹）、拖车、装弹装置等。机械合练的项目按照实际使用情况进行确定，原则上，所有在实际使用时存在接口关系的都要进行对接试验。

以水面舰艇导弹通用化垂直发射装置（下面简称发射模块）对接试验为例，需要开展的项目包括：

（1）发射模块与贮运发射筒机械对接试验。将贮运发射筒装入发射模块，然后检查以下项目：

①架体隔舱舱口与贮运发射筒后加强框、前法兰尺寸是否协调。

②发射架体支撑座与贮运发射筒后加强框尺寸是否协调。

③发射架体活动支撑与贮运发射筒支撑框尺寸是否协调。

④发射架体导轨与贮运发射筒支脚尺寸是否协调。

（2）发射模块与贮运发射筒电气对接试验。将发射模块与贮运发射筒电气连接，然后检查以下项目：

①发控单元与贮运发射筒芯线是否符合技术协调要求。

②贮运发射筒装入发射模块后，连接发控单元电缆长度是否符合要求。

（3）发控单元与筒弹对接试验。用导弹模拟器代替导弹，进行发控单元与筒弹对接试验。检查以下项目：

①发控单元电缆是否完好。

②发控单元发射程序是否符合技术协调要求。

3.3.2　电气性能匹配试验

电气性能匹配试验包括：通过电源设备及其负载的联合使用试验，对设备性能和接插件（连接器）间的结构协调性进行检查；对控制信号、通信信号，以及监控、遥测系统进行协调性检查，以便为修改设计提供依据和为靶场合练打好基础。

参试设备有电源设备和所有的用电设备（包括控制设备、通信设备、遥测设备、发射设备等）。所有设备应为正式配套设备或模拟负载。电源用户（负载）要齐全不得漏项，照明、调温、通风等均应考虑，不但要检查单个负载的供配电性能，还要检查作战使用中，用电高峰时的供配电性能。

3.3.3　舰/潜载发射装置系泊/航行试验

1. 试验目的

第3.3.3节以舰载发射装置进行介绍，潜载发射装置的相关试验与舰载发射装置的基本相同。系泊试验是舰船建造过程中非常重要的一项试验，是在机电设备及其系统安装结束后进行的。该试验在船厂码头进行，舰船处于系留锚泊状态。舰载发射系统调试试验是舰船系泊试验众多工作中的一项。对于发射装置而言，系泊试验的目的是检查舰载导弹（火箭）发射装置及其随动系统的设备成套性、安装质量、工作协调性和主要战术技术指标是否符合要求。

航行试验又称试航，是在系泊试验结束之后，舰船下水后开展的试验，也是舰船试验的最后一项试验。对于发射装置而言，航行试验的目的是检查舰载导弹（火箭）发射装置及其随动系统的工作协调性、稳定性和主要战术技术指标是否符合要求。

2. 试验配套文件与工具

开展系泊/航行试验是一项比较复杂的工作。开展试验前，技术文件必须到位，以确保设备技术状态明确，试验步骤正确。技术文件包括舰载导弹（火箭）发射装置及其随动系统随机文件；舰载导弹（火箭）发射装置及其随动系统布置安装图、液压原理图、电气原理图、接线图和电缆连接图；舰载导弹（火箭）发射装置射角图；试验大纲和试验手册。

在试验过程中需要进行大量的测试，通常会用到的工具有象限仪、经纬仪、内径千分尺、电秒表、弹簧秤、秒表、正弦机、导轨检验平板、导轨检验量规、导弹（火箭）重量模型（数量为弹库贮弹架的贮弹量）、模型弹（2枚）、兆欧表、万用表、示波器、动态应变仪、噪声测量仪、测力盘、直尺、随机工具等。

3. 试验条件

该试验分为系泊试验和航行试验两部分。

1）系泊试验条件

（1）装舰设备应具有合格证件。

（2）舰载导弹（火箭）发射装置及其随动系统安装、调试结束。

（3）舰艇具备装置试验时所需的水源、电源、气源和油液。

（4）装置周围无障碍物。

（5）水平度检查、仰角和横倾角测量时，舰艇状态应符合下列要求：

①舰艇为正常排水量。

②舰艇位于坞内或港湾静水中，处于正浮状态，横倾角不大于0.5°。

③主机不工作。

④发射架上和弹库内应按试验项目的要求装载规定数量的模型弹或导弹（火箭）重量模型。

2）航行试验条件

（1）舰载导弹（火箭）发射装置系泊试验合格。

（2）试验时的海况符合舰艇战术技术任务书中规定的要求。

（3）舰艇具有试验时所需的水源、电源、气源和油液。

（4）发射架上和弹库内按各试验项目的要求装载规定数量的模型弹或导弹（火箭）重量模型。

（5）装置周围无障碍物。

4. 系泊试验程序与项目

不同的型号，试验项目和内容有所不同，本节以常见的舰载导弹发射装置为例，介绍系泊试验程序与项目。

1）舰—舰导弹发射装置试验

（1）外观和安装正确性检查。检查内容包括：

①配套完整，安装符合施工图纸要求。

②电缆和管路应排列整齐、固定可靠。

③机械部件表面应整洁、美观、无锈蚀；油漆及电镀涂层均匀、光泽，无脱落、划痕和损伤；紧固件连接应牢固，安装应符合图纸要求。

④铭牌、标牌应齐全，字迹应清晰。

⑤指示仪表及观察窗的玻璃表面透明、刻度清晰，无气泡及划痕。

⑥门、窗、把手操作灵活、可靠。

⑦活动部件表面应均匀涂油，加油杯应注满。

⑧润滑和涂油符合图纸要求。

⑨检查电气设备接地电阻，应不大于 10 mΩ。

（2）绝缘电阻检查。测量加温线路、开关盖线路、液压电机线路、弹库控制电气线路等的绝缘电阻，将测试结果填入记录表格。

（3）筒式发射装置辅助机构安装正确性检查。检查内容包括：

①战斗保险解脱结构应安装正确、固定可靠。通电时微动开关工作正常，滚珠能自由地通过槽形管。

②侧止挡机构应安装正确、固定可靠。扳动螺母，挡块应可靠地压紧弹体（或导轨检验量规）前滑块。

③闭锁机构应安装正确、固定可靠。

④助推器顶杆应安装正确。

⑤用导轨检验量规检查挡弹机构。

⑥借助导轨检验量规进行电插头机构插拔试验。插拔次数不少于 4 次，其动作应灵活、无卡滞，插头插座接通应可靠。

⑦向前推动导轨检验量规，检查电插头机构复位情况。

（4）筒式发射装置导轨安装正确性检查。检查内容包括：

①每隔 500 mm 测量发射导轨左右间距。

②用导轨检验平板检查发射导轨的通过性。

③测量发射导轨仰角。

④测量发射导轨横向倾角。

⑤检查发射导轨中心线与舰艇中线面间的平行度。

⑥分别在前、中、后三处测量装载导轨左右间距。

⑦用导轨检验平板检查装载导轨通过性。

（5）筒式发射装置装填系统检查。检查内容包括：

①装填车、装载架、伸缩臂应安装正确、固定可靠。

②检查装填车、装载架、伸缩臂与发射架之间的对接状态，并测量装载导轨与发射导轨的间隙，以及导流槽的对接间隙。

③空载运转试验。当装填系统采用装填车时，分别用手动和电动方式使装填车往返 4 次，工作应正常，当装填系统采用装载架时，手摇绞车进行钢丝绳收放试验，工作应正常；当装填系统采用伸缩臂时，分别用手动和电动方式使伸缩臂伸出和缩回各 4 次，工作应正常。

④负载试验。当装填系统采用装填车或装载架时，将导弹重量模型放置在装填车或装载架上，分别用手动和电动装、退弹各 4 次，工作应正常，并测量电动装弹时间；当装填系统采用伸缩臂时，将导弹重量模型放置在伸缩臂上，分别用手动和电动装、退弹各 4 次，工作应正常；测量手摇时手柄上的作用力。

（6）保护筒、电插头机构与导弹的间隙检查。检查内容包括：

①测量保护筒前封板开口内边线与弹翼的最小间隙。

②测量保护管与弹水平弹翼的最小间隙。

③测量保护筒与弹垂直尾翼的最小间隙。

④测量保护筒内电缆、液压管路与弹翼的最小间隙。

⑤测量电插头机构安装支架下最低点与弹翼的最小间隙。

（7）筒式发射装置门、盖安装的正确性检查。检查内容包括：

①测量前盖的开启角度。

②测量后盖的开启角度。

③测量上盖板安装和上移时所需的拉力。

④检查门、盖的防水性。

（8）筒式发射装置开盖系统工作正确性检查。检查内容包括：

①液压开盖系统密封性试验按 GJB 14.1A—1989《舰船轮机规范　水面舰船》规定执行。

②进行手动液压开、关前、后盖试验，并测量手动溢流阀工作压力和手动开前盖时间。

③进行电动液压开、关前、后盖试验，并测量电动溢流阀工作压力和电动开前盖时间。

④检查前盖与排气门开启的协调性。

（9）方向机检查。检查内容包括：

①手动操作方向机，工作应平稳无卡滞。

②在回转范围内，每隔 60°测量手柄转动力矩。

③在回转范围内，每隔 60°测量机械空回量。

（10）航行固定器和方向限制器检查。检查内容包括：

①手动操作航行固定器，其动作应灵活，脱开和固定应可靠。

②方向限制器的方向机械限制范围应符合舰—舰导弹发射装置射角图的要求。

（11）安全发射范围检查。发射装置的安全发射范围应符合舰—舰导弹发射装置射角图的要求。

（12）箱式发射装置发射箱支架安装正确性检查。检查内容包括：

①测量发射箱支承面的纵向仰角。

②测量发射箱支承面的横向倾角。

③检查发射箱支架中心线与舰艇中线面在水平面内的夹角。

（13）箱式发射装置发射箱支架性能检查。检查内容包括：

①检查发射箱锁定机构，动作应灵活。

②检查插头送进机构，动作应灵活。

（14）箱式发射装置发射箱检查。检查内容包括：

①发射箱盖打开后，发射梁应转换成战斗状态。

②关盖时，箱盖机械锁定器锁定箱盖应可靠。

③检查电插头机构，动作应灵活、无卡滞，护门开闭正常。

④检查发射箱加温的工作情况。

（15）箱式发射装置开、关盖系统检查。检查内容包括：

①液压关盖系统密封性试验按 GJB 14.1A—1989 的规定执行。

②进行手动和电动开盖试验，并用电秒表测量电动关盖时间。

③进行开盖试验，并用电秒表测量开盖时间。

2）舰—空导弹发射装置试验

（1）发射架水平度检查。在方向射界范围内选取若干测点，用象限仪或电子水平仪分别在发射架检查平台和舰艇基准平台处同时测量，每个测点测量 3 次。

（2）重合度、平行度、倾斜度和间隙检查。检查内容包括：

①测量发射架的重合度。

②测量双联（或多联）装发射架发射导轨中心线之间的平行度。

③测量发射导轨、对接导轨、贮弹导轨相邻工作面的倾斜度、重合度和间隙。

④测量导弹通过防爆门时弹翼与防爆门之间的间隙。

⑤测量对接桥转动时与防爆门之间的间隙。

（3）导轨通过性检查。用导轨检验量规在整个输弹线上检查导轨的通过性。

（4）弹架机械对接检查。检查内容包括：

①检查电插头机构与导轨检验量规或模型弹上模拟插座的对接正确性，并测量电插头机构的手柄操作力。

②检查发射架上和贮弹架上的导弹制动装置或闭锁挡弹机构与导轨检验量规（或模型弹）上相应部位的对接正确性，并测量闭锁挡弹机构的手柄操作力。

③检查输弹头和连续加电装置与导轨检验量规（或模型弹）上的滑块和相应部位的对接正确性。

④电插头机构插拔试验，并测量脱落时间。

（5）回转接触装置检查。检查内容包括：

①检查回转接触装置的安装质量。

②检查回转接触装置的回转质量。

③检查回转接触装置的导电性能。

（6）方向、高低瞄准系统检查。检查内容包括：

①发射架航行固定器动作应灵活，脱开和固定应可靠。

②发射架手动、电动联锁转换应灵活可靠。当手动时，应确保电路被切断，试验次数不少于4次。

③检查发射架方向、高低极限角和止挡缓冲器的工作。

④发射架空载（发射架上无模型弹）和满载（发射架上装满模型弹）时，分别测量方向机和高低机的手柄操作力。

⑤测量发射架方向和高低各传动链总空回量。

⑥在发射架满载高速运行状态下检查安全制动装置的工作情况，并测量方向、高低制动时间和制动打滑角。

（7）液压系统检查。检查内容包括：

①检查液压系统的密封性。

②检查液压系统工作的正确性和稳定性，并测量工作压力机液压油温度。

（8）安全发射范围检查。按舰—空导弹发射装置射角图将安全发射范围划分为若干完整无缺口的安全射区，然后依次测量安全射区的射界。

（9）防爆门检查。检查内容包括：

①防爆门进行水密试验，并测量压缩空气瓶压力和工作压力。

②防爆门开、关的动作要平稳，到位锁定可靠，开关信号显示和联锁控制正确、可靠。

③测量防爆门的开、关时间和开、关时的手柄操作力。

（10）对接桥检查。检查内容包括：

①检查发射架方向和高低装填定位机构工作的正确性。

②进行固定式对接桥与发射导轨和每组贮弹导轨的对接试验。

③进行活动式对接桥半自动、自动对接和固定试验，并测量对接和复位的工作时间及对接桥转动的手柄操作力。

④对接桥对接时应无冲击，插销插拔自如，定位锁定可靠。

（11）输弹系统检查。检查内容包括：

①输弹机手动、电动联锁转换装置应转换灵活、可靠。手动时，应确保电动电路切断，试验次数不少于 4 次。

②测量输弹系统传动总空回量。

③输弹机安全制动装置应工作可靠，并测量制动时间和打滑距离。

④测量输弹机空载和满载时的手柄操作力。

⑤发射架导弹闭锁机构工作应正确、可靠。

⑥检查连续加电装置的工作稳定性。

⑦测量输弹系统输、退弹空载运行和满载运行的速度—时间曲线。

⑧检查输弹系统输、退弹的到位精度和弹位显示的正确性。

⑨离系统外围 1 m 处，测量输弹系统噪声，测点不少于 4 点，要求噪声不大于 85 dB（A）。

（12）贮、供弹系统检查。检查内容包括：

①贮、供弹机手动、电动联锁转换装置应转换灵活、可靠。手动时，应确保电动电路切断，试验次数不少于 4 次。

②测量贮、供弹系统传动链总空回量。

③贮、供弹系统安全制动装置应工作可靠，并测量制动时间和打滑距离（或打滑角）。

④测量贮、供弹系统运弹机空载和满载时的手柄操作力。

⑤测量贮、供弹系统空载运行和满载运行的速度—时间曲线，以及连续多架位运弹的速度—时间曲线。

⑥检查贮弹系统到位精度和弹位、贮弹显示正确性。

⑦离系统外围 1 m 处，测量贮、供弹系统噪声，测点不少于 4 点，要求噪声不大于 85 dB（A）。

（13）输弹线机械对接检查。用手动和半自动方法使发射架防爆门，对接桥，输弹系统，贮、供弹系统机械对接，应动作协调、定位可靠、指示信号传递正确。

（14）全自动输弹检查。检查电气元件的安装质量、机械锁的工作质量、顺序联锁和显示线路的工作，同时测量输、退弹时间。

（15）码头装填补给检查。检查内容包括：

①测量从码头向发射架每装填 1 枚导弹所需的时间。

②测量从发射架上向码头卸下 1 枚导弹所需的时间。

（16）导弹库应急装置检查。检查内容包括：

①检查应急固弹装置的工作情况。

②检查应急排导燃气流的排导情况。

（17）导弹库有害气体检测装置检查。按有关规定标定监测装置和进行模拟试验。

（18）导弹应急投掷装置机械对接检查。装有模型弹的发射架应能按应急投掷指令转动到规定的方向角和高低角。此时，应急投掷装置与发射架和架上导弹的机械对接应正确。

3）舰—舰导弹发射装置随动系统试验

（1）外观和安装正确性检查。检查内容包括：

①配套完整、安装符合图纸要求。

②表面整洁、无机械损伤，涂层均匀光泽、无脱落。

③元部件的规格、型号与图样相符。

④电缆敷设整齐、走向正确、固定可靠。

⑤电缆填料函必须密封。

⑥各电表无电时，指针应归零。

⑦屏蔽电缆和设备外壳接地可靠。

⑧仪器接地电阻应不大于 10 mΩ。

（2）绝缘电阻检查。检查内容包括：

①测量随动系统各电源电路、控制电路与壳体之间的绝缘电阻。

②测量方向、高低随动系统动力部分与控制部分之间、动力部分和控制部分与壳体之间的绝缘电阻。

（3）电源检查。测量方向、高低随动系统的电源电压和电源频率。

（4）安全保护装置检查。检查随动系统中设置的安全保护装置，功能应正常。

（5）角度限制的正确性检查。检查内容包括：

①检查角度限制电气触点的安装正确性，并测量电气触点的动作角。

②在发射架满载（发射架上装满模型弹）高速动作状态下，检查角度限制器的工作情况，并测量发射架的制动角（从角度限制器触点动作到发射架停止动作）。

（6）工作状态显示装置检查。检查随动系统中设置的有关工作状态（位置、误差、故障等）的显示装置，功能应正常。

（7）随动系统跟踪性能检查。检查内容包括：

①最低稳定跟踪速度平稳性检查。当系统以最低稳定速度工作时，发射装置运转应平稳，无明显的抖动和回摆。

②调转速度检查。测量发射装置的调转速度。

③过渡过程品质指标检查。在规定的失调角下测量随动系统的过渡过程时间、振

荡次数和超调量。

（8）随动系统精度检查。检查内容包括：

①静态误差检查。检查随动系统的静态误差。

②等速跟踪误差检查。检查随动系统的等速跟踪误差。

③正弦跟踪误差检查。检查随动系统的正弦跟踪误差。

5. 航行试验程序与项目

1）导弹发射装置试验

（1）航行固定状态检查。检查内容包括：

①满载模型弹的发射架航行固定应可靠。

②防爆门在关闭和开启状态下的固定应可靠。

③对接桥航行固定应可靠。

④满载模型弹（或导弹重量模型）的贮弹架航行固定应可靠。

⑤检查模型弹在发射架和贮弹架上的存放和固定情况。

⑥发射架接触航行固定，检查方向、高低的静止状态。

（2）筒式发射装置检查。检查内容包括：

①航行固定器固定可靠、紧固件无松动。

②手动液压开、关前盖，工作应正常。

③电动液压开、关前盖，工作应正常。

④手动操作方向机，运转应平稳、无卡滞。

（3）箱式发射装置检查。检查内容包括：

①紧固件固定可靠、无松动。

②开盖试验，其工作应正常。

③手动和电动关盖，其工作应正常。

（4）输弹线机械对接检查。用手动和半自动方式使发射架防爆门，对接桥，输弹系统，贮、供弹系统机械对接，应动作协调、定位可靠、指示信号传递正确。

（5）全自动输弹检查。检查电气元件的安装质量、机械锁的工作质量、顺序联锁和显示线路的工作质量，同时测量输、退弹时间。

（6）导弹应急投掷装置检查。装有模型弹的发射架应能按应急投掷指令转动到规定的方向角和高低角。此时，应急投掷装置与发射架和架上导弹的机械对接应正确。

首制舰（艇）、首装舰（艇）应进行导弹应急投掷试验。

2）舰—舰导弹发射装置随动系统试验

（1）一般检查。在舰艇各挡航速航行和武器射击后，检查各电气设备、电缆插头等的安装质量，其固定应可靠。

（2）跟踪平稳性检查。在参与导弹武器系统试验的条件下，检查随动系统的跟踪平稳性。

（3）随动系统精度检查。该试验仅在首制舰（艇）、首装舰（艇）进行，检查随动系统的等速跟踪误差，以及随动系统的正弦跟踪误差。

3.3.4 弹架协调试验

弹架协调试验是指火箭导弹武器系统安装至舰艇后开展的协调性试验，该试验在系泊/航行试验之后开展，验证武器系统与分系统之间，以及武器系统与舰艇上设备之间的协调匹配性。该试验成功标志着火箭导弹武器系统正式交付。

1. 试验目的

开展该试验的目的是验证发射箱与发射装置、导弹（火箭）与发射箱、导弹（火箭）与火控系统等分系统之间的机械与电气协调匹配性。

2. 试验设备

该试验的被试设备包括导弹（火箭）火控系统、发射装置、导弹（火箭）等。其中，火控系统及发射装置为正式交付的产品，导弹（火箭）通常不装战斗部引信，使用工艺助推器；发动机不装烟火点火器或使用工艺发动机；弹上一次性主电池可不安装，用电池模拟器代替，其余均用战斗弹真实产品，在不影响试验效果的前提下，可以采用工作弹（或训练弹）代替战斗弹参加试验。除此之外，试验中使用的设备与仪器、仪表包括导弹（火箭）吊具、吊车、电池模拟器及电缆、综合检查台。

3. 试验条件

环境条件无特殊要求；舰艇上火控系统各设备应完备，状态符合各自的技术条件要求；参试设备与仪器、仪表经检定且在检定期内。

4. 试验程序与方法

1）试验前准备

试验前应确认导弹（火箭）状态满足弹架协调试验要求，发射装置上火工品已经拆除，采用工艺件代替。导弹（火箭）装箱时，弹上应装电池模拟器转接电缆，导弹（火箭）装箱后，发射箱无需充气。箱弹装舰前，应在技术阵地利用综合检查台对导弹（火箭）进行射前检查、惯导对准测试，确保产品状态满足试验要求。

2）机械协调性检查

（1）开展发射箱与发射架的协调性检查。

（2）开展发射箱与舰面电缆网的插头与插座的协调性检查。

（3）开展发射箱与补充充气设备的协调性检查。补充充气设备的协调性检查，不使用高压气体，只要求机械上协调即合格。

3）电气协调性检查

（1）对导弹（火箭）进行供电、射前检查，检查对弹供电、射前检查过程是否正常。

（2）对导弹（火箭）进行惯导对准，检查惯导对准过程是否正常。

（3）对发射箱进行限制器拔出、转刚性、开（关）盖试验，检查各状态是否正常。

（4）对导弹（火箭）进行发射，检查发射过程是否正常。

（5）对导弹（火箭）实施应急发射，检查应急发射是否正常。

4）试验程序与方法

（1）火控系统各设备开机，确认导弹（火箭）火控系统工作正常。

（2）将发射架上电缆接到导弹（火箭）模拟器上，武器控制设备对导弹（火箭）模拟器做射前检查、惯导对准、模拟发射、应急发射、解除发射等，确认导弹（火箭）模拟器工作正常。

（3）对装箱后的导弹（火箭）进行射前检查、惯导对准，检查合格后吊装到发射架进行机械协调性检查。

（4）开展发射箱与补充充气设备的机械协调性检查。

（5）接好电池模拟器。

（6）将发射架电缆与发射箱接好，检查发射架电缆插头与发射箱插座插接是否良好。

（7）助推器点火插头接好三用表，检查助推器点火是否正常。

（8）导弹（火箭）火控系统各设备通电，将导弹（火箭）火控系统调到火控系统模拟训练模式工作。

（9）导弹（火箭）控制台对导弹（火箭）进行射前检查、惯导对准，检查导弹（火箭）是否正常。

（10）武器控制台对模拟目标进行航路解算，并进行火力分配。

（11）导弹（火箭）控制台对导弹（火箭）发射箱进行限制器拔出、转刚性、开盖检查，检查箱控信号是否正常。

（12）进行导弹（火箭）发射检查。助推器点火信号正常后，在导弹（火箭）控制台观察该号位连锁回线信号正常后，解除对该号位导弹（火箭）的发射。

（13）解除发射后，按应急发射程序对弹进行应急发射，观察助推器点火信号是否正常。

（14）导弹（火箭）控制台对弹断电，武器控制设备断电，关闭电源，试验结束，如果为多联装，则重复上述步骤对其他号位进行试验。

（15）双发齐射功能检查。齐射的号位中，一个号位接弹，另一个号位接导弹（火箭）模拟器，进行双发齐射。此项试验，可结合对弹检查进行。

3.3.5 靶场合练

靶场合练是导弹（火箭）飞行试验发动机点火前，所有靶场工作的演练，它是包括全武器系统及遥测和外测系统在内，所有设备与合练弹进行的协调匹配试验。合练弹分为遥测合练弹和战斗合练弹两种。因此，靶场合练又分为遥测合练弹合练和战斗合练弹合练两种。

合练的程序和内容是按导弹（火箭）作业流程结合靶场飞行试验流程进行的，即由总装厂运出开始，经转运站转运（铁路运输转公路运输）到技术阵地进行分解、测试、再装，进而转到发射阵地，按发射程序进行发动机点火前的所有工作。在整个导弹（火箭）作业流程中，其他配套设备配合做相应的协同工作，以完成全部的合练工作内容。

为了使所有设备均能得到合练的考核，根据型号自身的特点，还可以补充其他的合练项目，如待机阵地合练。

地面设备合练是全部合练的重要组成部分，主要目的是检查地面设备的技术状态、齐套性、使用性及协调匹配性，同时检查配套资料、使用文件的齐套性和编写的正确性，为产品修改设计和下一步的导弹（火箭）飞行试验打好基础。

地面设备合练的试验内容，除各设备的主要任务及功能考核试验外，根据设备本身存在的关键技术问题，在单个设备难以检查，或已做模拟器检查，但真实性还有待考验的情况下，可以借大型合练的机会，做一些补充试验。

试验的结果分析，应作为产品修改设计及定型的依据。

3.4 发射试验

发射试验按照火箭、导弹的尺寸可分为缩比模型发射试验和全尺寸发射试验两类，按照研制阶段可以细分为多个阶段，例如模型弹发射试验、协调弹发射试验、助推弹发射试验、自导弹飞行试验、自控弹飞行试验、定型弹飞行试验及定型后的批抽检飞行试验等。

不同阶段，开展发射试验的目的不同。缩比试验通常都是为了验证某项关键技术，或者进行发射方案的原理性探索。从缩比试验所遵从的原理而言，缩比试验存在较大的局限性，无法同时使发射相关的所有参数满足缩比关系。因此，只有在某单项关键技术攻关时或进行发射方案原理性探索时才选择缩比试验。在这些阶段采用缩比试验既能满足研究需要，又有工程量小、经费需求小、组织难度小等优势。而一旦进入工程研制阶段（包括演示验证阶段），发射方案基本确定，研究需要更为具体、深入，试验必须能够真实反映装备预期工作条件，此时开展全尺寸试验就必不可少了。即使是全尺寸试验，也可以根据装备研制难度合理划分阶段，逐步推进，分解风险。例如，对于水下垂直发射这个世界性难题，在全尺寸试验中可以采取先静态发射，再开展带艇速动态发射，以便将复杂的水下发射耦合因素剥离开来进行研究。

工程研制阶段通常会按照预先研究阶段的成果成熟度、技术继承性、研究难度等因素划分为如前所述的细分阶段。如果型号具有较强的继承性，可以将研制阶段减少。对于发射装置而言，其发射试验的阶段划分并不严格，作为火箭导弹武器系统的分系统，通常都是按照武器系统划分的研究阶段开展工作，发射装置通常在进入靶场飞行试验之前已经完成方案验证，在靶场试验中还会发现一些问题需要改进，但一般不会出现方案的颠覆性问题。

对一些比较成熟的试验项目，在有一定的技术基础，并已积累了足够的可信数据用以建立物理模型或数学模型时，也可利用模拟或仿真的方法进行模拟试验和计算机仿真试验。

3.4.1　缩比模型发射试验

缩比模型发射试验是通过小尺寸模型的发射试验来研究实际发射过程的规律，并对全尺寸发射过程的有关特征量予以确定。因而要求缩比模型试验的结果能反映真实试验的结果。即模型试验所得到的某些特征量经量纲转换即可求得全尺寸实际试验相应的特征量。

缩比试验要利用相似设计原理设计合乎要求的模型，发射试验需要有弹、发射装置和发射动力源，以及它们间的配置和组合设施。设计模型就是设计试验对象和试验系统模型。通常有以下几方面的内容。

（1）根据试验要求确定模型与原型的相似条件（或相似判据）。发射试验涉及的问题比较多，需确定的参数也比较多，试验模型要模拟所有参数有时很困难，也无必要，而且有些相似条件相互也存在制约。因此，确定相似条件要有重点，保留主要条件，舍去影响不大的因素。必要时可将试验分组，做几组模型分别进行试验，然后进行综合。

（2）依据试验要求、试验条件、经费、周期等因素综合分析，确定相似比例。

（3）依据相似条件列出全部有关参数，并列出量纲方程。

（4）依据量纲齐次原理求得模型的全部有关参数。

在设计模型的基础上组成模拟试验系统，除考虑相似条件外，还需考虑参数的测量、发射试验的安全，以及其他方面的问题。

3.4.2　模拟与仿真试验

模拟技术是用另一种物理过程来描述、研究、分析给定物理过程的技术。两物理过程可利用产量对应，又可利用数学模型对应；可用专用模拟装置来实施模拟，又可用通用试验设施来实施，还可用计算机进行分析。

当发射方式试验的物理过程比较清楚时，往往用模拟技术进行模拟试验。

例如，若不考虑燃气的热力学效应，燃气喷气射流流场与对应的空气喷气射流流场特性相似，流场特征参数相对应，因而可利用空气代替燃气通过喷管实现喷气射流，研究自动力发射燃气喷气射流流场效应。再如空气流场对障碍物的动力学效应与燃气的动力学效应相同（忽略热力学效应），可以利用风洞模拟燃气流对各种形状物体的动力学作用。

发射过程中，许多物理过程的规律与电学物理过程的一些规律相似，因此可用对应的电路来模拟这些物理过程。在这方面，电信号模拟和运算器模拟是常用的方法。当给定的物理过程为2阶过程（可以用2阶微分方程描述的过程），则可用 LRC 电路来进行模拟分析。

利用模拟计算机进行模拟比物理过程模拟又进了一步，属于数学模拟的范畴。当发射方式有关试验的物理过程已知，且能用曲线进行描述或用数学表达式进行描述时，可用模拟计算机进行模拟分析。模拟计算机模拟，费用少，操作时间短，特别适用于连续改变输入数据的情况，即适用于研究连续的过程。模拟计算机模拟一般精度不高，模拟精度取决于过程曲线或数学表达式的准确程度。

计算机仿真技术是借助计算机，利用系统的数学模型对真实或设想的系统进行分析的试验技术。一旦建立了符合要求的仿真模型就可以反复使用，因而可以重复多次试验，每次试验需时很短，所以仿真是最经济、最适合大量试验的模拟方法。

要实现发射试验的计算机仿真，关键是建立发射过程的数学模型，这就要对过去的试验数据进行理论分析与计算，并进一步分析发射的物理过程，在这个基础上，从理论上推导出各部分或各分过程的数学表达式，这些数学表达式可以是一组相当数量的微分方程。将这些数学表达式编成程序输入计算机进行运算，并将计算结果与真实发射试验测试结果进行对比分析，从而对数学表达式进行修正，经过多次反复修正，使数学模型达到要求的精度，也就是达到要求的置信度。

在数学模型的基础上，将数学模型转变成仿真模型（机器模型）以便进行试验。在转换过程中会产生一定的误差，因而需对仿真模型进行误差分析，估计误差大小，并采取必要的误差补偿措施。最后，还需对仿真模型实现数学模型的正确程度，进行确认和精度检查。

3.4.3 全尺寸发射试验

由于模拟条件及其他原因，缩比模型发射试验不可能完全反映真实情况，且有些参数（某些结构参数）缩比无法模拟。同样，模拟与仿真试验也存在类似的情况。因此，需要全尺寸发射试验来验证缩比模型发射试验、模拟试验、仿真试验等试验所得结果的正确性，修正由模拟产生的偏差，测定未能模拟的参数。

战略弹道导弹的全尺寸发射试验，通常都是在大量缩比模型发射试验、模拟试验或仿真试验之后，在已得到初步结论的条件下，用少量发数的试验验证上述各试验的结果。试验的性质属于验证性试验。

全尺寸发射验证试验可分为两类，即原理性验证试验和方案性验证试验。

原理性验证试验主要是用来验证发射原理能否成立，能否实际应用。因此，试验的全尺寸模型可以做得比较简单，有时可用现有的模型或设施改装，工作量较小，试验规模相应也小一些。

方案性验证试验则是验证选取的发射方式是否正确，能否满足导弹（火箭）的战术技术要求。因此，要求试验模型能反映武器的实际情况，一般要求试验模型弹的质量、质心、气动外形（或外形尺寸）都与真实弹相同或等效，试验装备一般都是真实武器的样机。试验的规模和组织相对也较大。方案性验证试验往往是导弹（火箭）飞行试验的预备试验。因此，试验的全套设备就是正式进行飞行试验的装备。

鉴于全尺寸发射试验规模大、要求高、实施复杂、发数少，因而对于试验的成功率、测量数据的获取率都有很高的要求。所以，全尺寸发射试验的试验方案、准备、实施、测量、结果处理等都有严格的规定和要求。

对于水面舰艇导弹通用化垂直发射装置，有必要在发射模块上进行全尺寸模拟导弹热发射试验，主要考核内容如下：

（1）发射架体、贮运发射筒结构强度。

（2）贮运发射筒导弹发射性能。

水面舰艇导弹通用化垂直发射装置还要进行导弹意外点火试验，即在舱口盖、锁弹机构不开启情况下的导弹点火，主要考核内容如下：

（1）舱口盖是否能在导弹燃气压力作用下及时打开。

（2）锁弹机构是否能及时解锁。

（3）贮运发射筒是否能够承受导弹燃气流的烧蚀作用。

对于潜艇水下导弹发射装置，水下发射模型弹试验是全面考核发射装置具有水下发射导弹功能的试验，主要考核内容如下：

（1）点火电路电磁感应电流和感应电动势测量。

（2）发射内弹道参数测量。

（3）筒口压力场强度测量。

（4）弹筒间气密装置的漏气压力测量。

（5）发射时的噪声测量。

（6）有害气体测量。

（7）发射时的邻筒冲击振动响应测量。

（8）摄像监测适配器出筒分离状态。

3.4.4 靶场飞行试验

靶场飞行试验是在研制、定型、批生产等不同阶段进行最终检验、考核火箭导弹武器系统的试验。通过飞行试验可较全面地检验火箭导弹武器系统的战术技术性能，以及各分系统的工作性能和相互间的协调性。从地面设备的角度来看，靶场飞行试验主要是对地面发射设备定型前的实弹射击考核，考核内容除设计技术性能外，还应包括操作使用性能。

火箭、导弹试验靶场通常由发射场区、航区和弹着区组成。其中，发射场区包括技术阵地、发射阵地、测量控制设施、发射勤务保障设施、后勤保障设施、行政管理和训练中心。技术阵地有各种专用和通用技术设备和设施，用以接收、贮存、装填、检测导弹（火箭）。在发射阵地上把发射箱（筒）带导弹（火箭）吊装到发射台（架）上，进行系统和综合测试，瞄准和装定发射诸元，实施发射。航区即指导弹（火箭）从发射点至预定弹着点间的飞行"走廊"。为了对导弹（火箭）进行跟踪、测量和监控，沿航区设置一系列装备有各种专用仪器的地面测量控制站。在导弹（火箭）飞越海洋上空和难以通行的陆地上空时，还需使用测量船和测量飞机。弹着区即指导弹（火箭）弹头着落的地区。弹着区的选择取决于导弹（火箭）的射程和其他因素。

从火箭、导弹靶场的分工来看，发射装置的工作基本全在发射场区完成。

3.5 环境试验

环境试验是为了保证航天发射装置在规定的寿命期间，在预期的使用、运输、贮存和发射等所有环境下保持功能可靠性而进行的活动。在环境试验中，可将航天发射装置暴露在自然的或人工的环境条件下经受其作用，以评价发射装置在实际使用、运输、贮存和发射等环境条件下的性能，并分析研究环境因素对发射装置的影响程度及作用机制。

环境试验在工程研制试验中具有十分重要的地位，对发射装置是否满足用户使用要求的评价不能只看其功能和性能是否优异，还要评估其在预期使用环境中功能和性能的可靠程度，以及维修成本高低。发射装置的可靠性很大程度上取决于产品适应环境的能力。

环境试验可以在发射装置工程研制的任何阶段进行，不同时间节点进行的环境试验意义有所不同。在设计初期开展的研究性试验中进行环境试验，可以通过加速环境试验方法考核元器件、零部件，甚至是设计结构和采用的工艺等能否满足环境要求，发现存在的问题，从而进行设计完善。在生产过程中进行的环境试验通常是用于检查产品的工艺质量和工艺变更时的质量稳定性。在产品设计定型阶段开展的环境试验通常是为了确定产品能否在预定的环境条件下达到规定设计技术指标和安全要求，定型试验要求对任务书所提出的每一个指标进行回答，因此，产品设计定型阶段进行的环境试验也最为全面，需要考虑产品可能遇到的所有环境因素。在产品完成生产以后的例行试验中进行环境试验，目的是保证产品质量，通常按照用户的要求按比例抽检即可。环境试验还可用于安全性试验和可靠性试验，作为发射装置安全性评价及可靠性评估的重要依据。

　　环境试验项目众多，按照试验条件分类，可分为单因素试验、组合因素试验和综合因素试验；按照试验环境分类，可分为自然环境试验、生化环境试验、机械环境试验、力学环境试验等；按照试验项目分类，可分为温度试验、湿热试验、淋雨试验、防水试验、振动试验、冲击试验、颠振试验、加速度试验、运输试验、辐射试验等。第 3.5 节按照发射装置通常开展的环境试验项目来进行介绍。

3.5.1　环境试验通用要求

　　航天发射装置的环境试验严格按照 GJB 150A—2009《军用装备实验室环境试验方法》的相关要求开展。具体试验方法可在相关标准的框架内进行合理删减。

1. 试验项目

武器装备常见的环境试验项目见表 3 - 3。

表 3 - 3　试验项目

序　号	试验项目	试验目的	备　注
1	温度试验	考核高温或低温条件对发射装置安全性、完整性和性能的影响	*
2	高度试验	（1）验证发射装置在常温条件下能否耐受低气压环境。 （2）验证发射装置在常温、低气压条件下能否正常工作。 （3）验证发射装置在常温条件下能否耐受低气压环境快速变化	*
3	温度冲击试验	考核发射装置在经受周围大气温度的急剧变化（温度冲击，温度变化率大于 10 ℃/min）时，是否产生物理损坏或性能下降	
4	温度—高度试验	考核发射装置对高温、低温和低气压环境条件的单独或综合作用的适应性	组合因素试验
5	太阳辐射试验	确定太阳直接辐射对发射装置产生的热效应和光化学效应	*
6	淋雨试验	（1）确定在淋雨、水喷淋或滴水条件下，发射装置防水渗入性能（含包装）的有效性。 （2）确定在淋雨、水喷淋或滴水条件下，发射装置中除水装置的有效性。 （3）确定发射装置暴露于水中或暴露之后满足其性能要求的能力	*

续表

序　号	试验项目	试验目的	备　注
7	湿热试验	考核发射装置耐湿热大气影响的能力	*
8	霉菌试验	考核产品耐霉菌环境的能力	*
9	盐雾试验	考核发射装置涂层在盐雾环境下的有效性，以及盐沉积物对装备物理和电气性能的影响	*
10	砂尘试验	考核装备在砂尘环境中贮存和工作的能力	*
11	浸渍试验	考核装备耐受浸渍或部分浸渍环境的能力，以及在该环境下工作或经历该环境后工作的能力	
12	加速度试验	（1）验证发射装置在装载平台加、减速和承受机动引起的稳态惯性载荷的能力，以及在这些载荷作用期间和作用后发射装置性能不会降低。 （2）发射装置在承受坠撞（如空投）惯性过载之后不会发生危险	
13	振动试验	考核发射装置能否承受寿命周期内的振动条件并正常工作	*
14	噪声试验	验证装备能否承受规定的噪声环境，而不出现不可接受的功能特性或结构完整性衰退	
15	冲击试验	在研制阶段验证发射装置在冲击环境下的结构完整性和功能完好性，从而减少舰载装置受到水下爆炸冲击后破坏的可能性，提高设备的费效比	*
16	风压试验	考核发射装置在风载条件下正常工作的能力	*
17	积冰/冻雨试验	考核装备能否耐受积冰/冻雨环境，并在该环境下工作，或者验证装备自身消除积冰和预防冻雨措施的有效性	
18	倾斜与摇摆试验	确定舰船装备能否在倾斜与摇摆环境下保持结构完好并正常工作	*
19	温度—湿度—振动—高度试验	确定温度、湿度、振动及高度对机载机电设备或电子设备在地面和飞行工作期间的安全性、完整性，以及性能的综合影响	
20	振动—噪声—温度试验	确定挂飞期间振动、噪声和温度对飞机外挂的综合作用的效应	
21	爆炸分离冲击试验	给出发射装置在结构和功能上能够承受火工装置动作所导致的冲击效应的置信度；估计装备在爆炸分离冲击环境下的易损性，以便采用缓冲的方法保护装备的结构和功能完整性	
22	流体污染试验	确定装备耐受流体污染的能力	
23	酸性大气试验	考核发射装置耐受酸性大气的能力	

注：标 * 为航天发射装置常见的试验项目，本书将详细介绍。

具体到某型发射装置，上述试验可根据产品具体使用要求，或遵照任务书要求有选择地开展。例如，某些发射装置使用环境是有空调的舱室，太阳辐射试验就没有必要开展；某些发射装置的使用环境是高纬度地区，湿热试验可以考虑不做。总之，试验项目的选择要根据产品的具体试验环境条件来进行取舍，以便用最小的代价对产品做全面的考核。

2. 试验条件

在环境试验中，有些规定是通用的，因此在第 3.5.1 节集中介绍，各具体试验中如没有特别说明，则默认遵照通用要求执行。

1）标准大气条件

在试验条件中，除温度、湿度和气压有特殊要求外，一般都应在标准大气条件下进行测量和试验。标准大气条件一般认为是：

（1）温度：15 ℃ ~ 35 ℃。

（2）相对湿度（Relative Humidity，RH）：20% RH ~ 80% RH。

（3）大气压力：试验场所气压。

2）水的纯度

在试验条件中有水，且没有特殊要求的情况下，水的纯度一般规定为：

（1）温度：25 ℃。

（2）水的酸碱度（pH）：6.5 ~ 7.2。

（3）电阻率（推荐值）：1 500 ~ 2 500 Ω·m。

3）环境条件允差

允差通常用"±X"表示。环境条件的允差在无特殊要求时，一般遵循以下原则：

（1）温度。发射装置各测量点的温度均不应超过规定温度的 ±2 ℃。试件在停止工作的状态下，其周围温度梯度不应超过 1 ℃/m，且总温差不应超过 2.2 ℃。对于超大型发射装置试件，温度允差可以适当放大至 ±3 ℃。但如果允差超过 ±3 ℃，则需要慎重分析，证明该允差的合理性，或分析该允差对试验结果的影响程度，并最终得到用户的同意。如果试验温度超过 100 ℃，则允差可达到 ±5 ℃，并关注实际达到的允差。

（2）压力。允差应为规定值的 ±5%，或 ±200 Pa，试验中取较大者。

（3）相对湿度。允差为 ±5% RH。

（4）振动幅值。正弦波应取规定值的 ±10% 作为允差，随机振动应按照相关标准的要求。

（5）振动频率。低于 25 Hz 时，振动频率允差为 ±0.5 Hz，其余应为规定值的 ±2%。

（6）加速度。允差为规定值的 ±10%。

（7）时间。除非试验大纲或相应标准有更加严格的要求，持续时间大于 8 h 的试验，试验持续时间和检测数据采集间隔时间与规定值之差不超过 5 min；对试验持续时间或检测数据采集间隔时间不大于 8 h 的试验，该差值不应超过规定值的 1%。

（8）风速。允差应为规定值的 ±10%。

上述都是在环境试验当中常见的环境条件，这里规定的通用允差在与某些试验具体标准的要求不一致时，应以具体标准为准。

4）传感器和测试设备要求

环境试验离不开传感器和测试设备，传感器和测试设备在试验环境中正常工作是基本要求。此外，还要确保控制或监测试验参数的仪器和试验设备检定合格（校准），并在有效期内。其最大误差不应超过测量值允差的 1/3。这也是试验前选择传感器和测试设备测量精度的依据。

5）试验温度的稳定

温度稳定对保证再现试验条件非常重要。而试件中，对保证使用要求起关键作用部分的温度稳定比结构部分的温度稳定更重要。

除另有规定以外，一般认为试件中具有最大温度滞后效应的功能部件温度达到试验温度时，试件达到了不工作时的温度稳定。

一般在试验当中不考虑结构件或无源件的温度稳定。

在具体试验当中，通过调高试验箱调控温度，甚至超出试件的试验条件，从而缩短达到温度稳定的时间，但过程中必须认真监测，确保试件的相应温度没有超出其温度极限。

3. 试验顺序确定原则

在众多的环境试验项目中，确定试验先后顺序涉及试验的覆盖性、试验数据的真实性及试验的成本等因素，因此需要慎重考虑，常见的发射装置在多年使用当中积累了大量使用数据，对产品的特性、具体工作顺序、预期使用场合、各个试验环境的预期综合效应等已经有了一定的经验，但对于一些近些年新出现的新型发射装置，由于材料的变化、结构的变化、装载条件和使用方式的变化等，环境试验的进行顺序要有所调整。

一般在确定试验顺序时需要考虑试件的特性、具体工作顺序、预期使用场合、现有条件、各个试验环境的预期综合效应等因素。同时，还要考虑以下因素：

（1）用预期寿命期事件的顺序作为通用的试验顺序。变更试验顺序需要慎重，必要时需征得用户同意。

（2）按照产品任务剖面经受相应应力的顺序确定试验顺序，要建立起产品性能和耐久性的积累效应与试验顺序的相互关系。

确定寿命期环境影响试验的顺序时，需考虑产品在使用中会重复出现的环境影响。

4. 试验中断处理

试验过程中，会因为试验条件变化、试件状态异常或其他紧急情况产生试验中断。按照试验中断对试验结果的影响有不同的处理办法。

（1）允差内中断。如果试验中断期间，试验条件并没有急剧变化，处于正常的试验条件允差内，则不构成一次中断。此时，试验条件保持在正常的试验量值，则不需要修改试验测量时间。中断期间的数据依然有效。例如，在进行温度试验时，试验箱紧急断电，但温度并没有因此发生急剧变化，如果再次通电前，试件温度变化在允差范围内（±2 ℃），则中断期间的试验数据和试验时间均有效。

（2）超允差中断。在不同的试验项目中，超允差中断的处理方式不同。如在温度冲击、淋雨、砂尘、爆炸性天气、振动、噪声、冲击、炮击振动、振动—噪声—温度、爆炸分离冲击等试验中出现超允差中断时，应做以下处理。

①欠试验中断。即试验条件低于试验条件下限，未达到试验要求，导致试验中断。此时，需从低于试验条件的点重新达到规定的试验条件，恢复试验直至结束。

②过试验中断。即试验条件超出了规定试验条件的允差上限造成的试验中断。此时，最好的做法是停止试验，用新试件重新试验。但如果试件未损坏，可以考虑进行试验，前提是能够证明在后续的试验中试件出现的失效与中断前的过试验过程没有关系。这就要求在过试验中断后，技术人员认真分析过试验产生的影响，在确定过试验过程对试件绝对没有影响，或者能够确定试件某些部分损坏是由唯一因素——过试验造成的，可以修复试件，重新试验。例如，在温度试验中，过试验会造成橡胶制品变形或失效，此时结构件并未受到影响，因此可以更换橡胶制品继续试验。当然，在实际产品研制过程中，出现这种情况的最好做法是把分析结果报给用户方并征得同意继续试验，以免后续试验中试件出现失效造成对试验结果的异议。

在高度、温度、太阳辐射、湿热、霉菌、盐雾、浸渍、加速度、积冰/冻雨、温度—湿度—振动—高度、流体污染和酸性大气试验中出现超允差中断时，首先要分析中断时试件的情况，认真评估后再做出选择：从最后一个有效的试验循环重新开始试验，或是同一试件重做整个试验。后续试验中试件失效时，需要分析中断试验或延长试验时间对试件失效的影响。

5. 试验数据处理与结果评定

获得有效的试验数据是进行试验的主要目的之一。如想获得数据且数据有效，需要从试验准备开始做工作。

1）试验前的信息收集

试验前需要针对试验特点收集相关信息，包括：

（1）试验用的设备与仪器。要确认设备与仪器的测试精度、适用环境条件是否满足即将开展试验的要求。

（2）试验任务书或大纲要求的试验程序。

（3）试验持续时间。

（4）试件的技术状态。

（5）试件中与试验相关的关键部件和组件。

（6）试验条件、持续时间和应力施加方式。

（7）测试传感器与设备的安装，数据线、电源线的布置与防护。

（8）试件在试验中的安装摆放要求等。

试验前明确这些基本内容是为了确保试验顺利、合乎要求地开展。

2）试验前的数据基线

数据基线即将试件放在标准大气条件下正常工作测得的基本数据，与环境试验后取得的数据对比，从而得到环境条件对试件的影响。

试件的基本数据包括试件标识（名称、型号、研制单位等）、试件外观/状态和检查结果、试件的环境试件履历等。

3）试验中的信息

试验中要适时记录试验数据。试验中的信息主要包括：性能检查结果，试件需在试验中工作时，应进行适当的测试或分析，并与试验前的基线性能数据进行对比，以确定性能是否发生了变化；施加在试件上的环境条件的记录；试件对施加的环境作用的响应记录等。试验中还应尽可能将试验中的数据进行记录，数据越多，在试验结束后的数据分析中参考越多。

4）试验后的数据

试验后首先要按照规范要求检验试件，在某些时候，可使试件工作，采集所要监控的性能参数数据，并将其与试验前的基线性能数据做比较。试验后的记录中应包括以下信息：

（1）试件的标识。

（2）试验设备的标识。

（3）试验顺序。

（4）对试验大纲的偏离及其说明。

（5）所要监控的性能参数数据。

（6）试验期间定期记录的试验条件。

（7）试验中断记录及其处理结果。

（8）初步的试件失效分析（适用时）。

（9）确定试验数据有效的人员签名及日期。

上述记录对于一个产品的整个研制工作非常重要，是重要的资料，技术人员务必要重视试验数据的记录和分析。

6. 试验文件编写

在试验准备阶段、试验过程中和试验结束后，都需要编写相关的文件来对试验进行策划、指导和总结。

在试验准备阶段，按照试验的繁简程度编写试验方案、试验大纲、试验细则；在试验过程中，填写试验数据记录表；在试验后，编写试验报告。

试验方案包含以下要素：

（1）任务来源。

（2）试验目的。

（3）试验实施方案（多个方案对比，涵盖试验流程、试验工装、测试方案等内容）。

（4）试验计划安排。

（5）试验风险分析。

试验大纲包含以下要素：

（1）试验概况。

（2）试验性质。

（3）试验目的。

（4）试验项目及方法。

（5）试验对象及其技术状态。

（6）试验条件。

（7）试验用配套设备。

（8）文件资料配套。

（9）试验程序。

（10）数据录取及处理要求。

（11）参试单位、分工。

（12）质量、安全保障措施。

（13）试验结束标志（试验结果判据）。

（14）其他要求。

某些复杂的试验还要求编写试验细则，细则以试验大纲为依据，对试验程序和操作进行了细化，包含以下要素：

（1）概述［说明编制细则（调试细则）的依据、用途、适用范围］。

（2）试验目的（说明试验应达到的目的）。

（3）试验条件（说明试验应具备的条件，如场地要求、环境要求、设备要求、使用文件等）。

（4）试验准备（说明试验前应做的准备工作，一般包括设备、工位等的准备，要具体、详细）。

（5）试验项目与步骤（规定试验项目的顺序，每一个项目的内容、步骤及注意事项，试验内容和注意事项应具体到每个步骤）。

（6）试验记录（以表格形式列出试验过程中的记录要求，也可以附录形式单独列出）。

（7）注意事项及应急处理（提出安全、操作方面的注意事项，以及试验过程中出现异常情况的处理方法，要具体并具有较强的可操作性）。

（8）其他事项。

试验数据记录表在编写试验大纲和试验细则时通常作为附表，用于试验过程中记录数据，包含以下要素：

（1）测试内容。

（2）试验环境条件。

（3）被测试件或产品名称、代号及编号。

（4）测试（检测）仪器代号（型号）及编号。

（5）试验（或测试）日期。

（6）试验（或测试）人员及参加者等。

试验报告是对试验情况的总结，至少要包含以下内容：

（1）试验目的。

（2）试验性质。

（3）试验项目要求及判据。

（4）试件技术状态（对试件试验状态进行描述，最好配以照片进行说明）。

（5）试验参数、试件及试验特殊条件的说明。

（6）试验方法、设备和程序的说明。

（7）试验安装图或照片，要图文并茂地将试件安装状态描述清楚。

（8）试验设备清单（主要是参试设备，用列表的形式说明试验设备状态，如设备名称、型号、制造商、出厂编号、检定情况、试验场所、试验人员等信息）。

（9）传感器的安装位置、测试精度、工作情况等。

（10）测试系统的工作流程描述、工作情况描述。

（11）试验数据记录与分析。

（12）如果出现试验中断，则对试验中断情况加以说明。

（13）试验结果及分析（试验结果包含环境条件、试件的响应、试验环境下试件的功能和使用性能；结果分析包含施加环境与试件的响应、功能和使用性能之间的相关性分析，以及试验目的、试验过程、试验目标之间的关系等）。

（14）结论（给出与试验判据对比后的肯定结论）。

3.5.2　温度试验

温度试验包含高温试验和低温试验，高温试验又分为高温工作试验和高温贮存试验，同样的，低温试验也分为低温工作试验和低温贮存试验。进行温度试验的目的主要有两个：考核产品经历极端温度恢复到常温的工作性能；考核产品在极端温度下的工作性能。

温度试验对于发射装置而言必不可少。发射装置往往暴露在外，遇到极端恶劣天气时，发射装置对温度的响应最为强烈。高温往往会改变产品所用材料的物理性能或尺寸，会暂时或永久性地降低产品性能。从某种程度上说，低温比高温危害更大，低温几乎对所有的基体材料都有不利影响。对于暴露于低温环境的产品，由于低温会改变其组成材料的物理特性，很有可能影响产品的工作性能并造成永久性的损害。因此，只要产品不是在标准大气条件下工作，都应该进行温度试验，以考量产品的温度效应。

1. 高温试验

1）试验目的

开展高温试验的目的是确定发射装置在高温条件下贮存和工作的适应性。这里的高温条件是指时间相对较短、整个试件热分布均匀的热效应。然而，对于长期暴露在高温条件下，产品性能随着时间增长而劣化的情况不适用；对于太阳辐射升温条件下，产品温度有明显梯度的情况不适用；对于高速运行产生的气动加热效应不适用。这些条件下的温度效应需要进行专项试验进行考核。

高温条件下，发射装置最常发生的问题有：

（1）材料因温度升高而膨胀，导致零部件配合咬死，尤其是运动部件会因此而失去功能。

（2）非金属材料、密封材料产生变形导致性能劣化、密封破坏。

（3）电动机构等电动部件过热，影响其工作性能和寿命。

（4）密闭空间压力升高，导致承压较弱或刚度较差部件产生破坏或变形。

（5）有机材料褪色、裂解或产生龟裂纹等。

进行高温试验，就是为了检查在规定的温度上限值条件下，产品是否会发生上述问题。

2）试验条件

（1）温度。温度条件的确定要考虑产品贮存和使用的地域气候条件、产品暴露条件等因素。世界范围内，基本热与热两种气候类型的高温循环数据见表 3 - 4 和表 3 - 5。

表 3 - 4　高温日循环

时间	气候类型							
	基本热				热			
	环境空气条件		诱发条件		环境空气条件		诱发条件	
	温度/℃	相对湿度/%RH	温度/℃	相对湿度/%RH	温度/℃	相对湿度/%RH	温度/℃	相对湿度/%RH
1：00	33	36	33	36	35	6	35	6
2：00	32	38	32	38	34	7	34	7
3：00	32	41	32	41	34	7	34	7
4：00	31	44	31	44	33	8	33	7
5：00	30	44	30	44	33	8	33	7
6：00	30	44	31	43	32	8	33	7
7：00	31	41	34	32	33	8	36	5
8：00	34	34	38	30	35	6	40	4
9：00	37	29	42	23	38	6	44	4
10：00	39	24	45	17	41	5	51	3
11：00	41	21	51	14	43	4	56	2
12：00	42	18	57	8	44	4	63	2
13：00	43	16	61	6	47	3	69	1
14：00	43	15	63	6	48	3	70	1
15：00	43	14	63	5	48	3	71	1
16：00	43	14	62	6	49	3	70	1
17：00	43	14	60	6	48	3	67	1
18：00	42	15	57	6	48	3	63	2
19：00	40	17	50	10	46	3	55	2
20：00	38	20	44	14	42	4	48	3
21：00	36	22	38	19	41	5	41	5
22：00	35	25	35	25	39	6	39	6
23：00	34	28	34	28	38	6	37	6
24：00	33	33	33	33	37	6	35	6

注：（1）这些值代表了在该气候类型中的典型高温日循环条件，诱发条件是指装备在贮存或运输状态下可能暴露于其中的，由日晒而加剧的空气温度条件。

（2）高温试验期间通常不必控制湿度，这些值只在特殊情况下使用。

表 3 - 5　高温日循环温度变化范围　　　　　　　　　　　　　　℃

气候类型	地理位置	周围空气温度	诱发温度
基本热	亚洲、美国、墨西哥、非洲、澳大利亚、南美洲、西班牙南部和西南亚外延的许多地方	30 ~ 43	30 ~ 63
热	北非、中东、巴基斯坦、印度、美国西南部、墨西哥北部	32 ~ 49	33 ~ 71
注：温度和湿度日循环数据见表 3 - 4。			

产品暴露条件也直接影响产品贮存和工作的温度条件。

①如果产品处于完全暴露状态，即无任何保护性遮蔽的情况下，此时为产品所经历的最严酷条件。

②如果产品处于有遮挡状态，如处于舰船甲板以下，类似美国 MK - 41 装载的发射箱就处于甲板以下；或处于封闭的车体内、遮阳板下、伪装篷布内、地面下的发射井内。此时，发射装置的温度条件要比完全暴露优越许多。

气候与暴露状态仅仅考虑了大气温度因素。在实战中，发射装置与周围设备的位置关系也会影响到温度条件，如因玻璃反射导致强化的太阳辐射效应，空调排风口、电动机、发动机、高密度电子封装件等产生的辐射，对流使发射装置附近局部温度升高。这些条件如果长期作用也会影响产品性能，因此在进行温度试验时也要详加考虑。

（2）试验持续时间。从发射装置贮存和工作的状态来看，高温作用时间有恒温作用和循环作用两种方式。

恒温条件通常规定：在试件暴露于高温环境中达到温度稳定后，再至少保持试验温度 2 h。

而对于循环条件，则按照贮存和工作两种工况分别考虑。贮存条件下，至少进行 7 个循环，每个循环 24 h，每个循环中出现最高温度的时间约为 1 h。工作条件下，循环次数略低，但不低于 3 个循环，如果 3 个循环未出现温度响应，可以适当增加循环次数。

对于温度和持续时间，通常在发射装置的研制中，会有指导文件进行详细规定，如产品的保管环境条件。当文件规定与上述描述不同时，应按照指导文件开展工作。

3）试验设备

试验对象为发射装置，主要试验设备为能够容纳发射装置的试验箱（室）。试验箱（室）配备辅助仪器，辅助仪器应能保持和监控试件周围的空气高温条件，连续记录试验箱温度的测量值，必要时还能够连续记录试件的温度测量值。通常，辅助仪器由温度传感器、数据采集设备及电缆组件组成。

4）试验程序与方法

高温试验程序分为两部分，第一部分为高温贮存试验，第二部分为高温工作试验。通常先进行高温贮存试验，后进行高温工作试验。前者是考核产品经历高温后恢复到常温时的工作性能，后者是考核产品在经历高温过程中的工作性能。

（1）高温贮存试验。

①试验前准备。试验开始之前，需根据有关文件确定试验程序、试件的技术状态、循环次数、试验持续时间、试件贮存/工作环境参数值等。试验前还应进行基线数据（含外观、电气性能、机械性能，尤其是功能部件的数据）检测。

②试件安装。若无其他规定，试件在试验设备中应模拟实际使用状态安装、连接，并按需要附加测试设备。实际工作中使用而试验中不用的插头、外罩级检测板应保持原状。实际工作中加以保护，而试验中不用的机械或电气连接处应加以适当的覆盖。对于要求控制温度的试验，试件应当在正常试验的标准大气条件下进行安装，并尽可能安装在试验设备中央。如果规定试件在试验过程中需要工作，则安装时应满足工作要求。被安装的试件之间，及试件与试验箱（室）壁、箱（室）底与箱（室）顶之间应当有适当间隔，使空气能自由循环。试件安装完后，如需要，应工作并进行检查，不应发生因安装不当而造成故障。

③正式试验。

a. 循环贮存试验步骤：

a）确认试件处于贮存状态。

b）试验箱（室）内的环境温度调节到试验开始阶段的试验条件，并在该条件下使试件温度达到稳定。

c）试件暴露于贮存循环的温度条件下，暴露持续至少7个循环，24 h 1个循环（如有特殊规定，可按规定执行），必要时，记录试件的温度响应。

d）循环温度暴露结束后，将试验箱（室）内空气温度调节到标准大气条件，并保持该状态，直至试件温度稳定。

e）对试件进行检查，记录结果，与基线数据进行比较后给出试验结论。

b. 恒温贮存试验步骤：

a）确认试件处于贮存技术状态。

b）调节试验箱（室）的环境至规定的试验条件，并在该条件下使试件温度达到稳定。

c）试件温度达到稳定后再继续保持试验温度至少2 h，以确保测量不到的内部元（部）件的温度真正达到稳定。

d）恒定温度暴露结束后，将试验箱（室）内的空气温度调节到标准大气条件，保持该状态直至试件温度稳定。

e）检查试件并进行结果记录，与基线数据比较，给出试验结论。

（2）高温工作试验。

①试验前准备。高温工作试验的预处理、基线数据检测和试件安装要求与高温贮存试验相同。

②正式试验。

a. 恒温工作试验步骤。试验前期准备、试验过程、数据记录及试验后恢复与恒温贮存基本一致。不同的是在高温温度稳定时需要让试件工作，并检查试件的工作性能。

b. 高温循环工作试验步骤。试验的前期准备、试验过程、数据记录、试验后恢复与高温循环贮存基本一致。不同的有两点：试件暴露在高温环境中的时间不同，工作试验至少暴露 3 个循环；试件在暴露循环的最高温度响应时使试件工作，检查试件在最高温度状态下的工作性能。

5）试验数据处理与结果评定

试验数据主要来自 3 个阶段：试验前测试的基线数据；试验过程中记录的过程数据；对照试验目的，在试验条件下测试的试验数据。基线数据作为基准，过程数据作为参考，以便控制试验的进程，做出试验中断还是继续的判断，最终的试验数据用于最终试验报告的编写，以及回答试验是否达到目的。技术人员和试验人员应认真收集试验数据，任何与试验相关的数据最终都有可能成为分析问题的关键。

数据一般包含以下内容：

（1）发射装置在极端温度下进行贮存和工作试验后的非破坏性检查的结果。

（2）发射装置在极端高温下工作性能下降或改变的情况。

（3）前述发射装置在高温条件易发生的问题是否有体现。

（4）对发射装置高温条件的工作程序及工具使用进行特殊规定的必要性。

2. 低温试验

1）试验目的

开展低温试验的目的是考核发射装置在低温条件下贮存、工作及拆装操作的适应性，深入了解低温条件对产品工作性能、安全性及完整性的影响。

低温几乎对所有的基体材料都有一定的影响，对于发射装置而言，低温条件导致发射装置产生的常见问题如下：

（1）材料的硬化和脆化。

（2）异种材料制成的零件因温度降低时收缩率不同，导致零件咬死、干涉。

（3）润滑油之类的流体在低温下流动性降低、黏度增加，润滑作用有所降低。

（4）减震系统刚性增加，影响减震效果。

（5）密闭空间内压力降低，导致某些部件受压不均或承受负压，密闭空间内的相对湿度会大幅上升等。

（6）低温下，操作人员着装变化引起狭小空间内操作不便等。

2）试验条件

（1）温度。试验温度的确定与高温类似，由产品使用地域的气候条件和暴露条件决定。

表3-6列出了世界范围内的低温循环范围摘要。表3-7列出了低温极值出现的概率。

表3-6 低温循环范围摘要   ℃

类 型	地理位置	温 度	
		环境空气	诱发环境
微冷 （C0）	主要受海洋影响的西欧海岸区、澳大利亚东南部、新西兰的低洼地	-19 ~ -6	-21 ~ -10
基本冷 （C1）	欧洲大部分地区、美国北部边界区、加拿大南部、高纬度海岸区（如阿拉斯加南部海岸）、低纬度区的高原地带	-31 ~ -21	-33 ~ -25
冷 （C2）	加拿大北部、阿拉斯加（其内陆除外），格陵兰岛（"冷极"除外），斯堪的纳维亚北部，北亚（某些地区），高海拔地区（南北半球），阿尔卑斯山，喜马拉雅山，安第斯山	-46 ~ -37	-46 ~ -37
极冷 （C3）	阿拉斯加内陆、尤卡（加拿大）、北方岛的内陆（加拿大）、格陵兰冰帽、北亚	-51	-51

表3-7 低温极值出现概率

中国的低温极值*		世界范围的低温极值	
低温/℃	出现概率/%	低温/℃	出现概率/%
-41.3	20	-51	20
-44.1	10	-54	10
-46.1	5	-57	5
-48.8	1	-61	1

注：标 * 数据来自 GJB 1172.2—1991《军用设备气候极值 地面气温》，这里的"出现概率"是指时间风险率。

虽然低温环境通常是周期变化的，但多数情况下只进行恒定低温试验。除非在设计评估时认为产品暴露于低温变化环境下的性能非常关键时，才选用循环低温试验。当产品在世界范围内贮存和工作时，需要同时参考表3-6和表3-7，因为仅仅考虑低温极值，不考虑概率，可能会造成过试验条件。

温度还与产品贮存与工作状态下的暴露条件有关，完全暴露、有遮挡、密闭舱内等环境直接影响其环境条件，这些因素也要详加考虑。

通常，发射装置在开展设计时，其装载平台、作战使命已经确定，其贮存与工作的区域也基本确定。因此，在其设计任务书或保管环境条件中会对其贮存和工作的环境温度范围进行明确规定，开展试验时应以此为准。

（2）时间。试验时间与产品实际使用环境条件相关，也与产品自身特点相关。如无特殊要求，发射装置的低温贮存试验持续时间为 24 h，低温工作试验持续时间为 2 h。

3）试验设备

与高温试验相同。

4）试验程序与方法

试验分为贮存和工作两种工况。

（1）低温贮存试验。试验前准备、基线数据测试和试件安装的要求均与高温试验一致。试验程序与方法如下：

①将试验箱（室）内温度调节到规定的低温贮存温度，如无特殊固定，为了避免温度冲击，温度降低的速度不能大于 3 ℃/min。

②试件稳定后，保持此贮存温度一定时间，时间长短应符合大纲要求，允差符合通用要求。

③检查试件，记录数据。

④如果继续进行低温工作试验，则可以按照低温工作试验要求继续开展。

⑤恢复试件至常温状态，恢复过程和试件检查、数据记录要求均与高温试验一致。

（2）低温工作试验。试验前准备、基线数据检测和试件安装要求与低温贮存试验相同。试验程序与方法如下：

①试件按要求放置在试验室内，然后降温到试件最低工作环境温度并保持不变，直至温度达到稳定。

②启动工作，直至试件达到温度稳定或者按有关标准或技术文件规定的工作时间。

③进行中间检测，检测项目和要求由有关标准或技术文件规定。

④低温工作试验的恢复和最后检测要求与低温贮存试验相同。

5）试验数据处理与结果评定

与高温试验相同。

3.5.3　低气压（高度）试验

低气压试验又称为高度试验，是在高海拔地区、飞机增压舱或非增压舱、机外挂飞、暴露于快速减压或爆炸减压环境中工作的设备均要开展的试验，以便考核产品耐受低气压环境、低气压环境快速变化的能力，以及在低气压环境下正常工作的能力。但当海拔高度超过飞机飞行高度（30 km）时，低气压试验就不再适用。

发射装置对低气压环境比较敏感。以陆基车载发射装置为例，由于高原地区气压降低，空气密度下降，水的沸点降低并蒸发很快，给发射车辆的使用带来很多不良后果。如发动机的冷却效率降低，功率下降，燃油量增加，发动机的启动和燃烧不稳定，下坡时，制动蹄衬片温度可达350 ℃~400 ℃，使摩擦系数降低，制动距离增加，低气压电弧及电晕放电引起电气设备误动作，电气开关元件易损等；车载发射箱（筒）同样受到高海拔低气压的影响，发射箱箱盖平时需要保持箱体的气密，当海拔增高，外部气压降低，箱盖受到的反向压力增大，很容易破坏发射箱的气密性，使其内部导弹（火箭）的贮存环境劣化。

为了考核发射装置对低气压环境的适应性，需做低气压（高度）试验。

1. 试验目的

考核发射装置耐受低气压环境、低气压环境快速变化的能力，以及发射装置在低气压环境下正常工作的能力。

发射装置在低气压环境下可能出现的问题如下：

（1）密封失效问题。如密封垫密封的箱体漏气、真空密封失效等。

（2）密闭容器变形问题。由于密闭容器内部压力不变，外部压力变化导致容器所承受的有效压差增大，从而产生容器变形、破损或破裂。

（3）材料性能变化问题。如低密度材料的物理和化学性能产生变化影响设备性能，润滑脂蒸发、空气热传导率降低等。

（4）设备工作稳定性问题。如发动机工作稳定性下降，电弧或电晕放电造成设备工作不稳定甚至失灵。

2. 试验条件

试验条件包括四大要素：试验压力、高度变化速率、快速减压时间和试验持续时间。

1）试验压力的确定

试验压力通常按照产品预期的使用或飞行剖面来确定。如果相关文件没有明确规定，可参考以下原则：

（1）地面设备的压力值按照最大高度4 570 m来确定（对应的大气压力为57 kPa）。

（2）与飞机相关的设备。开展不同的试验，压力设置也不相同。与飞机相关的设备，通常要做贮存/空运、工作/机外挂飞、快速减压和爆炸减压四种试验。在进行贮存/空运与工作/机外挂飞试验时，机舱压力为4 570 m高度对应的压力。在进行快速减压和爆炸减压试验时，机舱起始压力采用与2 438 m高度对应的压力（75.2 kPa），减压后的机舱内最终压力采用与 12 192 m 高度相对应的压力（18.8 kPa）。

2）高度变化速率的确定

试验应尽量按照实际的高度变化速率（爬升/下降速率）进行，如实际数据未知，则推荐按照国家军用标准提供的指导性数据开展试验，即军用运输机全推力起飞时，其平均高度变化速率通常为 7.6 m/s，在试验中均采用 10 m/s 的高度变化速率。

3）快速减压时间的确定

快速减压有两种情况，两种情况的时间相差很大。

（1）飞机受到重大损坏，但幸免于坠毁，此时发生的减压实际上是在瞬间发生的，它在 0.1 s 甚至更短的时间内完成。

（2）外来物产生的相对较小的损伤，由此产生的快速减压时间略长，但不大于 15 s。

4）试验持续时间的确定

试验持续时间同样应遵循产品在低气压环境中的预期使用时间，但对于试验而言，按照预期使用时间有时就显得太长了。通常，如果没有特殊规定，贮存/空运试验时间至少持续 1 h，而其他试验只要持续到所要求的各项性能测试完毕即可。

3. 试验设备

试验对象为发射装置。试验设备包括一个可以容纳发射装置的试验箱（室），并配套有辅助仪器，用于调节、控制、检测和记录试验环境数据。

4. 试验程序与方法

进行低气压试验的试验前准备、基线数据测试和试件安装工作基本与温度试验一样，不再赘述。

如前所述，进行低气压试验的方法与产品实际工作的环境有关，按照不同使用环境，可分为四种试验程序。

1）贮存/空运试验程序

（1）使试件处于贮存/空运技术状态，如需要密封充气的必须按要求密封充气。

（2）按照要求的高度变化速率调节试验箱（室）内的空气压力，直至达到与所要求的试验高度相对应的压力。

（3）保持压力至少 1 h，如果有相关文件明确规定持续时间，则按照相关文件执行。

（4）按照要求的高度变化速率调节试验箱（室）内的空气压力，恢复到标准大气条件压力。

（5）检测试件工作性能，记录结果，并与基线数据对比。

2）工作/机外挂飞试验

与贮存/空运试验程序一样，只是将步骤（3）改为"在达到与所要求的试验高度相对应的压力时，检测试件工作性能，并记录"。

3）快速减压试验程序

基本步骤与前两项试验程序一样，只是要注意：

（1）增加了初始压力要求。试件准备就位后，先要将试验箱（室）内的空气压力调节至与 2 438 m 高度对应的压力（75.2 kPa），作为试验的初始压力。

（2）降压速度提高了。要求在不超过 15 s 的时间内，使试验箱（室）内的空气压力降至相关文件规定的最大飞行高度所对应的压力，然后稳定保持至少 10 min。

4）爆炸减压试验程序

与快速减压相比，爆炸减压试验的压力变化速率更快。要求在不超过 0.1 s 的时间内，试验箱（室）内的空气压力降到相关文件规定的最大飞行高度对应的压力值。其他要求和步骤与快速减压试验一致。

5. 试验数据处理与结果评定

试验结束后，需要将试验数据与试验前测得的基线数据进行比较分析，从而对发射装置耐受低气压条件、低气压快速变化条件的能力，以及在低气压条件下的工作性能进行评估。

对于贮存/空运、工作/机外挂飞试验而言，试件无明显损坏，工作正常即可认为试验成功。对于快速减压和爆炸减压试验而言，只要试件未对平台造成危害，即可认为试验成功。

3.5.4 太阳辐射试验

太阳辐射是露天设备常见的环境条件。太阳辐射对于发射装置而言，其危害主要体现在太阳辐射产生的热效应和光化学效应两个方面。

太阳辐射产生的热效应与高温产生的热效应不同，太阳辐射产生的热效应具有方向性，且有明显的热梯度。因此，除了高温产生的热效应以外，太阳辐射会导致发射装置产生如下变化：

（1）功能失效。由于热梯度和不同部件材料膨胀率不同，导致活动部件卡死或松动、联动装置失灵、密封完整性破坏、电触点过早动作等。

（2）性能变化。如焊接和胶粘部位的强度降低、强度和弹性发生变化、合成橡胶和聚合物性能发生变化、表面涂层气泡脱落和分层、合成材料热析等。

（3）操作问题。因温度升高，导致产品的操作困难。

太阳辐射产生的光化学效应也不容忽视，太阳光中的紫外线长时间照射设备，会产生光化学效应。光化学效应的速率一般会随着温度升高而加快，导致发射装置产生以下变化：织物材料和塑料做成的零部件颜色变化；涂层开裂、粉化和变色；较短波长辐射引起的光化学反应会导致天然橡胶、合成橡胶和聚合物劣化等。

以中国海军现役装备在索马里护航行动中的表现看，太阳辐射对发射装置的危害非常大，上面列举的仅是比较典型的现象。

1. 试验目的

确定发射装置在太阳辐射条件下产生的热效应和光化学效应，以此指导产品设计，并作为维护、维修方案制定的依据之一。

为了达到目的，太阳辐射试验通常分为循环试验和稳态试验两种方式。前者侧重热效应，它将试件暴露于模拟实际最大两级的太阳辐射中，24 h 为 1 个循环；后者侧重于加速太阳辐射产生的光化学效应，是一种加速试验状态，它将试件暴露于强化的太阳辐射载荷中，强化量级约是正常值的 2.5 倍，也是 24 h 为 1 个循环，每个循环含有 4 h 无辐射期，以加速来实现在正常太阳辐射载荷下需要较长时间才能积累起来的光化学效应。

2. 试验条件

试验条件包括五大要素：日循环参数、持续时间、相对湿度、风速和光谱分布。该试验并不适用于产品被遮挡或覆盖的情况，因此，试验条件确定的前提是产品完全暴露在太阳辐射之下。

1）日循环参数的确定

在循环试验中，需要确定日循环参数。参数应根据产品预计经受的气候环境或产品装备后的实测数据来确定。但大多数情况下，产品研制过程中，这些参数很难准确给出，因此这里推荐 GJB 150.7A—2009 规定的三种高温日循环参数。

（1）峰值条件为 1 120 W/m^2 和 49 ℃，这代表了世界范围内的最热条件，在最热地区最热月份中出现和超过这一条件的小时数不超过 1%。例如，中国新疆的沙漠地区、北非炎热与干燥的沙漠地区等。

（2）峰值条件为 1 120 W/m^2 和 44 ℃，这代表了较不严酷的条件，其所在地区具有高温和中等偏低的湿度，并伴随高强度太阳辐射。例如，中国的大部分地区、欧洲最南部、北非沿海及美国南部。

（3）峰值条件为 1 120 W/m^2 和 39 ℃，这代表了更不严酷的条件，其所在地区在一年中部分时间经历中等偏高温和中等偏低的湿度。

2）持续时间的确定

选择循环试验或是稳态试验，持续时间会有所不同。前者至少进行 3 次循环，最多进行 7 次循环，每次循环时间 24 h。后者循环次数与模拟的自然环境有关，1 次 24 h 循环相当于 1 次 24 h 自然太阳辐射日循环的 2.5 倍。例如，要模拟 10 天的自然暴露，则进行 4 次循环即可。对于偶然在户外使用的产品，推荐使用 GJB 150.7A—2009 建议的 10 次循环；对于连续暴露在户外条件的产品，推荐至少进行 56 次循环。

3）相对湿度的选择

大多数情况下，湿度、温度和太阳辐射综合对产品造成有害影响。如果发射装置对相对湿度敏感，则在开展循环试验时，需要考虑湿度条件。相对湿度与温度直接相关，在自然环境中相对湿度的量值各不相同。在该试验中，相对湿度值应是实测值，也可参考有关标准。

4）风速的选择

风会带走发射装置表面的热量，对太阳辐射的热效应影响较大，直接影响试件的最高响应温度。由此，也可以逆向考虑，从实测的产品最高响应温度来确定试件试验时的风速。在实际试验中，如果风速不明确，应使风速尽量小。

5）光谱分布的情况

太阳辐射中最为有害的是紫外辐射，在进行试验时，建议使用国际公认的光谱，国际公认的光谱更接近于海拔 4 ~ 5 km 的实际环境。与海平面相比，高海拔地区的太阳辐射有更大比例的紫外辐射。因此，如果发射装置为舰上设备，其在太阳辐射下产生的光化学效应要比高原使用的陆基发射装置弱得多，而在试验时要考虑这个差别。如果采用国际公认的光谱进行试验，试件预期的劣化速度可能比实际在海平面相应光谱产生的劣化速度要快。试验时要通过调整持续时间以避免过试验条件的发生。

3. 试验设备

试验设备包括试验箱（室）、辅助测量仪表和太阳辐射灯。试验箱（室）必须满足一些基本要求：能够保持和检测试验要求的温度、风速和辐照度；箱（室）内壁不能产生辐射反射；试验箱（室）的容积要足够大，不低于试件外壳体积的 10 倍。

在安装试件时需要一个凸起的支架（或称之为底座）。有时候会要求采用一定厚度的混凝土层或者具有反射和传导性的沙床，更加真实地模拟实际自然环境。

太阳辐射灯包括发射的辐射灯和模拟太阳光谱的辐射灯。前者用于考核产品在太阳辐射下的热效应，后者用于考核产品在太阳辐射下的光化学效应。太阳辐射灯使用（1 120 ±470）W/m^2 的最大辐照度，确保试件受到均匀辐射，并且在试件的上表面所测得的辐照度偏差不超过要求值的 10%。根据试验目的的不同，选择不同的辐射光谱。当需要评估光化学效应时，应保证辐照度在试件表面上的光谱分布与表 3 - 8 所列一致。当评估热效应时，应至少保证所用光谱的可见光和红外线部分符合表 3 - 8 的规定。如果试验条件无法达到表 3 - 8 的要求，允许偏离，但要保证最终得到的热效应与表 3 - 8 所列光谱相同。

表 3 - 8　光谱能量分布和允差

特　性	光谱范围			
	紫外线		可见光	红外线
波长范围/μm	0.28 ~ 0.32	0.32 ~ 0.40	0.40 ~ 0.78	0.78 ~ 3.00
辐照度/（W·m⁻²）	5	63	560	492
辐照度允差/%	±35	±25	±10	±20

注：到达地球表面波长小于 0.30 μm 的辐射量很少，但对材料的劣化效应可能很显著。如果装备在自然环境中不会受到波长小于 0.30 μm 的短波辐射而在试验中受到这种辐射时，其材料可能产生不必要的劣化；与此相反，如果装备在自然环境中会受到波长小于 0.30 μm 的短波辐射而在试验中没有受到这种辐射时，会导致本来不合格的材料可能通过试验。这完全取决于材料的特性及其使用的自然环境条件。

对于辐射灯的选择，这里给出推荐的种类，但不局限于这些。使用这些辐射灯的时候，还要配备滤光器，使得辐射在试件表面的光谱与表 3 - 8 所列的一致。

（1）对于评价光化学效应和热量积累导致装备材料劣化和降解的试验，可选用以下辐射灯中的一种。

①金属卤化物灯等（用于全光谱）。

②氙弧灯或带有合适反射器的汞氙弧灯。

③高压钠蒸气灯与汞蒸气灯（带合适反射器）的组合。

④高亮度多元蒸气灯、汞蒸气灯（带合适反射器）和白炽聚光灯。

（2）对于只评价热效应（非光化学效应）的试验，可使用以下辐射灯中的一种。

①汞蒸气灯（仅带有内反射器的类型）。

②白炽聚光灯和管状汞蒸气灯（带有外反射器）的组合。

③白炽聚光灯和汞蒸气灯（带有内反射器）的组合。

④金属卤化物灯。

⑤氙弧灯或汞氙弧灯（带有合适反射器）。

⑥多元蒸气灯（带有合适反射器，灯泡透明或有涂覆）。

⑦钨丝灯。

⑧其他发热灯。

4. 试验程序与方法

1）试验前准备

试验前准备包括试验设备技术状态确认、试验程序确认、试验条件确认和基线数据测试记录。

试验设备技术状态确认包括被试产品与实际使用状态一致、参试设备状态满足试验要求、产品表面清洁、测试仪器检定合格和试验箱经过校准。试验程序应按照试验大纲要求明确试验是着重于太阳辐射产生的热效应还是着重于加速太阳辐射产生的光化学效应。在相应的试验程序下，明确试验条件。在标准大气压下，对试件进行外观检查，尤其注意应力较为集中的部位，如蒙皮的弯角处，并记录检查结果。有些产品还要求进行工作性能检测。

2）试件安装

将试件安装在试验箱（室）内，尽可能放置在试验箱（室）的中心，试件表面距离任一箱（室）壁不小于0.3 m，当辐射灯调整到试验所需的最近位置时，试件距离辐射灯不小于0.76 m。安装时应注意，试件的取向应遵循易损部位朝向辐射灯的要求，有特殊规定除外。当多个试件同时参试时，相互之间的位置关系应是实际使用的关系，不能存在相互遮挡或妨碍空气流动的情况。

3）正式试验

按照试验目的的不同，分为两种程序。

（1）着重于太阳辐射产生的热效应，为循环试验。

①在无辐射的情况下将试验箱（室）空气温度调节到温度循环的最小值。

②按图3-4或技术文件的规定控制试验箱（室）的辐照度和温度，在整个试验期间测量并记录试件温度。当试验装置不能按图3-4的连续曲线进行控制时，只要每次循环的总能量和光谱能量的分布符合表3-8的规定，则可以在每次循环的上升段和下降段分别采用至少4个量值（8个量值更好）来分段增加和降低太阳辐照度，使其近似于图3-4的连续曲线。

③循环次数可以按照以下标准进行选择：

a. 试件的最关键部位在某循环期间达到的响应温度峰值与前一次循环期间达到的响应温度峰值之差在2 ℃以内所需的循环次数最少（不超过7次）。

b. 3次连续循环。

c. 技术文件规定的循环次数（不超过7次）。

d. 以上取最大值进行试验。

④试验期间，试件是否工作取决于产品特点，如果有必要，则在循环温度达到峰值时使试件处于工作状态。

⑤将试验箱（室）空气温度调节到标准大气条件并保持到试件的温度稳定为止。然后对试件进行全面检查，并与基线数据进行对比，必要时可对试件拍照并提取试件的材料样本。

（2）着重于太阳辐射产生的光化学效应，为稳态试验。

①将试验箱（室）空气温度调节到技术文件规定的温度。

②将辐射灯的辐照度调节到（1 120 ± 470）W/m^2［按图3-5控制试验箱（室）

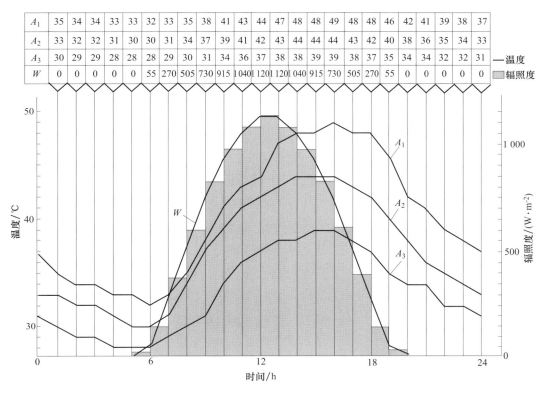

A_1	35	34	34	33	33	32	33	35	38	41	43	44	47	48	48	49	48	48	46	42	41	39	38	37
A_2	33	32	32	31	30	30	31	34	37	39	41	42	43	44	44	44	43	42	40	38	36	35	34	33
A_3	30	29	29	28	28	28	29	30	31	34	36	37	38	38	39	39	38	37	35	34	34	32	32	31
W	0	0	0	0	0	55	270	505	730	915	1040	1120	1120	1040	915	730	505	270	55	0	0	0	0	0

图 3-4　循环试验中，辐照度、温度与时间的对应关系

注：A_1、A_2、A_3 为三种工况对应的温度值，W 为辐照度值。

的辐照度和温度〕或产品规范规定的量值。

　　③保持这些条件达 20 h，测量并记录时间温度。

　　④关闭辐射灯 4 h，若需要，则在每次循环的无辐射期间，且试件温度最高时进行工作检测。

　　⑤按照技术文件明确规定的循环次数重复上述步骤。

　　⑥将试验箱（室）内温度调节至标准大气条件并保持，直至试件温度达到稳定为止。然后对试件进行全面检查，并与基线数据进行对比，必要时可对试件拍照并提取试件的材料样本。

　　5. 试验数据处理与结果评定

　　在循环试验中，温度峰值条件下和恢复到标准大气条件后，试件性能和特性的改变都不能出现不满足产品规范要求的情况，对于不影响性能、寿命和要求特性的热效应只作为观察资料记录下来。

　　在稳态试验中，试件性能和特性（如颜色或其他表面状态）的改变不能出现不满足产品规范要求的情况，对于不影响性能、寿命和要求特性的光化学效应只作为观察资料记录，试件的变色有可能导致试件内部产生更高的热效应，需要认真分析研究。

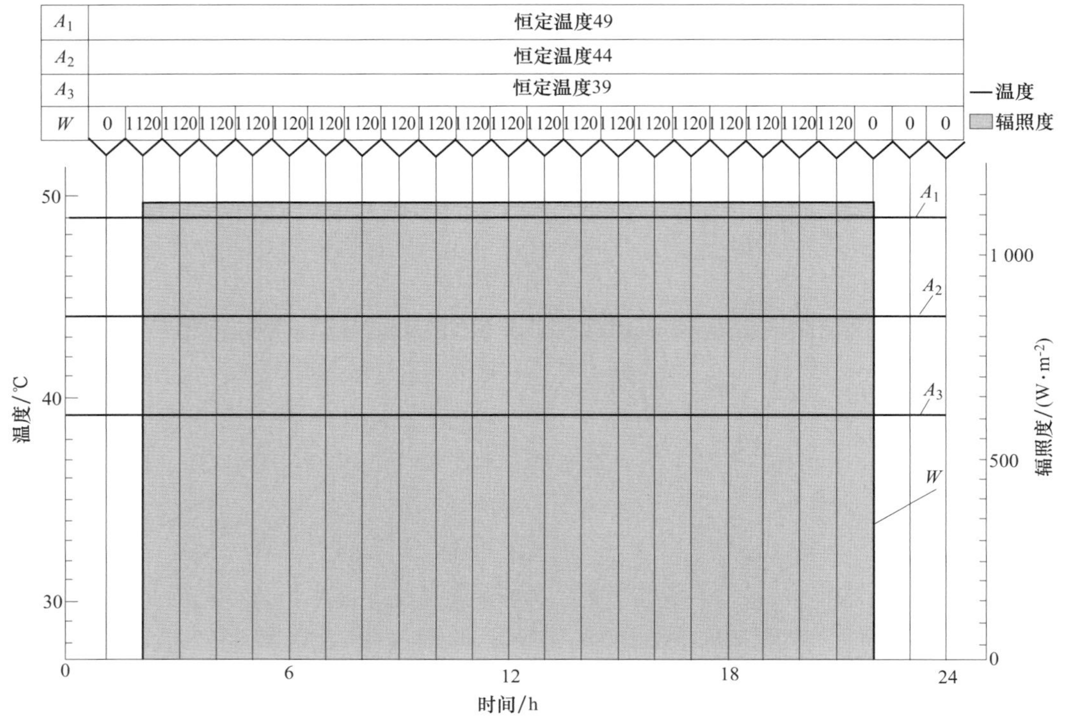
A_1 恒定温度49
A_2 恒定温度44
A_3 恒定温度39
W 0 1120 1120 1120 1120 1120 1120 1120 1120 1120 1120 1120 1120 1120 1120 1120 1120 1120 1120 1120 1120 0 0 0
—温度
辐照度
温度/℃
50
40
30
辐照度/(W·m⁻²)
1 000
500
0
A_1
A_2
A_3
W
0
6
12
18
24
时间/h

图 3-5　稳态试验中，辐照度、温度与时间的对应关系

注：A_1、A_2、A_3 为三种工况对应的温度值，W 为辐照度值。

3.5.5　淋雨试验

淋雨是发射装置常见的自然环境。在贮存、运输和使用过程中遭到淋雨、水喷淋或滴水以后，产品是否能够保持功能和性能的稳定是开展淋雨试验所要确定的问题。该试验适用于淋雨、水喷淋和滴水环境，如果产品在此前已经经历了浸渍试验的考核，就不需要再开展淋雨试验了。

淋雨环境会给发射装置带来一些不利影响，例如：

（1）淋雨碰撞冲蚀产品表面。

（2）由于雨水浸湿，产品质量下降。

（3）产品内部进水，绝缘特性降低。

（4）某些材料因泡水而降低强度或泡胀，金属材料锈蚀可能性增大，产生腐蚀甚至导致霉菌生长。

（5）电气、电子设备不能工作或不安全等。

按照淋雨的量及强度不同，试验分为三种：降雨与吹雨、强化降雨和雨滴。当发射装置使用环境为户外，且自身没有防降雨和吹雨措施，则进行降雨与吹雨试验；如果发射装置尺寸较大，不能采用降雨与吹雨装置进行环境模拟时，采用强化降雨试验，这种情况下，产品防水性的可信度较高；如果发射装置通常能够防雨，但可能由于上表面泄漏产生滴水，则进行雨滴试验。

1. 试验目的

开展淋雨试验的目的在于考察产品对淋雨环境的适应性，确定淋雨环境是否会对发射装置产生以下影响。

（1）产品防水设计的有效性，如果设计有除水功能，则同时考核除水设计的有效性。

（2）产品暴露水中及暴露之后，其性能是否发生变化。

（3）产品在该环境下是否会受到物理伤害。

2. 试验条件

淋雨试验条件要考虑的因素较多，如降雨强度、雨滴尺寸、风速、试件暴露面、水压、预热温度、试验持续时间等。

1）降雨强度

降雨强度应根据预期使用场所和持续时间进行确认。没有特别规定的情形下，降雨与吹雨试验推荐降雨强度为 1.7 mm/min。

2）雨滴尺寸

进行降雨与吹雨、强化降雨试验时，雨滴直径为 0.5～4.5 mm；进行雨滴试验时，试验装置采用分撒管，可将小雨滴增大到最大限度。

3）风速

暴雨条件下，风速为 18 m/s 左右。如果试验装置不能限制风速，则应提高降雨强度，进行强化降雨试验。

4）试件暴露面

如果试件表面为垂直表面，则风吹雨的影响会比较明显；如果试件表面为水平表面，雨垂直或接近垂直地落在试件表面，则影响会较小。因此，在试验过程中，应使试件转动起来，让试件可能被雨淋到的所有表面都暴露于试验条件下。

5）水压

在强化降雨试验当中，水压是重要的参数，试验时要按照大纲要求适当改变压力，但最小喷嘴压力不低于 276 kPa。

6）预热温度

试件与雨水之间的温差能影响淋雨试验结果，尤其是对于密封结构。试验前应对试件进行预热，使其温度加热到高于水温 10 ℃，这样试件会产生负压，密封结构的环境更为恶劣，此时进行淋雨试验可更好地检验试件的水密性。

7）试验持续时间

对发射装置而言，水的渗透，以及由此导致的性能退化主要是由产品在淋雨环境中暴露的时间长短决定的。因此，对于不同类型的发射装置，淋雨试验持续时间也会不同。通常，根据产品的使用寿命来决定试件暴露持续时间，持续时间在条件允许的情况下还可以适当延长，以便在试验中充分检验产品对淋雨环境的适应性。

3. 试验设备

不同的试验形式，试验设备也有所不同。但总的来说，进行淋雨试验必须有容积足够大的淋雨试验箱（室），试验箱（室）内有淋雨设备，保证产生一定速率的降雨，备有水分配器，以便确保试件表面能够充分淋到，加上辅助装置来控制雨滴的直径。试验箱（室）还应备有风源和控制风向、风速的设备，以及加温设备和测试设备。

4. 试验程序与方法

1）试验前准备

试验前准备主要有三部分：检查试件状态是否与工作状态一致；检查淋雨试验过程中用到的设备是否状态正常；进行试验前基线数据检测，记录试验条件和试件的初始状态数据。试验条件的记录非常重要，前述试验条件的几个要素均要详细记录。

2）试验

（1）降雨与吹雨试验。

①预热试件，使其温度高于雨水温度，或降低水温至试件温度以下。

②调整试验参数，按照大纲要求将降雨强度、风速、雨滴尺寸等调整至满足要求。

③保持试验状态 30 min，在试验过程中转动试件，使其试验周期内可能会暴露在吹雨中的任何表面都能暴露在降雨和吹雨中。

④如有可能，在试验箱（室）内进行试件检查，否则可将试件取出后进行检查。

⑤如要试件工作（尤其是涉及电气动作），则先判断是否有水进入试件内部，若有，则先排水，并记录水量，确保无安全隐患后才能让试件工作。

⑥记录检查数据，与基线数据对比。

（2）强化降雨试验。

①试件安装就位，关闭所有门、窗、通风口等。

②按照图 3-6 要求定位喷嘴。

③用水喷淋试件的所有暴露表面，每个面至少 40 min。

④每个 40 min 的喷淋周期后，检查试件内部是否有游离水的迹象，据此估计进水量和进水点。

⑤检查试件，与基线数据对比。

（3）雨滴试验。

①试件安装就位，确保试件温度满足要求。

②使试件工作，并使其以均匀速率承受规定高度不小于 1 m 的降雨 15 min。

③15 min 暴露结束后，从试验箱（室）中取出试件，并卸下可以卸掉的面板或盖

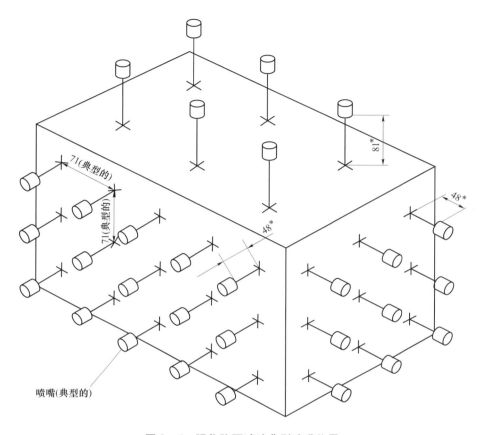

图 3 - 6　强化降雨试验典型喷嘴位置

注：* 为受到重叠的喷淋必要时调节。尺寸单位为 cm，确保喷嘴垂直于表面且位于被喷淋每个表面（易受损部位）上。

板，以便检查内部渗水情况。

④检查试件渗水情况，记录结果。

5. 试验数据处理与结果评定

对照发射装置在淋雨中常见的问题进行检查并记录，检查数据和基线数据对比分析。必要时可在试验后让试件工作，以便验证其在淋雨环境中的适应性。试验后，试件可能会出现允许性能和特性有所降低的情况，可按照产品特点及具体要求给出试验结论。如有些装置较为特殊，绝不允许与水接触，则试验后如果发现其防护壳体渗水，则可以判定产品失效；如产品没有特殊要求，允许轻量渗水，则在试验过程中就需要关注渗水量的检测，对比要求后给出判断。

3.5.6　湿热试验

湿热环境是发射装置常见的自然环境，与温度、太阳辐射和淋雨等自然环境相比，湿热环境更为复杂，它是一种温度、湿度的综合环境。该环境在热带地区常年存在，在中纬度地区则季节性出现。还有一种情况人们常常忽略，那就是在发射装置内部，由于压力、温度和湿度长期作用也会产生湿热环境。

因为湿热环境的复杂性，在实验室里很难模拟，放在自然环境中进行试验，效果虽好，但由于后勤保障、费用和时间等方面的因素又难以实施。因此，技术人员必须了解，湿热试验有其局限性，并不能重现与自然环境相关的所有湿度影响，也不能重现与低湿度环境相关的影响。开展湿热试验的初衷是提供一个通用的应力环境以暴露产品可能出现的问题。也正因为如此，在开展湿热试验时务必注意该试验与其他环境试验的顺序关系。如果湿热试验对同一试件的其他后续试验有影响，则将湿热试验安排在这些试验之后；如果试件已经过盐雾、砂尘或霉菌等试验，则建议采用新试件进行湿热试验，以免前面试验的潜在影响放大了湿热环境的影响。

湿热环境对于发射装置的常见危害有：

（1）表面效应。如电化学腐蚀、摩擦系数改变等。

（2）材料性质变化。如材料吸湿膨胀、物理强度降低、电气绝缘特性改变、复合材料分层等。

（3）凝露或游离水导致的电气短路、光化学表面模糊、热传导特性变化等。

水蒸气在温度低于周围空气露点的表面凝结，成为凝露。凝露会使水蒸气转变为液态水。新型的发射装置一般会在相对密闭的空间增加防潮功能，如利用防潮砂或干燥剂来保持空间的相对湿度稳定。

1. 试验目的

开展湿热试验主要是为了考核发射装置在湿热大气环境中的适应能力，深入了解发射装置所用材料，尤其是关键部件在湿热大气中是否会产生物理和化学变化，使产品性能明显下降，验证发射装置中防潮设计的有效性。

2. 试验条件

湿热试验的试验条件包括试验持续时间、温湿度量值及试件性能检测时机等。

（1）试验持续时间的确定。按照 GJB 150.9A—2009 相关要求，湿热试验以 24 h 为一个循环周期，最少进行 10 个循环。如果对于某些有特殊要求的产品，可以根据具体要求适当延长。通常认为 10 个循环足以展现湿热环境对发射装置的潜在影响。

（2）温湿度量值的确定。温湿度量值如图 3 - 7 所示。

（3）试件性能检测时机的确定。在图 3 - 7 中，还显示了试件性能检测的时机，均在温度下降段。

3. 试验设备

（1）试验箱（室）。试验箱（室）应有排气孔，防止箱（室）内压力升高；应有防护外来污染的措施，不能将任何锈蚀或腐蚀性污染物，以及其他物质引入试验箱

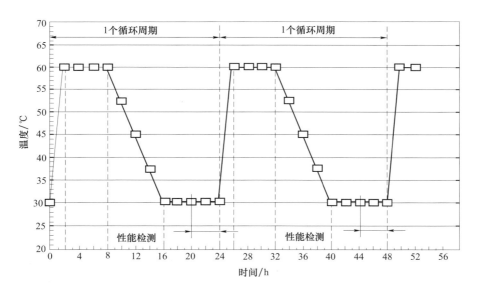

图 3 - 7 湿热循环控制

注：除了在温度下降期间相对湿度可以降低至 85% RH 以外，其他所有时间内相对湿度应保持为（95% RH ±5% RH）。1 个循环周期为 24 h。

（室），否则会使试件劣化或加重试验效果，影响正确判断；应注意试件与试验箱（室）的位置关系，避免箱（室）壁冷凝水落到试件上。

（2）传感器和检测仪器。传感器不能对冷凝水敏感，否则在高湿环境下容易失效。检测仪器主要是数据采集设备。湿度传感器有采用化学敏感元件的固体湿度传感器，也有采用快速反应干湿球传感器或露点测试仪。若采用快速反应干湿球传感器，则需要按照干湿球传感器规定的维护保养要求做好维护工作，每次试验前都要进行检查，确保传感器测试的精度。

4. 试验程序与方法

1）试验前准备

试验开始前，应根据大纲要求确定试件的技术状态和试验条件的具体参数，并检查试验箱（室）功能是否正常，且在标准大气条件下检查试件，获得基线数据。

2）正式试验

（1）调节试验箱（室）内温度至（23±2）℃、相对湿度（50% RH ±5% RH），并保持 24 h。

（2）调节试验箱（室）内温度至 30 ℃、相对湿度 95% RH。

（3）按照图 3 – 7 所示的试验条件暴露试件，开始循环试验。

（4）在试验进行到一半（第 5 个循环）时，可在温度下降段对试件进行性能检测。

（5）在试验进行到最后一个循环（第 10 个循环）时，再次对试件进行性能检测。

（6）调节试验箱（室）温湿度条件，使其达到标准大气条件后，再次对试件进行性能检测。

（7）记录检测数据，与基线数据对比。

3）特殊过程处理

试件性能检测因试件的复杂程度不同，消耗的时间也会有差别，当检测会对试验进程产生影响时，可按照以下原则进行处理：

（1）若检测试件工作性能时需要打开箱（室）门或将试件从试验箱（室）内取出，试件检测时间超过 30 min，则应将试件在 30 ℃和 95 ％ RH 条件下保持 1 h，然后继续检测，直至检测完毕。

（2）若在箱内检测，但试件超过图 3－7 所示的 4 h，则不能按照图 3－7 所示的时间进行后续循环，而是延长时间直至检测完毕，之后再继续进行下一个循环。

5. 试验数据处理与结果评定

通过湿热环境试验可以更加具体地了解到湿热环境对发射装置的性能影响，以便提前采取措施将湿热环境导致的性能下降控制在允许的可接受范围。

3.5.7 盐雾试验

盐雾环境是指大气中由含盐小液滴所构成的弥散系统。盐雾试验是"三防"试验中的一种，分为天然环境暴露试验和人工加速模拟盐雾环境试验两种，用于考核产品耐盐雾腐蚀的性能。

盐雾的形成主要是由于海洋中海水激烈扰动、风浪破碎、海浪拍岸等产生大量泡沫、气泡，气泡破裂时会生成微小的水滴，水滴大部分因重力作用而降落，部分则同涡动扩散保持平衡状态而分布在海面上，当它们随气流升入空中，经裂解、蒸发、混并后演变成含盐液滴构成的弥散系统，即盐雾环境。

盐雾中主要成分为 NaCl，以 Na^+ 和 Cl^- 的形式存在，当浓度和温度达到一定值时，会对金属材料造成严重的腐蚀作用。鉴于此，舰载发射装置和布置在近海环境的发射装置必须在研制阶段进行盐雾试验，以便了解盐雾环境对其材料的腐蚀作用、防护层耐盐雾环境的有效性，以及盐的沉积物对其物理与电气性能的影响。但是，盐雾试验有其局限性，不能用盐雾试验来代替海洋大气环境的腐蚀作用，更不能仅仅用盐雾试验的结果来预测产品的寿命。

盐雾环境对发射装置而言，主要的环境效应如下：

（1）腐蚀效应。如电化学腐蚀、加速应力腐蚀，以及盐在水中电离形成酸性或碱性溶液对产品进行持续腐蚀。

（2）电气效应。如盐沉积物会导致电气设备损坏，沉积物形成导电的覆盖层使得产品绝缘特性下降。

（3）物理效应。盐雾会使产品表面的涂层电解起泡，沉积物使得运动部件阻塞或卡死。

由于盐雾试验会留有沉积物等造成持续影响，一般建议进行盐雾试验的试件不再进行其他环境试验（如湿热、霉菌试验），以便将各因素剥离开来，做出更准确的评价。如果受到实际条件所限，必须采用同一试件，则要将盐雾试验放在湿热、霉菌试验之后。

1. 试验目的

开展盐雾试验主要是为考核发射装置耐盐雾环境的能力。通过试验来确定产品的保护层或装饰层材料选择的正确性，检测评估盐沉积物对装备物理和电气性能的影响，定位潜在问题区域，发现质量控制缺陷和设计缺陷等。

2. 试验条件

试验条件包括盐溶液浓度（文中指质量浓度）、试验持续时间、温度、盐雾沉降率等要素。

（1）盐溶液浓度的确定。盐溶液的浓度一般取（5% ±1%），用水需符合通用要求，务必注意用水质量，防止带来污染或酸碱条件的变化，从而导致不真实的结果。

（2）试验持续时间的要求。大量的试验表明，盐雾的腐蚀作用在从湿润状态转为干燥状态过程中最快，对产品的潜在破坏性最大。为了从严考核产品的耐盐雾环境能力，建议采用喷雾和干燥循环的方式进行试验。

一般喷盐雾 24 h，干燥 24 h，两种状态交替进行，共进行 96 h（2 个喷雾阶段和 2 个干燥阶段），如果有特殊要求或需要加严考核，可以适当延长。

（3）温度的确定。在不同的温度下，盐雾环境的破坏作用也有所不同，试验箱（室）的温度不可能模拟实际暴露温度，按照 GJB 150. 11A—2009 要求，喷雾阶段的试验温度应为（35 ±2）℃。如有特殊要求则可以使用其他适合的温度。

（4）盐雾沉降率的要求。盐雾沉降率也是一个重要指标，试验箱（室）可对盐雾沉降率进行调节，一般规定为每个收集器在 80 cm^2 的水平收集区内（直径 10 cm）的收集量为 1～3 mL/h 溶液。

3. 试验设备

（1）试验箱（室）。使用对盐雾特性没有影响的支撑架（样品架）。与试件接触过的所有部件都需保证不能引起电化学腐蚀。冷凝液不能滴落在试件上。任何与试验箱或试件接触过的试验溶液都不能返回到盐溶液槽中。盐溶液槽应采用不与其发生反应的材料进行制备。试验箱（室）应有排风口以防止试验空间内压力升高。废液要按照国家有关规定进行处理，不得引起环境污染。

（2）盐溶液注入系统。盐溶液经过滤后输送至试验箱（室），试验箱（室）中带有采用专用材料（防止盐沉积堵塞）制成的管路和雾化器，经过雾化器雾化后产生分散均匀而湿润的浓雾。按照经验，试验箱（室）体积小于 0.34 m³ 时，应将喷嘴压力尽可能降低到按所要求的速率喷雾，选择喷嘴的孔径为 $0.5\sim0.76$ mm，按照每 2.28 m³ 的试验箱内，24 h 大约雾化 2.8 L 盐溶液的量进行配给，得到合适的盐雾。当试验箱（室）容积较大时，需要调整参数。

（3）盐雾收集器。每个试验箱（室）至少有 2 个盐雾收集器收集盐溶液样品。一个放置在试件的边缘最靠近喷嘴处，另一个放置在试件的边缘但离喷嘴最远。若使用多个喷嘴，此原则同样适用。收集器的安放位置不应被试件遮蔽，也不能让收集器收集到从试件或其他地方滴落的盐水。

4. 试验程序与方法

（1）试验前准备。试验开始前，和其他环境试验一样，应根据大纲要求确定试件的技术状态和试验条件的具体参数，检查试验箱（室）功能是否正常，并在标准大气条件下检查试件，获得基线数据。

此外还要进行以下工作：

①试件表面清理。试件表面如果有污染物（如油、脂或污物、灰尘等），必须清除，污染物会导致表面水膜破裂。在进行试件表面清洗时，不能引入新的腐蚀性物质（如腐蚀性溶剂），也不能在试件表面形成保护膜，确保试件在试验中没有其他影响因素。

②试验溶液配制。把 5 份质量的 NaCl 溶解于 95 份质量的水中，通过调节温度和浓度来调整和保持盐溶液的密度，如图 3-8 所示。溶液的 pH 可通过电化学法或比色法来确认。

③试验箱（室）关键项目检测。若试验箱（室）在试验前 5 天内没有使用过或者喷嘴未堵塞，则应在试验开始前，在空载条件下调整试验箱（室）的所有试验参数，达到试验要求后，保持此条件至少 24 h，或保持试验条件直至正常的运行状况和盐雾沉降率被确认为止。为确保试验箱工作正常，24 h 后仍要监测盐雾的沉降率。应连续检测和记录试验箱的温度，或每隔 2 h 监测 1 次直至试验开始。

④严格的试件检查。试验前要严格检查基线数据，至少要完成试件高应力区、不同类金属接触的部位、电气和电子部件（特别是相互靠近、没有涂覆或裸露的电路元件）、金属材料表面、已经出现或可能出现冷凝的封闭区域、带有覆盖层或经过表面防腐处理的表面或部件、阴极防护系统、电和热的绝缘体等的检查。检查过程中，可以拍照的最好拍照，以便试验后对比。

（2）正式试验。

①调节试验箱（室）温度为 35 ℃，并在喷雾前将试件保持在这种条件下至少 2 h。

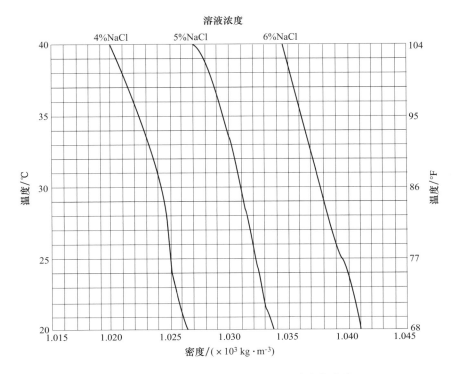

图 3 – 8　NaCl 水溶液的密度随温度的变化曲线

②喷盐雾 24 h 或有关文件规定的时间，在整个喷雾期间，盐雾沉降率或沉降溶液的 pH 至少每隔 24 h 测量一次，保证盐溶液的沉降率为（1 ~ 3）mL/（80 cm² · h）。

③在标准大气条件，以及温度 15 ℃ ~ 35 ℃ 和相对湿度不高于 50% RH 的条件下，干燥试件 24 h 或有关文件规定的时间。干燥期间，不能改变试件的技术状态或对其机械状态进行调整。

④干燥阶段结束后，应将试件重置于盐雾试验箱（室）内并重复前述步骤。

⑤检查试件，记录检查结果，如果能够拍照进行记录一定要拍照。如果检查需要，可以用清水轻柔冲洗试件。

⑥记录并分析结果。

5. 试验数据处理与结果评定

通过盐雾环境试验可以更加具体地了解盐雾环境对发射装置的性能影响，试验后如果发现盐雾沉积引起机械部件或组件的阻塞或粘接，则认为该现象可能代表预期环境所导致的结果；经过 24 h 干燥后，残留的潮气依旧可能导致电性能故障，这种情况也不容忽视，极有可能在实际中发生；分析腐蚀效果不能单看表面现象，需从短期和潜在的长期影响进行分析，并做全寿命周期内的折算，以便判断长期腐蚀后对产品性能的影响。

3.5.8 霉菌试验

霉菌试验是"三防"试验之一，是在湿热带和中纬度地区使用的发射装置常见的环境条件。霉菌在产品上生长会影响产品外观，影响使用者操作，严重时会导致产品功能变化。因此，在研制期间，有必要开展霉菌试验，以确定：选择的材料是否会长霉；霉菌在材料上的生长速度；霉菌生长后对产品有什么恶劣影响；霉菌生长后，有没有简单方法可以去除。以便在研制阶段依据试验结果选择合适的材料或采取有效的防护措施，提升产品耐霉菌能力。

霉菌属于生物学范畴，霉菌试验需要在高度专业的场所由专业人员进行。

发射装置上生长霉菌，常见的危害如下：

（1）直接侵蚀材料，导致产品物理性能的劣化，影响精密设备或部件，功能劣化，严重时导致功能失效。

（2）间接侵蚀材料，霉菌代谢产物与底层材料上附着物产生的霉菌对产品也会造成影响。

（3）破坏电气或电子系统。在绝缘材料上产生霉菌会导致绝缘特性下降，或影响电路的电特性等。

（4）破坏产品外观，甚至导致使用者的生理问题（如过敏症）等。

1. 试验目的

霉菌试验的目的是考核产品耐霉菌环境的能力，包括产品材料是否会长霉；如果长霉，速度如何；如果长霉，产品性能是否会受到影响；长霉以后，有没有简单的办法加以清除。这些问题的确定有助于产品设计时选择合适的材料，或选择合适的耐霉菌环境防腐方法。

2. 试验条件

试验条件有两个重要因素：试件在霉菌环境中的暴露时间；霉菌试验选择的菌种类别。前者应以产品实际使用条件来确定，但由于长霉过程及霉菌对产品的侵蚀影响过程比较漫长，不适合在试验室开展试验。因此，GJB 150.10A—2009 对此规定：最短持续时间 28 d，根据要求和需要可以延长至 84 d。

菌种类别的选择与产品材料直接相关，不同的菌种对同一种材料的侵蚀能力不同。因此，菌种的选择要考虑产品材料特性，选择影响最为恶劣的菌种来进行试验。

表 3-9 列出了试验可选用的菌种组别和种类，这些菌种是按照其对材料的降解能力、在地球上的分布状况及其本身的稳定性来选定的，具有较强的代表性。试验时可以选择一种，也可以根据需要增加。除去选择的菌种之外，试件表面自带的微生物在试验期间也可能生长非试验用菌种。

表 3 - 9　试验可选用的菌种组别和种类

菌种组别	霉菌名称	菌种编号	受影响的材料
1	黑曲霉 （Aspergillus niger）	AS3.3928	织物、乙烯树脂、敷形涂覆、绝缘材料等
	土曲霉 （Aspergillus terreus）	AS3.3935	帆布、纸板、纸
	宛氏拟青霉 （Paecilomyces varioti）	AS3.4253	塑料、皮革
	绳状青霉 （Penicillium funiculosum）	AS3.3875	织物、塑料、棉织品
	赭绿青霉 （Penicillium ochrochloron）	AS3.4302	塑料、织物
	短柄帚霉 （Scopulariopsis brevicaulis）	AS3.3985	橡胶
	绿色木霉 （Trichoderma viride）	AS3.2942	塑料、织物
2	黄曲霉 （Aspergillus flavus）	AS3.3950	皮革、织物
	杂色曲霉 （Aspergillus versicolor）	AS3.3885	皮革
	绳状青霉 （Penicillium funiculosum）	AS3.3875	织物、塑料、棉织品
	球毛壳霉 （Chaetomium globosum）	AS3.4254	纤维素
	黑曲霉 （Aspergillus niger）	AS3.3928	织物、乙烯树脂、敷形涂覆、绝缘材料等

注：菌种编号为中国普通微生物菌种保藏管理中心于1997年编著的《菌种目录》中的菌种编号。

3. 试验设备

试验设备包括试验箱（室）、监控试验箱（室）环境参数的传感器，以及风速控制设备。

试验箱（室）应与大气相同，但要考虑过滤功能，目的是保持箱（室）内压力稳定，同时不让箱（室）内的霉菌孢子排放至大气环境中。传感器的用途主要是实时监控箱（室）内的温度、湿度情况。但需要注意的是，用于控制箱（室）内试验条件的系统也有反馈传感器，但不能用于记录箱（室）内温度、湿度，需要分开。流经湿度传感器的风速至少为 4.5 m/s，流经试件和对照条附近的风速应控制在 0.5 ~1.7 m/s。

霉菌试验是专业技术要求较高的试验，试验过程中需要注意试验箱（室）内冷凝水的影响，必须防止冷凝水滴落在试件上。监测传感器的选择也要考虑冷凝因素，不能对冷凝敏感而影响测试准确度。试件支撑架应与试件保持最小的接触面积，以便试件尽可能与霉菌环境全面接触。试验中使用的试剂与水的质量要严格控制，防止因此产生环境条件不足或引入污染。

试验过程中要严格控制试验条件，如果试验条件有较大变化，超出允差范围，则要做相应处理，例如：

（1）温度降低。温度降低会延缓霉菌的生长，如果温度降低的同时相对湿度不变，则可以重新调节温度至要求范围，继续试验。

（2）温度升高。温度升高对霉菌生长有着显著的影响，过高会使霉菌衰退。如果出现温度超过 40 ℃，或温度超过 31 ℃达 4 h 以上，或对照条上生长的霉菌出现衰退等现象中任何一项，都要重新开始试验。如果温度升高但并未出现上述任一现象，则可以调整试验条件至要求范围内继续试验。

（3）湿度降低。与温度升高的处理类似，如果出现相对湿度低于 50% RH，或相对湿度低于 70% RH 达 4 h 以上，或在对照条上生长的霉菌出现衰退等现象中任何一项，则需中断试验，重新开始；否则，恢复试验条件继续试验。

4. 试验程序与方法

试验分为三个阶段：第一阶段为试验准备，包括试件状态检查、预处理与就位、无机盐溶液的制备与混合孢子悬浮液的制备等；第二阶段为试验环境的验证试验与初始条件检测；第三阶段为正式试验。

（1）第一阶段：试验准备。

①试件的状态要满足试验要求，如其技术状态要与实际一致，其表面要经过清理且有至少 72 h 的挥发，确保产品表面清洁。

②根据大纲要求，确认试验条件。

③记录试验前试件状态，最好有影像资料留存。

④无机盐溶液的制备。使用清洁器皿，按照表 3 – 10 的成分与比例制备无机盐溶液，并使溶液的 pH 保持在 6.0 ~6.5。

表 3 – 10　无机盐溶液成分

溶液成分	质量或体积
磷酸二氢钾（KH_2PO_4）	0.7 g
磷酸氢二钾（K_2HPO_4）	0.7 g

溶液成分	质量或体积
七水合硫酸镁（$MgSO_4 \cdot 7H_2O$）	0.7 g
硝酸铵（NH_4NO_3）	1.0 g
氯化钠（$NaCl$）	0.005 g
七水合硫酸亚铁（$FeSO_4 \cdot 7H_2O$）	0.002 g
七水合硫酸锌（$ZnSO_4 \cdot 7H_2O$）	0.002 g
一水合硫酸锰（$MnSO_4 \cdot H_2O$）	0.001 g
蒸馏水	1 000 mL

⑤混合孢子悬浮液的制备。混合孢子悬浮液的制备过程非常专业和复杂，由专业人员操作。

（2）第二阶段：试验环境的验证试验与初始条件检测。

①验证试验。正式试验前需要检查混合孢子悬浮液的活力，以及试验箱（室）环境是否适合霉菌生长。

a. 混合孢子悬浮液的活力检验步骤：

a）在制备混合孢子悬浮液前，将 0.2 ~ 0.3 mL 的每种霉菌孢子悬浮液分别接种在无菌的马铃薯葡萄糖或其他琼脂平板上，每种菌种使用单独的琼脂平板。

b）将接种液涂于琼脂平板的整个表面。

c）接种后的琼脂平板应在（30 ± 1）℃的培养箱中培养 7 ~ 10 d。

d）培养结束后检查霉菌的生长。

b. 试验箱（室）内环境的检查步骤：

a）按要求制备溶液（参考 GJB 150.10A—2009 表 4）。

b）用未经漂白的 100% 纯棉布制作对照条 3 件。

c）在试验箱内将对照条靠近试件垂直悬挂，确保对照条和试件经受相同的试验环境，对照条的长度至少与试件的高度一致。

②初始条件检测。在标准大气条件下，获取基线数据。

（3）第三阶段：正式试验。

①将试件按照要求的技术状态安装在试验箱（室）内合适的支架上或进行悬挂。

②接种前，将试件放置在工作中的试验箱（室）内［温度（30 ± 1）℃，相对湿度（95% RH ± 5% RH）］至少 4 h。

③通过喷雾器将混合孢子悬浮液以很细的薄雾喷在棉布对照条上，以及试件表面和里面（若非永久密封或气密密封）进行接种。对试件内部喷雾时，若需要拆卸，则复位试件时紧固件无须拧紧。

④接种后即可进行试验培养。

⑤试验 7 d 后，检查对照条上的霉菌生长以确认试验箱（室）内的环境适合霉菌生长。此时对照条上应有至少 90% 的表面被霉菌覆盖。否则，调节试验箱（室）到适合霉菌生长的条件后重新开始试验，对照条一直留在箱内至试验结束。

⑥试验应在恒定温度（30 ± 1）℃、相对湿度（95% RH ± 5% RH）条件下进行 28 d。

⑦试验结束时，如果对照条上的霉菌相比 7 d 前没有霉菌增加，则说明本次试验无效。

⑧试验结束后检查试件。如果可以，试件检查应在试验箱（室）内完成；如果箱（室）外试件检查时间超过 8 h，则应将试件放回箱（室）内，或放置在湿热环境相似的环境里。检查应包括试件所有可能生长霉菌的位置。检查不应破坏霉菌对试件的干扰，以便后续开展试件工作性能试验。

5. 试验数据处理与结果评定

霉菌可能生长在试件表面，也可能生长在试件表面的污染物上，因此，在进行试验后检查时，需要分析试件上生长的所有霉菌。

由于霉菌的特殊性，需要具有资格的专业人员对试件上的霉菌进行检查和评价，内容至少包括：对所有霉菌生长的程度进行完整描述；每种霉菌对试件物理特性的短期影响和长期影响；霉菌生长的养分来自哪种具体材料。

3.5.9　砂尘试验

砂尘环境是内陆干热地区常见的自然环境，尤其是随着军事行动机械化程度的提高，还存在人为的砂尘环境，其影响要比自然砂尘环境更恶劣。为了考察装备在砂尘环境中贮存和工作的能力，需要开展砂尘试验。

通常，直径在 149 μm 以下的颗粒称为尘，直径为 150 ~ 850 μm 的颗粒称为砂。砂尘环境根据其基本颗粒尺寸大小和运动类型的不同，可以分为吹尘、吹砂和降尘三种情况。砂尘环境对发射装置主要有以下几种影响：

（1）砂尘堵塞。如活动部件被卡住或受阻碍；妨碍通风或冷却引起过热或着火危害；开口或过滤装置堵塞等。

（2）落尘效应。如玻璃窗口、头罩等因灰尘导致透光性能下降；热传导性能降低；光学设备特性受影响；电路性能劣化等。

（3）磨损加剧。如砂尘附着在部件表面导致磨损加剧或腐蚀等。

鉴于上述可预期的影响，对发射装置进行砂尘试验主要是观察小颗粒尘对发射装置开口、轴承及接头的影响，如果有防尘过滤装置，则可以考察装置的有效性，也用作评价发射装置是否能够在吹砂条件下贮存和工作。

1. 试验目的

开展砂尘试验主要是为了考核发射装置在吹尘、吹砂及降尘环境中贮存和工作的能力，考核除尘措施的有效性。

试验因此分为三种试验程序。

（1）研究发射装置在吹尘环境下的适应能力。

（2）研究发射装置在吹砂环境下的适应能力。

（3）研究发射装置在没有空气流动、尘土长时间积存状态下的工作能力。

2. 试验条件

砂尘试验的试验条件包括：环境温度、相对湿度、砂尘运动形态（风速）、砂尘组成、砂尘浓度、安装方向、持续时间等要素。

（1）环境温度的确定。按照相关标准要求，砂尘试验通常要求温度为高温试验中确定的恒定工作高温或恒定贮存高温。只是在降尘试验将温度保持在常温（23±2）℃。

（2）相对湿度的要求。相对湿度过高会导致尘粒结块，这也是砂尘环境通常在内陆干热地区才会出现的原因。在试验箱进行试验时，应确保相对湿度不超过 30% RH。

（3）砂尘运动形态。

①吹尘。吹尘试验中使用的风速包括保持试验条件所需的 1.5 m/s 的最低风速，以及 8.9 m/s 的典型沙漠风的较高风速。如果预期工作环境的风速可知，则按照实际工作环境中的风速来进行试验。

②吹砂。能将砂砾吹起需要较大风速，推荐使用的吹砂风速应不小于 18 m/s。

③降尘。与降尘环境相适应，试验箱（室）内试件处的风速不能超过 0.2 m/s。

（4）砂尘组成的要求。

①吹尘。GJB 150.12A—2009 推荐以下几种混合尘：

a. 全世界常见的红瓷土，红瓷土成分及含量见表 3-11。

表 3-11　常见红瓷土成分及质量分数　　　　　　　　　　　%

成　分	质量分数
$CaCO_3$、$MgCO_3$、MgO、TiO_2 等	5
Fe_2O_3	10 ± 5
Al_2O_3	20 ± 10
SiO_2	剩余百分比

b. 硅粉，含有 97% ~99% 质量分数的 SO_2。

c. 其他材料，尘颗粒尺寸 100% 小于 150 μm，其中有 50% 质量分数的颗粒直径小于 20 μm。

②吹砂。大颗粒试验采用石英砂。

③降尘。使用颗粒尺寸应小于 105 μm。

（5）砂尘浓度的确定。

①吹尘。吹尘试验浓度为（10.6 ± 7）g/m³。

②吹砂。直升机附近工作：（2.2 ± 0.5）g/m³；地面车辆附近工作：（1.1 ± 0.3）g/m³；自然条件下工作：0.18 ~ 0.20 g/m³。

③降尘。降尘条件很难确定，实际条件很难摸清，且变化较大。进行试验的目的是将装备生存性验证的方法标准化，对于是否能够复现实际条件要求并不严格。按照 GJB 150.12A—2009 要求，通常采用 6 g·m⁻²·d⁻¹ 的沉降率。表 3 – 12 给出了不同地区的尘沉降率，以及对规定速率加速系数的粗略指导。

表 3 – 12　沉降率和加速系数

地　区	沉降率/（g·m⁻²·d⁻¹）	加速系数（按 6 g·m⁻²·d⁻¹ 计算）
乡村和郊区	0.01 ~ 0.36	600 ~ 17
市区	0.36 ~ 1.00	17 ~ 6
工业区	1.00 ~ 2.00	6 ~ 3

（6）安装方向的确定。应使试件最易损的表面面向尘吹来的方向，必要时可以某种速率转动试件，确保所有易损面都暴露。

（7）持续时间的确定。

①吹尘。23 ℃条件下 6 h。在高温贮存或高温工作条件下 6 h。

②吹砂。每个易损面至少 90 min。

③降尘。按照 6 g·m⁻²·d⁻¹ 的沉降率和表 3 – 12 的加速系数进行确定，如果没有指定地区，则采用 3 d 的试验时间。

3. 试验设备

（1）试验箱（室）。试验箱（室）封闭性良好，体积足够大，以便使扬起砂尘的空气充分循环，使试件占试验箱（室）的横截面积不大于 50%，占试验箱（室）容积不大于 30%。

（2）在吹尘试验中，除了试验箱（室），还有用于控制扬尘空气的尘浓度、风速、温度和湿度的辅助设备。在吹砂试验中，试验装置上还需要有供砂器及其控制设备。降尘试验比较复杂，对试验箱（室）的功能要求也比较多，首先是试验箱（室）水平面积至少为试件试验区域面积的两倍。试验箱（室）可对气流进行精确控制，尘注入系统工作性能优良。图 3 – 9 给出了典型降尘试验装置的示意图。

4. 试验程序与方法

（1）试验前准备。试验开始前，和其他环境试验一样，应根据大纲要求确定试件的技术状态和试验条件的具体参数，并检查试验箱（室）功能是否正常，并在标准大

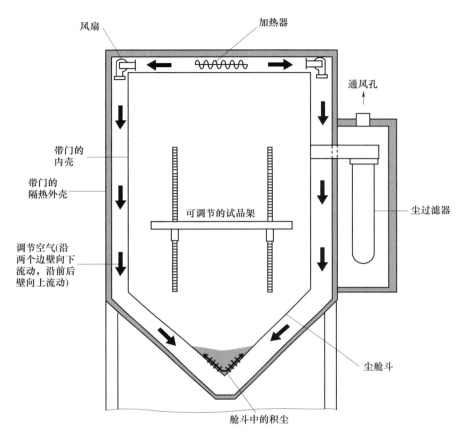

图 3 - 9　降尘试验装置

气条件下检查试件，获得基线数据，完成试件的安装。需要注意的是试件必须有效接地。

（2）正式试验。前已述及，砂尘试验程序分为三种：吹尘、吹砂和降尘。

①吹尘试验程序如下：

a. 调节试验箱（室）温度至要求值。

b. 调节尘的注入控制装置，使尘浓度达到要求值。

c. 按照要求的试验时间，保证试件的每一个易损面保持在给定条件下至少 6 h。

d. 停止供尘，降低试验段的风速到约 1.5 m/s，将试验段的温度调节到大纲规定的温度。

e. 温度稳定后保持 1 h。

f. 将风速和供尘浓度调节至前述状态，条件稳定后保持大纲中规定的时间。

g. 恢复至标准大气条件，待尘完全降落后，用刷、擦、抖动的方法清除积累在试件上的尘。

h. 检查试件，与极限数据对比。检查时要特别关注轴承、润滑部位、油脂密封处、过滤器和通风处等。

②吹砂试验程序。与吹尘试验相比，试验步骤基本相同，区别在于易损面的持续时间减少至 90 min。

③降尘试验程序。

a. 在试验箱（室）中有试件和收集盘的情况下，将试验区域的温度调节到23 ℃，相对湿度调节到30% RH。

b. 试件温度稳定后，按照规定的量将需要的尘注入试验区域，持续时间为（60 ± 5）s。

c. 使尘降落，时间为 59 min。

d. 检查沉降率。

e. 不妨碍尘积的情况下，检查试件的尘渗透情况，特别注意轴承、润滑部位、油脂密封处、过滤器和通风处等部位。

5. 试验数据处理与结果评定

对于试件而言，尘和砂颗粒尺寸不同，对试件的危害也不一样，因此试验结束后判断标准也不一样。对于吹尘和降尘试验，试验后要确定：

（1）尘是否已经以足够的量渗透入试件，引起黏合、堵塞、活动部件的卡住或阻塞，或非工作性的接触或转换，或形成电桥造成短路。

（2）试件在试验后，功能和性能是否在规定的要求和允差之内。

（3）试件表面的防护层是否受损。

（4）试件的磨损是否超过了规定的量值。

对于吹砂试验，试验后要确定：

（1）试件的磨蚀是否超过规定的要求。

（2）试件是否还能按照要求工作。

（3）试件防护层是否受损。

3.5.10 风压试验

风压试验考核发射装置在风载条件下正常工作的能力。通常，在结构设计过程中，会将风载作为一种静载荷施加在结构上，再考虑一定的安全余量。但事实上，风载对发射装置的危害绝不仅仅是一种静载荷所能体现出来的。例如，风压激起共振而损坏结构。这些复杂的情况在设计时很难量化考虑，借助风压试验来验证考核是一种较为常见的手段。

风压试验对于在多风环境下工作的发射装置是非常必要的，对用于山地、沿海、岛屿等露天环境的发射装置及露天装载于舰船甲板上的发射装置而言尤其如此。

风压对发射装置的破坏形式一般有以下几种：

（1）风载过大导致结构变形或裂纹，使设备失灵或损坏。

（2）风载过大导致紧固件断裂，或固定支架损坏，或发射装置倾覆等。

（3）对于使用中需要转动或滑动的发射装置，风载在某些方向会加速或延缓运动速率。

（4）风载有加剧雨、雪、冰雹等自然环境对发射装置破坏性的可能。

1. 试验目的

开展风载试验主要是为了考核发射装置在高速风载环境下工作的能力。

2. 试验条件

试验条件包含风速、风向、风速变化率、试验持续时间等要素。与其他环境试验条件的确定一样，这些要素的确定要以产品预期使用环境条件为基准。

（1）风速的确定。在产品使用环境已知，或相关技术要求有明确规定时，可遵照相关文件确定风速，如果不能明确，则可参考 GJB 150.21A—2009 推荐的表 3 – 13 所列数据。

表 3 – 13　风速量值　　　　　　　　　　　　　　　　　　　　　　　m · s⁻¹

试验等级	试验风速		应用举例
	抗风稳定性	耐风强度	
1	50	60	航行极区及有特殊要求的舰船装备
2	45	55	除航行极区外舰船露天装备
3	40	50	山地、沿海、岛屿
4	30	40	地面

（2）风向的确定。风向对于风载至关重要，当风垂直于产品表面吹时，载荷必然要大于风载平行于产品表面吹。试验中，以试件水平投影面积最大的方向为试验方向，以便使试件在最为恶劣的情形下工作；当投影面积不能确定时，试验风向按45°间隔转动 8 个方向进行。

（3）风速变化率的要求。风速变化率不应超过 5 m/s。如果有特殊要求，按照相关要求执行。

（4）试验持续时间的要求。试验持续时间应当代表预期风速环境下的累积时间暴露试件，当实际使用时间不能确定时，抗风稳定性持续时间不应小于 10 min，对于耐风强度试验，如试件在各个方向上受风压的气动载荷是一致的（如球形），可只做一个方向的水平试验；若已知试件做试验时受风压方向的气动载荷是最大的，也可只在该方向上做一次试验，持续时间不应小于 10 min；若试件水平投影面积不能确定时，则需在间隔45°的 8 个方向各试验 5 min。

3. 试验设备

进行风压试验离不开风洞，此外配备测量系统即可。

风洞设备的风速调节范围应能够满足试件试验要求，且在风洞内配备有风速试验的测量与监控仪器。此外，风洞尺寸应与试件相匹配。通常，试件的迎风面积应不超过风洞横截面积的30%，试件的迎风面最大边长不应超过风洞直径的70%。按照此要求，根据试件的尺寸可以反算风洞的最小尺寸。由于风速在该试验中属于重要试验条件，因此，风洞对风速的控制应有一定精度，一般允差不大于±5%。

4. 试验程序与方法

风压试验按照其试验目的不同，分为抗风稳定性试验和耐风强度试验。前者考核发射装置在高风速环境正常工作的能力，后者考核发射装置耐高风速的能力。

（1）试验前准备。试验前准备与其他环境试验基本相同，即完成试件技术状态确认、试件基线数据检测与记录、试验设备调试与试验条件的确认等。

（2）正式试验。

①抗风稳定性试验步骤。

a. 将试件按照实际工作状态或吹风方向需要，安装在风洞的平台上。

b. 确认试验温度正常。

c. 按照大纲要求的风速变化率，将风速逐渐调节至规定的试验值，试件通电工作，并保持该状态10 min。

d. 按照大纲规定的风速变化率调节风洞内风速至正常的静止状态。

e. 检查试件和检测性能，并对比基线数据。

②耐风强度试验步骤。与抗风稳定性试验步骤基本相同，不同之处在于：在试验过程中，试件无需通电工作，而是试验结束后进行检查和性能检测；如果风向难以确定，则需进行间隔45°的8个方向强度试验，各方向5 min。

5. 试验数据处理与结果评定

记录试验结果，加以分析，依据结论开展设计完善工作。

3.5.11 振动试验

振动是一种十分复杂的环境条件，发射装置在制造/维修、运输和工作的任何阶段都有可能遇到不同的振动环境，振动环境对装备的危害不言而喻，要想通过振动试验来验证产品在振动条件下的工作性能较为困难，确定振动条件本身就是一件比较复杂的工作。如果在试验室里开展的振动试验环境与实际产品在外场使用时一样，则试验结果可以作为评价产品外场振动环境下工作性能的依据，但大多数条件下，试验振动环境与实际都会有差异，此时，可在试件上施加允许范围内的最大振动环境进行试验。

通常，发射装置受到的典型振动环境有以下几种：

（1）制造/维修过程中的振动。如果制造/维修过程的振动对产品会造成一定影响，且影响不能忽略，则产品设计时应加以考虑。由于制造/维修过程不作为环境寿命周期的部分，因此设计时通常将该过程中的振动环境作为环境试验前的预处理条件。制造/维修过程的振动包括制造、维修、运输与装卸、环境应力筛选等工况。

（2）运输过程中的振动。运输过程中的振动不可避免，振动环境参数与运输平台、路况（或海况）、里程（即产品暴露在振动环境的时间）、产品固定状态等有关。运输平台通常有专用运输车、普通卡车、拖车、履带车、舰船、潜艇、飞机、火车等，它们会展现不同的振动特性；路况（或海况）种类繁多，分为不同等级，各等级对应不同的振动特性；里程与实际需要有关；产品在运输平台上有散装、紧固、悬挂等不同固定状态。上述因素能够组成若干组合对产品产生作用，因此运输过程中的振动最为复杂。

（3）工作过程中的振动。发射装置的主要工作就是将火箭、导弹发射出去，最大、最恶劣的振动条件就是发射过程的振动。发射过程的振动特性与发射装置装载平台、固定方式、产品结构等有不可分割的联系。

振动环境几乎伴随着产品的整个生产使用过程，振动对产品的危害大致有以下几种：

（1）紧固件或元器件松动。发射装置是典型的机电产品，其紧固件或元器件不仅多而且很重要，尤其是常拆卸部位的紧固件，在振动条件下产生松动是常见的问题。这将导致产品功能劣化甚至失效，进而会造成光学上或机械上的失调、元器件移位等。

（2）结构疲劳受损。长期的振动环境会导致结构产生裂纹或断裂。

（3）电气部分失效。振动会加剧导线的磨损，严重的会导致电气短路；使微粒或失效元器件、零件等掉入电路或机械装置中。

（4）噪声。振动是噪声产生的重要原因之一。

（5）其他。

1. 试验目的

开展振动试验主要是为了考核发射装置能否承受寿命周期内的振动条件并正常工作。通过试验来确定产品的结构设计是否满足要求、放松措施是否有效、电气线缆布线固定是否合理等。

2. 试验条件

如前所述，振动试验条件的确定相当复杂，应尽可能用实测数据和装备实际寿命周期的持续时间来制定装备设计规范和试验条件。有时也可用已有数据库数据代替实测数据。第 3.5.11 节以发射装置在公路运输工况下的振动为例进行介绍，下文中如无特别说明，振动条件即指产品公路运输过程中的振动条件。振动条件一般包括振动暴露量级（与运输平台、路况、产品固定状态相关）和振动暴露时间（与运输里程相关）。

运输平台通常有卡车、拖车和履带车，按照产品紧固状态分为产品紧固、产品散装、大型产品三大类。不同类别对应的试验条件也不同。

第一类：发射装置在运输平台上处于紧固状态。这种运输环境具有宽带振动特性，它是由车体的悬挂系统和结构与不连续的路面相互作用造成的。按照发射装置实际使用情况来看，其经历的环境分为两个阶段：高速公路运输和任务/外场运输。前者路况较好，里程较远，适用于产品从制造场地运送至部队技术阵地；后者则适用于执行任务时野外地段或部队基地间短途转运，路况较差但里程较近。任务/外场运输通常又被分为两轮拖车（或轮式车辆）和履带车运输两种。此条件下，试验条件一般规定如下：

（1）高速公路运输条件。路面等级为高速路，里程一般在 3 200～6 400 km。

（2）任务/外场运输条件。路面为野外地段或没经过修整的路面，里程一般为500～800 km。

（3）振动暴露量级。应按照发射装置寿命周期环境剖面中使用的道路条件（路面、速度和机动情况）和实际的车载状态（大约车辆载重能力的75%）下测量运输车辆的振动数据，据此作为振动暴露量级。无实测数据时，也可依据相应 GJB 150.16A—2009 推荐指标开展试验。

（4）振动暴露时间。持续时间应基于装备的寿命周期环境剖面。如难以确定时，可依据国家军用标准推荐数据进行。如 GJB 150.16A—2009 规定高速公路的卡车运输条件下，普通卡车的振动暴露持续时间为 1 600 km/h。

第二类：发射装置在运输平台上成散装状态，在运输车辆通过无规律路面时会出现弹跳、挪动，或者与车辆及其他设备产生碰撞等。这种环境是随机冲击环境，它是产品包装的几何形状和惯性特性、车辆几何形状和车辆货舱底板的复杂振动的运动函数。目前，还没有模拟这种振动环境输入的数据库。因此，需要严格按照 GJB 150.16A—2009 相关规定提供的数据开展实验。

第三类：发射装置为大型件。对于大型件，发射装置与车辆作为一个柔性系统进行振动。这种情况下，可用实际运输车辆来模拟运输条件，发射装置与运输车辆的安装和固定与实际使用的一样。例如，战术导弹发射箱就是大型件，通常用跑车试验来代替振动试验。

对于航天发射装置而言，绝大多数属于第三类，因此下面所讲的内容均以第三类试验条件为基础。

3. 试验设备

主要试验设备应是能够代表装备在运输和服役阶段所受振动环境的试验路面和车辆。例如，某海军导弹发射箱在服役期间采用专用的公路运输车进行运输，那么在进行振动试验时就要使用与交付部队的公路运输车状态一致的车辆；某二炮型号发射装置，服役期间，发射车载着发射箱一起运输，则需采用发射车进行试验。为了反映发射装置寿命周期中所经历的情况，试件要装载到车辆上，并按照实际运输状态对试件加以固定或限位。运输车辆以能复现运输或服役条件的方式驶过试验路面。试验路面可以是设计的试验道路、典型公路或指定的专用公路（例如生产场地和军用仓库之间的专用路线）。如有可能，该试验还可以包括所有与轮式车辆运输有关的环境因素（振动、冲击、温度、湿度和压力等）。

4. 试验程序与方法

（1）试验前准备。试验开始前，要根据大纲或有关文件确定试验程序、试件技术状态、试验量级、试验持续时间、测量设备要求等。严格检查试件的技术状态，并记录基线数据。试件的技术状态应与安装在车辆上运输和使用时一致，即使是产品外部防护装置或在使用时连接的其他设备，在试验时也要保证安装状态与实际使用一致。

考察试验路面。要考虑在特殊试验地区的路面适用，同时要保证试验路面、试验距离和试验速度的选择与规定的车辆和它们预期用途相符。

如果需要对发射装置进行应变、位移、振动等参数测量，则在试验前要确认测试设备状态正常，且已经连接调试到位。

（2）正式试验。对装有试件的车辆施加规定的试验，试验里程、行驶速度、路面要求等均按照大纲规定。如果大纲明确规定在试验过程中停车检查，则一定要严格执行并做好记录工作。

试验后对试件进行功能和外观检查，记录数据，与基线数据、试验过程中数据对比，如果出现失效或功能劣化情况，则要分析原因。

5. 试验数据处理与结果评定

振动试验结束后，应对照试验结果进行分析和判断。通常出现如下情况视为失效，认为产品未通过试验考核。

（1）产品或零部组件产生永久变形或断裂。

（2）固定零件或组件出现松动，放松措施失效。

（3）组件的活动或可动部分工作时变为不受控制或动作不灵敏。

（4）可动部件或受控量在设定、定位或调节上出现漂移。

（5）产品性能在振动试验中劣化，不能满足规定的要求。

只有产品的所有零部组件、元器件都通过了试验考核，产品的所有功能、性能在振动试验后都能保持应有状态，才能认定产品通过试验考核，试验完成。

3.5.12　倾斜与摇摆试验

倾斜与摇摆环境是舰船在航行时遭遇的基本环境。这个环境是由于自然界产生风浪，舰船的航行、回转、破损、操作不当和装载不平衡所造成的。倾斜环境包括横倾和纵倾。横倾和纵倾这两种状态指舰船具有横向倾斜的浮态和具有相对于设计水线纵向倾斜的浮态。摇摆环境包括横摇和纵摇。横摇和纵摇这两种状态指舰船绕其横轴、纵轴所做的周期性角位移运动。

由于舰船的倾斜与摇摆环境产生的浮态和运动会激发静态力和动态力效应，导致一系列环境效应，例如：

（1）装备系统内原有作用力平衡的改变或破坏。

（2）润滑条件的恶化。

（3）液面位置变化而导致失效或外泄。

开展倾斜与摇摆试验主要是为了验证与考核装备对倾斜与摇摆环境的适应性。倾斜与摇摆环境适应性是指舰船装备在其寿命期内所遇到的倾斜与摇摆环境作用下能实现其所有预定功能和（或）不被破坏的能力，它是舰船装备的重要质量特性之一。

1. 试验目的

倾斜与摇摆试验的目的是确定舰船装备能否在倾斜与摇摆环境下保持结构完好并正常工作。

2. 试验条件

倾斜与摇摆环境条件由倾斜与摇摆角度、摇摆周期、试验持续时间等要素组成。

倾斜与摇摆角度应根据发射装置的特点、产品规范或实际测量数据来确定；摇摆周期是根据舰船的排水量、海况确定，同一舰船的纵摇和横摇周期也不同；试验持续时间应代表预期倾斜与摇摆环境下的使用时间，大多数装备试验持续时间至少为30 min。这些参数有一个基准的参考值，见表3-14。

表3-14 中国海军舰船装备的倾斜与摇摆环境条件

舰船类别及航行状况		运动状态	角度／（°）	摇摆周期/s	试验持续时间/min
水面舰船		纵倾*	±5 或 ±10	—	
		横倾*	±15（应急设备 ±22.5）	—	
		纵摇	±10	4～10	
		横摇	±45	3～14	
潜艇	水上航行	纵倾	±10	—	≥30
		横倾	±15	—	
		纵摇	±15	4～10	
		横摇*	±45 或 ±60	3～14	
	通气管航行	纵倾	±10	—	
		横倾	±15	—	
		横摇	±30	3～14	
	水下航行	纵倾	±30	—	
		横倾	±15	—	
		横摇	±30	3～14	

表 3 – 15 和表 3 – 16 分别列出了美国海军和日本海军舰船装备的倾斜与摇摆环境条件，可作为参考。

表 3 – 15　美国海军舰船装备的倾斜与摇摆环境条件

舰船类别及航行状况		运动状态	角度/（°）	摇摆周期/s	试验持续时间/min
水面舰船（含航空母舰）		纵倾 横倾 纵摇 横摇	±5 ±15 ±10（航空母舰 ±4） ±45（航空母舰 ±30）	水面舰船和潜艇为： 横摇周期 3 ~ 14； 纵摇周期 3.5 ~ 9 航空母舰为： 横摇周期 12 ~ 17； 纵摇周期 8 ~ 10	≥30
潜艇	持续水面航行	纵摇 横摇	±10 ±60（航速 10 级以上 ±30）		
	持续水面或通气管航行	纵倾 横倾	±7 ±15		
	持续水下航行	纵倾 横倾	±30 ±15		
	持续水下或通气管航行	横摇	±30		

注：横摇和纵摇周期通常是根据水面舰船（含航母）和潜艇的任务剖面所经历的海况，以及水面舰船（含航空母舰）和潜艇的航行状态、排水量、型宽、舰长、最大稳定性高度来确定。

表 3 – 16　日本海军舰船装备的倾斜与摇摆环境条件

舰船类别	航行状况	纵倾角度/（°）	横倾角度/（°）	纵摇角度/（°）	横摇角度/（°）	摇摆周期/s	试验持续时间/min
驱逐舰、护卫舰	—	±5	±15	±10	±45	横摇周期 6 ~ 11； 纵摇周期 4 ~ 6	$t_{横摇}$ ≥15； $t_{纵摇}$ ≥30
高速快艇、中型扫雷艇	—	±5	±10	±10	±35		
潜艇	持续水面航行	±7	±15	±10	±60		
	通气管航行	±7	±15	0	±30		
	持续水下航行	±30	±15	0	±30		

从数值量级上看，各国倾斜与摇摆环境条件参数基本在一个严酷等级上。

3. 试验设备

试验设备为专门供摇摆，或倾斜，或倾斜与摇摆综合试验用的试验台，能使试件在其最大试验载荷下稳定地保持在所规定的位置，不会发生明显的晃动和漂移，并至少能模拟表 3 – 14 规定的严酷度。摇摆角度和周期应能任意调节，波形失真度应小于

±15%。摇摆角度、摇摆周期和倾斜角度的允差不超过规定值的 ±5%。

4. 试验程序与方法

（1）试验程序选择。通常倾斜与摇摆试验有以下 3 个试验程序可选。若无特殊要求，一般可先进行倾斜试验，然后再进行摇摆试验，也可同时进行倾斜与摇摆综合试验。

①倾斜试验（适用于舰船倾斜时需正常工作的装备）。

②摇摆试验（适用于舰船在风浪中摇摆时需正常工作的装备）。

③倾斜与摇摆综合试验（适用于舰船同时产生倾斜和摇摆时需正常工作的装备）。

（2）试验前准备。试验开始前，审查试验方案中试验前的信息，以确定试验的细节，如试验程序、试件的技术状态、试验角度、摇摆周期、试验持续时间、贮存或工作的参数量值等。

试验前，所有试件均需在标准大气条件下进行检测，以取得基线数据。检测按以下步骤进行：按试验方案的规定，在试件上安装监测传感器；在标准大气条件下将试件装上试验台；对试件进行目视外观检查，将检查结果记入文件中；按照试验方案的规定，进行工作性能检测，记录检测结果；确认试件工作正常后进入相应的试验程序。

（3）试验程序。

程序①的步骤如下：

①将试件按其实际工作状态安装在试验台上。

②除试验方案另有规定外，应使试件处于工作状态，并稳定在要求的温度下，用监测仪器对试验参数进行监测。

③按试验方案将试验台调至规定的倾斜角度。

④按试验方案对试件进行工作性能检测，并记录检测结果（贮存/运输除外）。

⑤除试验方案另有规定外，应保持该条件至少 30 min。

⑥按试验方案规定的速率，将试验台恢复至试验前的角度。

⑦尽可能对试件进行全面的目视检查和工作性能检测，记录检测结果。

程序②的步骤如下：

①将试件按其实际工作状态安装在试验台上。

②除试验方案另有规定外，应使试件处在工作状态，并稳定在要求的温度下（如适用），用监测仪器对试验参数进行监测。

③按试验方案确定的试验摇摆角度和摇摆周期进行试验。

④按照试验方案对试件进行工作性能检测，并记录检测结果（贮存/运输除外）。

⑤除试验方案另有规定外，应保持该条件至少 30 min。

⑥将试验台恢复至试验前的状态。

⑦对试件进行尽可能全面的目视检查和工作性能检测，记录检测结果。

程序③的步骤如下：

①将试件按其实际工作状态安装在试验台上。

②除试验方案另有规定外，应使试件处在工作状态，并稳定在要求的温度下（如适用），用监测仪器对试验参数进行监测。

③按试验方案确定的倾斜角度、摇摆角度和摇摆周期进行试验。

④按照试验方案对试件进行工作性能检测，并记录检测结果（贮存/运输除外）。

⑤除试验方案另有规定外，应保持该条件至少 30 min。

⑥将试验台恢复至试验前的状态。

⑦对试件进行尽可能全面的目视检查和工作性能检测，记录检测结果。

5. 试验数据处理与结果评定

试验结束后，分析试验结果，如果出现下列任何一种现象，均视为不合格：

（1）性能参数的检测结果超过有关标准或技术文件规定的允许极限。

（2）结构卡死或损坏。

（3）润滑不正常或有泄漏现象。

（4）轴承温升超过允许值。

（5）误动作、误接触或卡滞。

（6）指示失灵或失误。

3.5.13　冲击试验

冲击试验是确定在经受外力冲撞或作用时，装备安全性、可靠性和有效性的一种试验方法。冲击试验有多种试验方法，如规定脉冲（正弦波）试验方法、规定冲击谱试验方法、规定试验机试验方法等。

由于冲击产生的方式很多，其冲击效应也多种多样，因此试验的开展要针对不同装载平台及实际使用条件来确定。例如，GJB 150.18A—2009 规定了装备在其寿命期内可能经受的机械冲击环境试验要求；GJB 150.27A—2009 规定了装备在由火工装置动作产生的冲击环境下的试验要求；GJB 150.29A—2009 规定了装备在经受高速局部撞击时的试验要求；引信及其部件的安全性和功能冲击试验按照 GJB 537A—1998 要求执行；舰船装备经受的强冲击效应按照舰船冲击试验方法相关标准进行要求。对于发射装置而言，其遇到的冲击环境也多种多样，如装载于舰船的发射装置必然要按照舰船冲击试验方法开展试验。第 3.5.13 节就舰载发射装置冲击试验进行介绍。

舰载发射装置的使用环境与舰船电子设备相同，因此可参考舰船电子设备冲击试验要求开展试验。舰载发射装置遭受的冲击主要是因为舰船受到非接触性爆炸而引起的高强度冲击。非接触性爆炸冲击使得舰船及其装备在很短的时间内，受到突然瞬态激励，其位移、速度或加速度会突然变化。通常，舰艇遭受的冲击作用有几个特点：

冲击作用的时间非常短暂，能量的释放、转换和传递是骤然完成的；冲击激励不呈现周期性，系统所产生的运动为瞬态作用；在冲击的作用下，系统的运动响应与冲击作用的持续时间和系统的固有频率或周期有关。水下非接触爆炸引起的强冲击具有冲击的一般性，还具有特殊性：炸药产生的气体压力迫使周围水质点做径向运动；炸轰产物形成气泡，气泡在脉动过程中脱离水面，当气泡的脉动频率和设备的固有频率接近时，会对舰船及设备造成严重危害。水下爆炸强冲击环境对安装在舰船上的设备可以引起以下效应：

（1）设备零部件的过应力引起永久变形和断裂。

（2）设备与设备、设备与船体构件的相对运动引起碰撞、挤压。

（3）设备原有作用力平衡的破坏。

（4）设备功能的变化。

（5）对设备产生间接破坏。

开展冲击试验的目的是在研制阶段验证发射装置在冲击环境下的结构完整性和功能完好性，从而减少舰载发射装置受到水下爆炸冲击后破坏的可能性，提高设备的费效比。

冲击试验分为冲击试验（落锤试验）和虚拟冲击试验，前者依据设备、安装架的质量大小，分为轻量级试验、中量级试验和重量级试验，分别在轻量级冲击机、中量级冲击机和浮动平台上试验。

（1）轻量级冲击试验。设备总质量不超过 0.12 t，试验沿 3 个互相垂直的主轴方向施加 3 次冲击，落锤高度分别为 0.3 m、0.9 m、1.5 m。

（2）中量级冲击试验。设备总质量在 0.12 ~ 2.7 t。试件至少施加 6 次冲击，分 3 组进行，每组 2 次，其中一次试件水平安装，一次试件 30° 倾斜安装。冲击顺序及落锤高度见表 3 - 17。

表 3 - 17　中量级冲击试验试验条件

砧板上总质量 m/t	落锤高度/cm		
	I	II	III
$0.12 \leqslant m < 0.45$	23	53	53
$0.45 \leqslant m < 0.90$	30	60	60
$0.90 \leqslant m < 1.40$	40	70	70
$1.40 \leqslant m < 1.60$	45	75	75
$1.60 \leqslant m < 1.80$	55	85	85
$1.80 \leqslant m < 1.90$	60	90	90
$1.90 \leqslant m < 2.00$	60	100	100

砧板上总质量 m/t	落锤高度/cm		
	Ⅰ	Ⅱ	Ⅲ
$2.00 \leq m < 2.10$	60	105	105
$2.10 \leq m < 2.20$	70	115	115
$2.20 \leq m < 2.30$	70	125	125
$2.30 \leq m < 2.40$	75	140	140
$2.40 \leq m < 2.50$	75	160	160
$2.50 \leq m < 2.60$	80	165	165
$2.60 \leq m < 2.80$	85	165	165
$2.80 \leq m < 3.10$	90	165	165
$3.10 \leq m < 3.40$	100	165	165

注：Ⅰ、Ⅱ、Ⅲ组的冲击次数均为 2 次，砧板行程均为 76 mm。

（3）重量级冲击试验。设备质量为 2.7～13.4 t，采用浮动平台在水下爆炸进行试验。试验过程中，设备要经过 5 次水下爆炸试验，药包的装药为 27 kg 的 TNT 炸药，药包中心位于水面下 7.5 m。在通过浮动平台几何中心与纵轴相垂直的平面上，药包中心离浮动平台的距离依次为 18.0 m、12.0 m、9.0 m、7.5 m、6.0 m。

冲击机为最主要的试验设备，受到冲击机的制约，很多设备无法开展冲击试验。例如，质量较大、体积较大的发射装置。目前，整个发射装置开展冲击试验还没有太多经验，大多是组件或部件参加冲击试验，例如发射动力系统、筒口水密装置、脱落插头回收机构、垂直减震器、水平减震器、减震适配器等。

3.5.14　其他环境试验

1. 温度冲击试验

装备周围环境大气温度急剧变化，温度变化率大于 10 ℃/min 的环境，称为温度冲击环境。这种条件对装备造成的影响甚至高于单纯的高温或者低温条件。该试验适用于在空气温度剧烈变化环境下工作的装备，该试验仅评价温度冲击条件下装备的外表面、安装在外部的零部件或靠近外部的零部件的变化。由于温度变化速度很快，装备内部或内部的零部件可能来不及受到影响。例如，装备在高温环境与低温环境之间转换；装备从地面迅速升至高空；机载装备向外投送等。

从发射装置使用环境来看，机载发射装置遭遇温度冲击环境的概率最高。在温度冲击条件下，通常会出现以下典型问题：

（1）玻璃制品骤冷骤热产生破碎。

（2）因膨胀率与温度的关系，以及不同材料升温速度不同，导致涂层开裂、密封失效、绝缘保护失效，甚至零部件开裂变形、运动部件卡滞等。

（3）快速冷凝水对电子设备产生间接影响。

温度冲击试验方法与温度试验类似，根据产品及工作环境特点，可采取恒温和循环任一方式。试验时可采用一个双室试验箱或两个试验箱，以获得温度急剧变化的效果。

2. 浸渍试验

浸渍试验指将装备完全或部分浸入水中，以考核装备耐受浸渍或部分浸渍环境的能力，以及在该环境下工作或经历该环境后工作的能力。

从某种程度上说，浸渍试验与淋雨试验都是考察装备防水能力，但程度有所不同。从实际使用经验来看，淋雨环境下，淋雨伴随着冲击，水可能穿过密封件吸入装备内部，而浸渍则没有冲击作用，静压下有时反而有助于压紧密封。多数情况下，要考核装备防水密封性，两个试验都应该开展。

考虑实际使用条件，如果装备能够浮在水面上，则没有必要开展该试验。

浸渍试验分为浸渍和涉水两种情况，浸渍主要考虑装备被水包围期间的状况，而涉水则考虑涉水车辆及固定在其上的装备。前者又分为完全浸渍和部分浸渍，后者则分为轻度涉水和深度涉水。各工况对应的试验条件有所不同，可遵照相关标准执行。

试验需要一个足够容纳或满足试验工况需求的积水装置，按照大纲要求在规定的试验条件下开展试验。

3. 噪声试验

噪声试验主要是为了验证装备能否承受规定的噪声环境，而不出现不可接受的功能特性或结构完整性衰退。此外，设备工作时产生的噪声情况对操作者或使用环境中其他设备的影响也属于噪声试验的范畴。

噪声环境对发射装置的影响并不显著，最大的影响就是引起振动或是因振动间接影响部件的性能劣化。发射装置自身产生的噪声会有较为恶劣的影响，如发射车噪声过大，影响其隐蔽性或对使用者造成生理伤害。

噪声试验可根据相关标准或试验大纲开展。发射装置自身的噪声问题需要通过试验结果分析不断改进设计方案，力求降低噪声至最低限度。

4. 积冰/冻雨试验

积冰/冻雨是寒冷地区或寒冷季节会遭遇的环境。对于暴露在有冻雨或细雨产生的积冰条件下的装备，以及由海水溅沫或雾状物而引起冰的聚集的装备，可以进行积冰/冻雨试验，以考核装备能否耐受积冰/冻雨环境，并在该环境下工作，或者验证装备自身消除积冰和预防冻雨措施的有效性。

对于发射装置而言，该环境会造成以下故障：

（1）发射装置箱盖无法打开。

（2）操作人员无法操作。

（3）活动部件无法工作。

（4）结构受损等。

该试验在试验箱内进行，采用辅助仪器来控制试验条件，如试验温度、降水速率、水滴尺寸、积冰厚度等。试验前后对装备的功能、性能要仔细检查，如果发射装置确定必须在不除冰环境下工作，则必须在不除冰条件下检查仪器工作性能。否则，可以除冰后再检查，并注意除冰过程中是否对装备造成了伤害。

5. 温度—湿度—振动—高度试验

温度—湿度—振动—高度试验是一个综合试验，通常用于空中工作的设备，对于地面设备而言，高度因素可以忽略。

该试验是为了确定温度、湿度、振动及高度对机载机电设备或电子设备在地面和飞行工作期间的安全性、完整性，以及性能的综合影响，可用于工程研制试验，也可用于鉴定试验，在此仅介绍其在工程研制阶段开展试验的情况。

多项环境条件综合作用无疑对装备提出了较为严苛的环境适应性要求，通常一两项环境因素综合作用就足以使装备产生故障，常见问题如下：

（1）玻璃制品或光学设备破裂（温度/振动/高度）。

（2）运动部件卡滞或松动（温度/振动）。

（3）冷凝器造成光、电设备故障（温度/湿度）。

（4）零部件变形、断裂或密封破坏（温度/振动/高度）。

（5）涂层开裂（温度/湿度/振动/高度）等。

在工程研制阶段开展此试验的目的是查找设计缺陷，因此必须在定型前完成。试验无法真实模拟复杂的实际环境，采取加速试验的方式，更有利于暴露设计缺陷。试验中很难确定4种环境因素哪一个影响因子更大，可采用比装备在外场可能经受的更为严酷的应力量级来实现加速，但试验持续时间最好能够反映全部预期工作寿命。正式试验时，针对产品使用情况，也可以适当裁剪，将不太关注的环境因素去除，避免产生额外的叠加或抵消效应。

由于试验目的是暴露设计缺陷，因此在试验数据分析时需要关注应力、加载机理、故障责任定位和产生故障的原因，并评估危险程度，以便进一步改进设计方案。

6. 加速度试验

加速度试验一般是针对安装在航空航天器上的装备，由于航空航天器的飞行速度快，因此其上的装备会受到较大的过载。加速度试验用以验证发射设备承受预计使用加速度环境的能力，以确保在此环境下设备结构和性能不发生失效。通常分为两类：第1类为性能试验，用以验证设备功能适应使用加速度环境的能力；第2类为结构试验，用以验证设备结构承受使用加速度环境的能力。如无明确规定，设备一般应进行这两类试验，在通过所规定各方向的性能试验考核后，再做各方向结构试验的考核。

设备所承受的加速度载荷应由装载该设备产品的运动载荷通过分析计算或实测得到。每个方向上的结构试验值，通常为性能试验值的1.5倍，但也可根据设备的使用性质和风险度进行适当增减。各方向加速度值的选取，可参照相应标准的规定。

根据试件的特点，可选用两类加速度模拟设备：离心机和直线加速度试验装置（如火箭撬）。结构试验和大多数性能试验均使用离心机，对旋转角速度敏感的试验样品的性能试验可选用直线加速度试验装置。

试验结束，如果试件功能正常，则认为其性能满足要求；如果试件没有损伤，功能完好，则认为其结构强度满足要求。

7. 振动—噪声—温度试验

振动—噪声—温度试验是一个综合试验，是为了确定挂飞期间振动、噪声和温度对飞机外挂的综合作用的效应。常常被用于设计阶段的方案验证、可靠性验证、筛选试验、抽样验收试验和产品来源比较试验。通过该试验可以暴露和修改设计薄弱环节，以达到分析和改进设计的目的；确定产品是否满足规定的可靠性要求；在产品出厂之前，暴露工艺或部件缺陷，进行产品筛选；在基于产品小子样试件的故障时间估计产品的平均故障间隔时间，或确定产品之间的相对可靠性的前提下，作为交付之前批量接受或者两种不同来源的产品质量差异的判定。

该试验条件的确定应依赖于任务剖面，并对任务温度、任务振动谱和工作负载循环特性有明确认识。该试验用到的设备主要是振动和噪声试验设备、温度设备和电应力，以及相应的测试仪器，如加速度计、传声器、温度计等。试验程序可以按照GJB 150.25A—2009的有关规定执行即可。

8. 流体污染试验

发射装置在服役的过程中还可能受到流体污染。污染可能源于装备暴露于燃料、液压流体、润滑油、溶剂、清洗剂、除冰剂和防冻剂、跑道除冰剂、杀虫剂、消毒剂等流体环境。开展该试验的目的是确定装备耐受流体污染的能力。

流体污染主要可能导致装备在寿命期因流体污染造成材料的物理性质改变而损坏装备，典型的问题如下：

（1）包装失效。

（2）塑料或橡胶制品的开裂与膨胀，橡胶密封件失效。

（3）抗氧化剂和可溶性物质的吸附。

（4）粘接剂被溶解或分解，使粘连失效。

（5）涂层或标志遭到破坏等。

试验前要根据相关标准要求，结合装备实际使用环境，确定流体的种类、组合，以及试验温度（试件温度及流体温度）、试验时间等试验条件。

试验时试件应放置在带有防护罩、密封罩和温度控制装置的试验槽内。流体可以浸渍、喷雾、溅射或冲刷的形式施加于试件上。试验过程的安全务必高度重视。

需要注意的是，任何污染对试件正常功能的短期或潜在（长期的）的影响都应该仔细分析。由于影响的长期性，该试验结束时试件能够正常工作并不能作为试件通过或者不通过该试验考核的唯一标准。

9. 爆炸分离冲击试验

在实战当中，发射装置常常会遭受爆炸分离冲击，遭受冲击后能够正常工作，是作战部队对发射装置的基本要求。开展爆炸分离冲击试验，目的在于给出发射装置在结构和功能上能够承受火工装置动作所导致的冲击效应的置信度；估计装备在爆炸分离冲击环境下的易损性，以便采用缓冲方法保护装备的结构和功能完整性。对于机械冲击、瞬态振动或舰船冲击的环境，该试验并不适用。

爆炸分离冲击也称为火工品冲击，是指安装在结构上的火工装置动作所导致的装备局部强作用机械瞬态响应。通常，可以按照火工激励源的空间分布将其分为点源、线源和点线组合源。在发射装置上，典型的点源包括爆炸螺栓、分离螺母、作动筒，以及火工驱动的执行元件（如电爆活门）。爆炸螺栓通常用于机电箱盖，分离螺母是航天发射装置内常见的锁定装置，作动筒也常常被用于发射装置箱盖的开启、适配器分离等。典型的线源有切割索、导爆索等，这些火工装置常常用于抛掷盖的分离。在发射装置上，点线组合源比较少见。火工装置的冲击加载可能伴随着结构预载荷产生的应变能释放，或者由于火工装置的冲击导致结构部件之间的撞击。

爆炸分离冲击的频率通常为 $100 \sim 1\,000$ Hz，持续时间为 $50 \sim 20$ μs，加速度响应幅值范围可能在 $300 \sim 300\,000$ g。爆炸分离冲击的加速度响应时间历程一般会剧烈震荡，并存在一个接近 10 μs 的基本上升时间。

爆炸分离冲击环境可能对所有电子装备产生不利影响。不利影响的程度一般随着爆炸分离冲击的量级和持续时间的增大而增大，并且随着离爆炸分离冲击源的距离增大而减小。当爆炸分离冲击产生的材料应力波波长与装备中微电子器件固有频率的波长一致时，会增强不利影响。通常结构仅传递弹性波，不受爆炸分离冲击的影响。对于发射装置而言，爆炸分离器件通常都与火箭、导弹有关，如锁弹装置、发射箱（筒）盖上采用的火工装置。爆炸分离过程是在火箭、导弹发射流程中出现，因此，还要考虑对火箭、导弹的影响。由爆炸分离冲击环境引起的影响主要有：微电子芯片结构完整性破坏所导致的装备故障；继电器抖动所导致的装备故障；电路板故障、电路板损伤或电连接器故障所导致的装备故障；爆炸分离产生的多余物会否引起电路板短路，或造成附近脆性材料裂纹等。

爆炸分离冲击环境试验过程非常复杂，在 GJB 150.27A—2009 中有详细的描述和规定，发射装置的设计师可按照装备本身特点选择合适的程序开展试验。

10. 夜间操作试验

夜间操作试验是完全针对夜间环境下作战使用开展的试验，目的是考核武器系统各设备对夜间操作的适应性，通过试验取得武器系统在夜间操作的有关数据（如发射准备时间等），并研究和确定夜间局部照明的配套与使用部位。

试验是在无雷雨、无月光的夜间进行。试验时，只使用武器系统所设灯光管制下的局部照明，及专用于操作部位的局部微光照明，不许用试验场坪的照明灯和非配套的其他照明手段。试验用的地面设备为技术状态良好的合格样机。在试验前，照明设施应配套齐全。

试验按战斗弹状态的发射阵地操作程序进行。试验次数视情况确定，一般进行 2、3 次。试验结束后，对参试设备夜间操作的适应能力做出评价。

3.6　电磁兼容性试验

3.6.1　发射装置电磁兼容性

发射装置电磁兼容性指发射装置自身及其与武器系统或装载平台在共同的电磁环境中能一起实现各自功能的共存状态。这里包含两层含义：发射装置在预定的电磁环境中工作时，可按照规定的安全裕度实现设计的工作性能且不因电磁干扰而受损或产生不可接受的临时或永久失效；发射装置在预定的电磁环境中正常地工作且不会给环境（或其他设备）带来不可接受的电磁干扰。

对于部分发射装置而言，由于它们是纯结构件，因此其工作不会受到电磁环境的影响，也不会对其他设备形成电磁干扰。但对于部分发射装置而言，由于其含有较为复杂的电气系统，因此其电磁兼容性就成了非常重要的指标，如发射车、自带指控单元的独立发射装置模块等。第 3.6.2 节以常见的舰—舰导弹倾斜式发射装置电磁兼容性试验为例进行介绍。

3.6.2　舰—舰导弹倾斜式发射装置电磁兼容性试验

1. 试验目的

发射装置的电磁兼容性试验通常在工程研制阶段作为摸底试验和验证试验开展，

在设计定型阶段作为鉴定试验开展。工程研制阶段的试验允许边试验边整改，开展试验的目的在于摸底、验证产品电磁兼容性设计的正确性。鉴定试验开展的目的是考核产品的电磁兼容性指标是否符合武器系统的指标要求。

2. 试验设备

被试产品为标准配置的发射装置，包括发射箱、发射箱支架、电缆转接箱、电动机控制箱、充气瓶组等，产品技术状态符合试验大纲要求，产品为合格品。由于发射装置中部分设备对电磁兼容性试验不产生影响，因此在分析清楚、论证充分的前提下，可以选配，但电动机控制箱、电缆转接箱和发射箱都必须参加试验。

参试设备包括手控盒、80 V DC（200 A）直流稳压电源、30 V DC（30 A）直流稳压电源、兆欧表、FLUKE 15B 数字万用表或导通表等。电磁兼容性试验需要使用专用的试验室，其试验室设备配置需符合相关规范。

3. 试验项目、条件与程序

试验项目需要按照设备自身的特点，以及安装平台的环境条件，参照武器系统的电磁兼容性试验大纲要求和相关国家军用标准的要求进行选择制定。舰—舰导弹倾斜式发射装置的电磁兼容性试验项目及试验条件见表 3 – 18。

表 3 – 18　试验项目及试验条件

序　号	试验项目	试验条件
1	CE101 25 Hz ~ 10 kHz 电源线传导发射	GJB 151B—2013
2	CE102 10 kHz ~ 10 MHz 电源线传导发射	GJB 151B—2013
3	CS101 25 Hz ~ 150 kHz 电源线传导灵敏度	GJB 151B—2013
4	CS106 电源线尖峰信号传导灵敏度	GJB 151B—2013
5	CS114 4 kHz ~ 400 MHz 电缆束注入传导灵敏度	GJB 151B—2013
6	CS116 10 kHz ~ 100 MHz 电缆和电源线阻尼正弦瞬变传导灵敏度	GJB 151B—2013
7	RE101 25 Hz ~ 100 kHz 磁场辐射发射	GJB 151B—2013
8	RE102 10 kHz ~ 18 GHz 电场辐射发射	GJB 151B—2013
9	RS101 25 Hz ~ 100 kHz 磁场辐射灵敏度	GJB 151B—2013
10	RS103 10 kHz ~ 40 GHz 电场辐射灵敏度	GJB 151B—2013

GJB 151B—2013 中，对试验项目及其安装平台适用范围有明确的规定，表 3 – 19 可以作为产品研制期间制定试验项目的参考依据。

表 3 – 19　电磁兼容性测试项目及其安装平台的适用性

项目代号	设备和分系统的安装平台								
	水面舰船	潜艇及其他水下平台	陆军飞机（含机场维护工作区）	海军飞机	空军飞机	空间系统（含航天器、导弹和运载火箭）	陆军地面	海军地面	空军地面
CE101	A	A	A	L		S			
CE102	A	A	A	A	A	A	A	A	A
CE106	L	L	L	L	L	L	L	L	L
CE107	S	S	S	S	S	S	S	S	S
CS101	A	A	A	A	A	A	A	A	A
CS102	L	L	S	S	S	S	S	S	S
CS103	S	S	S	S	S	S	S	S	S
CS104	S	S	S	S	S	S	S	S	S
CS105	S	S	S	S	S	S	S	S	S
CS106	A	A	S	S	S	S	S	S	S
CS109	L	L							
CS112	L	L	L	L	L	L	L	L	L
CS114	A	A	A	A	A	A	A	A	A
CS115	S	S	A	A	A	A	A	A	A
CS116	A	A	A	A	A	A	A	A	A
RE101	A	A	A	L		S			
RE102	A	A	A	A	A	A	A	A	A
RE103	L	L	L	L	L	L	L	L	L
RS101	A	A	A	L		S		L	A
RS103	A	A	A	A	A	A	A	A	A
RS105	L	L	L	L		S		L	

注：（1）A 表示该项目适用。

（2）L 表示该项目有条件适用，具体条件参见 GJB 151B—2013 相关规定。

（3）S 表示该项目由使用方规定是否适用。

（4）空白表示不适用。

各试验项目代号与名称见表 3 – 20。

表 3 – 20　各试验项目代号与名称

项目代号	名　称
CE101	25 Hz ~ 10 kHz 电源线传导发射
CE102	10 kHz ~ 10 MHz 电源线传导发射
CE106	10 kHz ~ 40 GHz 天线端口传导发射
CE107	电源线尖峰信号（时域）传导发射
CS101	25 Hz ~ 150 kHz 电源线传导灵敏度
CS102	25 Hz ~ 50 kHz 地线传导灵敏度
CS103	15 kHz ~ 10 GHz 天线端口互调传导灵敏度
CS104	25 kHz ~ 20 GHz 天线端口无用信号抑制传导灵敏度
CS105	25 kHz ~ 20 GHz 天线端口交调传导灵敏度
CS106	电源线尖峰信号传导灵敏度
CS109	50 Hz ~ 100 kHz 壳体电流传导灵敏度
CS112	静电放电灵敏度
CS114	4 kHz ~ 400 MHz 电缆束注入传导灵敏度
CS115	电缆束注入脉冲激励传导灵敏度
CS116	10 kHz ~ 100 MHz 电缆和电源线阻尼正弦瞬态传导灵敏度
RE101	25 Hz ~ 100 kHz 磁场辐射发射
RE102	10 kHz ~ 18 GHz 电场辐射发射
RE103	10 kHz ~ 40 GHz 天线谐波和乱真输出辐射发射
RS101	25 Hz ~ 100 kHz 磁场辐射灵敏度
RS103	10 kHz ~ 40 GHz 电场辐射灵敏度
RS105	瞬态电磁场辐射灵敏度

第4章 定型试验

4.1 概　　述

对发射装置进行定性或鉴定试验是为了证实产品的设计已经达到了任务书的要求。在这些试验中，设计中的环境载荷部分，包括温度、湿度、振动、防水、盐雾、霉菌、电磁兼容等，一般通过试验室环境模拟；产品的功能、性能、可靠性、维修性等在实际使用工况中验证。产品的性能应根据任务要求、事先制定的接收—拒收标准进行比较。试验载荷和持续时间是按照高置信度设计的，如果试件完全符合要求，在相同条件下制造出来的同类工件就能够适应预期的服役环境。通常这些载荷和持续时间超过预期的使用载荷和持续时间。

4.1.1　定型试验目的

通过试验考核，确定发射装置的战术技术指标和作战使用性能达到规定的标准和要求。发射装置定型前必须完成定型试验。

4.1.2　定型试验条件

发射装置产品符合下列要求时，承制单位可申请进行定型试验。

（1）通过规定的试验，软件通过测试，证明发射装置产品的关键技术已经解决，主要战术技术指标能够达到研制总要求。

（2）发射装置产品技术状态已确定。

（3）试验样品经用户代表检验合格。

（4）样机数量满足设计定型试验的要求。

（5）配套的保障资源已通过技术审查，保障资源主要有测试、维修设备和工具，必需的备件、其他辅助设备等。

（6）具备设计定型试验所必需的技术文件。

4.2　试验种类和要求

发射装置定型试验分为鉴定试验、协调试验和靶场试验。鉴定试验、协调试验和靶场试验不能（或没有）考核的试验项目，单独进行专项性能试验。

4.2.1　鉴定试验

鉴定试验指由承制方负责（或组织）实施，为考核发射装置的战术技术指标（含环境条件）及操作性能所做的试验。

1. 试验项目

鉴定试验项目与要求应按照发射装置战术技术指标及产品技术条件确定。根据产品特点和使用环境的不同，鉴定试验项目也会有所区别。

常用鉴定试验项目见表 4 - 1。

表 4 - 1　鉴定试验项目

序　号	名　称
1	发射装置功能、性能试验
2	高温试验
3	低温试验
4	"三防"试验
5	防水试验
6	电磁兼容性试验
7	振动试验
8	公路运输（跑车）试验
9	发射装置可靠性试验
10	发射装置维修性试验

2. 试验大纲

鉴定试验应按照发射装置战术技术指标及产品技术条件编制试验大纲，试验大纲应经过用户验收代表认可。

试验大纲的主要内容包括：

（1）试验的目的和要求。

（2）试验方案、设备、程序。

（3）试验项目及方法。

（4）试验结果处理要求。

（5）试验鉴定标准。

（6）试验的组织与分工。

3. 试验结果评定

鉴定试验完成后应编写试验报告。鉴定试验报告是发射装置鉴定评审所必需的技术文件。

发射装置鉴定试验的试验结果由产品的定型鉴定小组（一般由生产、设计、使用单位组成）根据试验报告和试验大纲规定按战术技术指标进行评定。

4.2.2 协调试验

协调试验是考核发射装置设备内部与火控系统、导弹（火箭）之间协调性能的一种综合性试验。协调试验应在定型靶场试验前完成。协调试验项目见表4-2。

表4-2 协调试验项目

序 号	名 称
1	火控系统联试
2	发控对接试验

1. 协调试验要求

协调试验是考核火控系统各产品的综合性试验，不包含设备本身的各项试验。发射装置本身的各项鉴定试验完成并经过用户代表验收后，才能参加协调试验。

2. 火控系统联试

按产品鉴定程序的不同阶段，发射装置应参加火控系统以下三种联试：

（1）发射装置出厂后在装舰（或装车）前进行的系统协调试验，通常称为地面联试。

发射装置参加火控系统地面联试的目的是检验发射装置与火控系统各设备之间的工作协调性、稳定性和可靠性；检验发射装置与火控系统各设备之间信息传递的正确性和对接精度。

与发射装置相关的试验内容主要包括：

①发射装置设备自检。检查发射装置工作性能是否满足任务书要求。

②检查发射装置与导弹（火箭）指挥仪［导弹（火箭）控制台］接口、电缆芯线的连接正确性。按发射装置与导弹（火箭）指挥仪［导弹（火箭）控制台］电缆连接图，逐一检查电缆连接的正确性及信号特性。如果发射装置在方位上跟踪、瞄准目标，则还需要进行方位对接精度试验，以及发射装置与导弹（火箭）指挥仪［导弹（火箭）控制台］的机械电气工作协调试验。

③参加火控系统联试，进行系统各种工作方式检查，进行模拟发射和模拟应急发射，检查发射线路和应急发射线路设计的正确性。

（2）发射装置装舰或装车以后进行的系统协调试验，通常称为系泊试验或装车后的联试。

发射装置参加火控系统系泊试验（或装车试验）的目的是：进一步检查发射装置设计正确性；检验发射装置安装正确性及质量；检验发射装置在全舰（或全车）电子设备共组环境下的电磁兼容性；检验发射装置发射精度；检验发射装置随火控系统参加全舰作战指挥系统工作的协调性及功能正确性。发射装置在载体上安装完毕，并由总装厂检验合格后，方可进行此项试验。

与发射装置相关的试验内容主要包括：

①对发射装置的外观、安装质量、接地性能、齐套性，以及安装精度进行检查。

②按系统电缆连接图和芯线表检查发射装置火控系统电缆敷设的正确性和绝缘特性。

③对发射装置供电进行单机调试，确认功能正常。

④参加火控系统联试。

（3）发射装置在实际使用环境下进行的系统协调试验，通常称为航行试验。

发射装置火控系统航行试验在系泊试验要求的基础上进行，主要目的是考核系统在舰艇航行中的工作可靠性和稳定性。

与发射装置相关的试验内容主要包括：

①在航行中，检查发射装置安装的可靠性、发射箱机械连接的可靠性。

②在航行中，检查发射箱开盖的可靠性及各种连接器插合的可靠性。

③在航行中，随火控系统进行各种功能检查，观察其协调性和可靠性。

④在航行中，随火控系统进行电磁兼容性试验。

航行试验是在发射装置的实际使用环境中考核发射装置。因此，试验环境应尽量接近实际使用环境。如确认对海情的要求，既要安排一般海情下的试验，又要安排一定的高海情条件下的试验，以便使考核更充分。

3. 发控对接试验

发控对接试验指射前检查、发射控制和参数装定等项，对导弹（火箭）的对接试验，包括机械部分与电气部分的对接。主要目的是检验火控系统与导弹（火箭）的协调性。

在进行靶场飞行试验时，导弹（火箭）技术阵地测试正常后，须进行发控对接试验，然后才能进行发射，通过发控对接试验为靶场飞行试验提供依据。

发控对接试验一般分为机械对接和电气对接两部分，这两部分试验可以分开进行，也可以交叉进行。

1）机械对接试验

对于发射装置而言，主要检查发射装置与导弹（火箭）的机械协调性，发射装置及其附属设备安装的机械协调性，以及有无机械干涉现象。

与发射装置相关的试验内容主要包括：

（1）导弹（火箭）往发射装置（发射箱）装填，检查装填过程中有无机械干涉碰撞现象，装填是否方便。

（2）导弹（火箭）装填到位后，检查发射装置与导弹（火箭）连接的各种电连接器是否能插接到位；限制器位置是否合适；各种协调尺寸（如末端开关压块位置及伸缩量）是否合适；固弹机构锁紧导弹（火箭）是否可靠，操作是否方便；脱落插头分离机构能否可靠分离。

（3）导弹（火箭）与发射箱箱盖之间的距离是否符合要求。

（4）发射装置与发射箱、发射装置与火控系统其他设备连接的电缆长度及插座位置是否协调。

（5）发射箱与发射箱支架尺寸是否协调，连接、固定是否牢固、可靠；发射箱往发射箱支架上吊装是否方便，有无机械干涉现象；发射箱是否满足发射号位的互换性要求。

机械对接试验内容较多，不可能一一列出，应根据不同型号导弹（火箭）发射装置的类型，确定有针对性的检查项目。

2）电气对接试验

对发射装置而言，主要检查发射装置与导弹（火箭）的电气协调性、正确性。

试验前须做好的准备工作包括：

（1）与发射过程有关的发射装置火工品（如开盖爆炸螺栓、抛掷式爆炸盖）不用真实火工品，而用指示灯代替，试验时通过观察指示灯验证起爆电路的正确性。对于新研制的发射装置火工品，为验证其协调性，在试验条件允许的情况下，首次进行发控对接试验时应使用真实火工品。

（2）试验所用的电缆经过导通及绝缘检查，并核对好芯线，按系统电缆连接图连接好电缆，确保电缆连接无误。

（3）在导弹（火箭）通电前，先用导弹（火箭）模拟器对系统（含发射装置）进行模拟发射检查。

发射装置随系统按正常发射流程进行导弹（火箭）射前检查、参数装定、射前准备（与发射装置相关的发射箱放气均压、限制器解锁、发射箱开盖、减震器转刚性等）、模拟发射、解除发射、应急发射等试验项目。

4.2.3 靶场试验

1. 靶场试验目的、任务和进场条件

靶场试验是指发射装置参加的导弹（火箭）靶场鉴定试验，通过试验全面考核发射装置对导弹（火箭）发射方式和流程的适应性，设备功能和技术配套的完整性，装载、发射导弹（火箭）的协调性，以及使用的安全性、可靠性和维修性。

发射装置靶场鉴定试验的任务主要包括：

（1）发射装置接口的正确性和工作协调性。

（2）发射装置基本功能的正确性。

（3）发射装置与导弹（火箭）的机械、电气协调性。

（4）发射装置发射正确性。

（5）发射装置的可靠性、维修性、电磁兼容性和环境适应性。

发射装置需满足以下要求方可参加靶场试验。

（1）系统鉴定试验大纲已批复。

（2）发射装置技术资料齐套、完整、可用。

（3）发射装置已完成系统鉴定试验前规定的各项试验，技术状态满足技术要求，并且通过转阶段评审。

（4）在前期各种试验中存在的技术问题和使用问题已经解决。

（5）发射装置配套备附件、工具、仪表齐套，并在计量有效期内。

2. 靶场试验的主要项目及内容

发射装置参加靶场试验的主要项目及内容如下：

（1）发射装置、辅助参试设备及进场资料的齐套性检查。

（2）发射装置接口检查。检查发射装置与火控系统相关设备的机械、电气接口。

（3）基本功能检查。检查发射装置的基本功能是否满足设计指标要求；进行火控系统对导弹（火箭）射前检查及检查发射装置的工作协调性；收集发射装置可靠性、维修性试验信息。

（4）发控对接试验。检查发射装置与导弹（火箭）的机械、电气协调性。

（5）导弹（火箭）飞行试验。

（6）可靠性鉴定试验。依据系统方案规定的发射装置可靠性指标，通过武器系统可靠性试验，结合发射装置功能性检查和导弹（火箭）飞行试验，对发射装置的平均故障间隔时间（Mean Time Between Failures，MTBF）进行检查，试验前需确定可靠性试验总时间和拒收故障数。故障的定义及处理要求在下一部分做详细描述。

（7）维修性鉴定试验。依据系统方案规定的发射装置维修性指标，对发射装置的平均故障修复时间（Mean Time To Restoration，MTTR）进行检验。

（8）电磁兼容性试验。电磁兼容性试验是在发射装置实际使用条件和靶场实际电磁环境条件下，结合导弹（火箭）飞行试验进行的。以舰载导弹发射装置为例，在火控系统工作状态下，舰上雷达、通信、电子等作战设备开机，大功率设备开、关机，检查发射装置电磁兼容性能。

（9）使用环境适应性验证试验。使用环境适应性验证试验是在发射装置实际使用条件和靶场实际自然环境条件下，结合导弹（火箭）飞行试验进行的。

（10）发射环境适应性检查。测量导弹（火箭）发射过程中发射装置及周围环境的振动和噪声参数，检查导弹（火箭）发射时对发射装置、舱室、人员及装备的影响。

3. 发射装置鉴定试验中故障的定义及处理要求

发射装置鉴定试验中关于故障的定义、判断、统计和处理按下面的原则进行。

1）基本定义

故障，即产品或产品的一部分不能或将不能完成预定功能的事件或状态。

责任故障，即承制方提供的设备在试验中出现关联的独立故障，以及由此引起的任何从属故障，只计为一次责任故障。关联故障指由系统自身原因产生，且在现场使用中预期会出现的故障；独立故障指不是由另一产品故障引起的故障；从属故障指由另一产品故障引起的故障。

非责任故障，即非关联故障或事先已经规定不属于某组织机构责任范围内的关联故障。非关联故障指已经证实是未按规定的条件使用而引起的故障。

2）故障判断

责任故障与非责任故障的表现形式是判定故障责任的主要依据。

责任故障的主要表现形式如下：

（1）设计缺陷引起的故障。

（2）工艺不良引起的故障。

（3）元器件、零部件的失效引起的故障。

（4）试验过程中出现，但不能复现或未查清原因的故障。

（5）发生故障后，不经修理而在有限时间内自行恢复功能的间歇性故障。

（6）由于研制方提供的操作、使用、维护程序不当引起的故障。

（7）由研制方开发的应用软件差错引起的故障。

非责任故障的主要表现形式如下：

（1）安装损坏引起的故障。

（2）意外事故或人为差错引起的故障。

（3）元器件超过使用寿命期引起的故障。

（4）外加应力超过试验规定引起的故障。

（5）按使用说明书规定的正常调整能够消除的故障。

（6）非被试设备引起的故障。

3）责任故障统计原则

可靠性责任故障统计按责任故障的表现形式，出现一次责任故障即计入一次故障数，重复故障只计为一次责任故障。对已经确定的责任故障，按照故障性质分为四类并分配权系数，具体归类原则为：Ⅰ类故障为被试设备丧失部分或全部功能，致使该设备无法完成其主要功能的故障，权系数为 1；Ⅱ类故障为被试设备性能退化的故障，此时表现为设备的主要技术参数超差，权系数为 0.8；Ⅲ类故障为被试设备功能降低的故障，该故障发生后设备工作有不良现象，但基本功能仍能实现，权系数为 0.5；Ⅳ类故障为对被试设备有一定影响，但设备自身仍能完成规定功能的轻微故障，权系数为 0.2。

4）责任故障处理要求

在定型靶场试验期间，责任故障应严格按照故障判断进行确定，并计入可靠性故障统计范围，对于已划定的责任故障，不能因为采取了推荐的纠正措施进行纠正而计入非责任故障。

4. 发射装置维修性鉴定试验的一般方案

发射装置维修性鉴定试验一般随火控系统维修性鉴定试验进行，通过自然故障或模拟故障，完成实际维修作业，对维修性的平均故障修复时间（MTTR）进行判决。

1）样本量的确定方法

采用 GJB 2072—1994 中的对数正态分布假设检验方法对 MTTR 进行检验，样本量计算公式为

$$n = \left(\frac{Z_{1-\alpha} + Z_{1-\beta}}{\ln\mu_1 - \ln\mu_0} \right)^2 \sigma^2 \tag{4-1}$$

式中　μ_0——平均修复时间的可接受值；

　　　μ_1——平均修复时间的不可接受值；

　　　$Z_{1-\alpha}, Z_{1-\beta}$——下侧概率给出正态分布的分位数 Z_P，α 为研制方风险概率，β 为用户方风险概率；

　　　σ^2——对数方差（可用事前估值代替）。

根据系统方案规定的 MTTR 确定 μ_0、μ_1、σ^2，双方风险 α、β，由式（4-1）计算样本量 n。根据 GJB 2072—1994 中规定，如果样本量小于 30，应取样本量为 30。

2）判别方法

计算样本平均值 $\overline{Y}$，即

$$Y = \ln X_i \tag{4-2}$$

$$\overline{Y} = \frac{1}{n} \sum_{i=1}^{n} \ln X_i \tag{4-3}$$

$$S^2 = \frac{1}{n-1} \sum_{i=1}^{n} (\ln X_i - \overline{Y})^2 \tag{4-4}$$

式中 X_i ——第 i 个维修样本的观测值；

Y —— X_i 的自然对数；

$\bar{Y}$ —— Y 的样本均值；

S^2 —— Y 的样本方差；

n ——试验的样本量。

若 $\bar{Y} \leq \ln\mu_0 - \dfrac{1}{2}S^2 + \dfrac{Z_{1-\alpha}S}{\sqrt{n}}$，则认为该系统符合维修性要求而接收，否则拒收。

3）维修样本分配

按 GJB 2072—1994，维修作业按比例分层抽样的分配方法，可获得各更换单元的验证样本量 n_i。发射装置的维修作业样本分配按表 4-3 填写。

表 4-3　维修作业样本分配

系统设备名称	故障率 $\lambda_i /$ ($\times10^{-6}\,\mathrm{h}^{-1}$)	产品数量 Q_i	工作时间加权系数 T_i	各组故障率 $Q_iT_i\lambda_i$	相对发生频率 Cp_i	分配的验证样本量 $n_i = nCp_i$	分配的预选样本量 $N_i = 4n_i$

4）试验流程

维修性试验流程如图 4-1 所示。

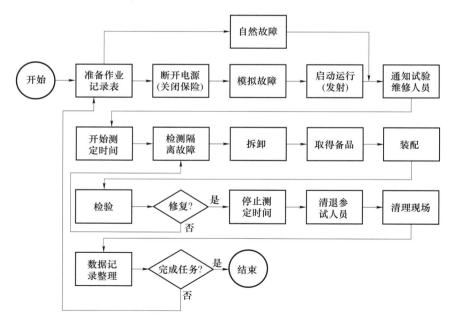

图 4-1　维修性试验流程

第5章　可靠性试验

5.1　可靠性试验目的

可靠性试验是了解、分析、提高、评价产品可靠性的一种手段。可靠性试验的目的：一方面是为了发现产品设计、工艺、元器件、材料等方面的缺陷，为产品的改进提供依据；另一方面是为了获取评价产品的可靠性所需的数据资料。

5.2　可靠性试验分类

按试验目的分类，可靠性试验可分为工程试验与统计试验两大类。工程试验的目的是暴露产品设计、工艺、元器件、材料等方面存在的缺陷，采取措施加以改进，提高产品的可靠性。工程试验包括环境应力筛选试验、可靠性研制试验与可靠性增长试验等。统计试验的目的是验证产品的可靠性或寿命是否达到规定的要求，如可靠性鉴定试验、可靠性验收试验、寿命试验等。发射装置各类可靠性试验的目的、适用对象和适用时机见表5-1。

表5-1　发射装置各类可靠性试验的目的、适用对象和适用时机

试验类型	目　　的	适用对象	适用时机
环境应力筛选试验	在产品交付使用前发现和排除不良元器件、制造工艺和其他原因引入的缺陷造成的早期故障	主要适用于发射装置电子、电气设备（包括元器件、组件和设备）	发射装置的研制阶段、生产阶段和大修过程
可靠性研制试验	通过对产品施加适当的环境应力、工作载荷，寻找产品中的设计缺陷以改进设计，提高产品的固有可靠性水平	适用于发射装置各类产品及特殊机构	发射装置研制阶段的前期和中期

试验类型	目的	适用对象	适用时机
可靠性增长试验	通过对产品施加模拟实际使用环境的综合环境应力，暴露产品中的潜在缺陷并采取纠正措施，使产品的可靠性达到规定的要求	主要适用于发射装置关键电子、电气设备和成败型产品	发射装置研制阶段的中期，产品的技术状态大部分已经确定
可靠性鉴定试验	验证产品的设计是否达到规定的可靠性要求	主要适用于发射装置关键电子、电气设备和成败型产品	发射装置设计定型阶段，同一产品已通过环境应力筛选试验、同批产品已通过环境鉴定试验，产品的技术状态已经固化
可靠性验收试验	验证批生产产品的可靠性是否保持在规定的要求	主要适用于发射装置关键电子、电气设备和成败型产品	发射装置批生产阶段
寿命试验	验证产品在规定条件下的使用寿命、贮存寿命是否达到规定的要求	适用于发射装置各类有使用寿命、贮存寿命要求的产品	发射装置设计定型阶段。产品已通过环境鉴定试验，产品的技术状态已经固化

按试验场地分类，可靠性试验可分为实验室试验和现场试验两大类。实验室可靠性试验是在实验室中模拟产品实际使用环境条件，或实施预先规定的工作应力与环境应力的一种试验。现场可靠性试验是产品直接在使用现场进行的可靠性试验。实验室可靠性试验和现场可靠性试验的比较见表 5－2。

表 5－2　实验室可靠性试验和现场可靠性试验的比较

序号	比较内容	实验室可靠性试验	现场可靠性试验
1	试验条件	可以严格控制，但在实验室中很难全部模拟产品的真实环境条件及使用情况	结合实际使用进行，其环境条件和使用情况真实
2	试验数据	数据的收集和分析较方便，容易获得所需的信息	数据记录的完整性和准确性较差
3	受试产品的限制	由于试验设备的限制，大型系统和设备无法进行	特别适合武器装备、大型复杂系统的试验
4	故障发现与纠正	可以较早地通过试验发现故障，进行纠正	产品在现场试验或使用时再发现故障，纠正时机较晚

续表

序　号	比较内容	实验室可靠性试验	现场可靠性试验
5	子样数	能专门用于试验的子样数少	结合装备的现场试验与用户使用，可用的子样数较多
6	费用	综合环境应力试验设备较昂贵，试验时人、财、物开支较大	结合装备的现场试验与用户使用，费用较低

5.2.1　环境应力筛选试验

1. 试验目的

环境应力筛选（Environment Stress Screening，ESS）的目的是发现和排除产品中不良元器件、制造工艺和其他原因引入的缺陷造成的早期故障。

2. 试验依据

环境应力筛选的依据是：

（1）GJB 450A—2004《装备可靠性工作通用要求》。

（2）GJB 1032—1990《电子产品环境应力筛选方法》。

（3）GJB/Z 34—1993《电子产品定量环境应力筛选指南》。

3. 适用对象与适用时机

环境应力筛选是一种工艺手段。它通过向电子产品施加合理的环境应力和电应力，使其内部的潜在缺陷加速成为故障，并通过检验发现和排除故障。

环境应力筛选主要适用于发射装置电子、电气产品，不适用于机械产品。

环境应力筛选适用于产品的研制和生产阶段，以及大修过程。在研制阶段，环境应力筛选可作为可靠性增长试验和可靠性鉴定试验的预处理手段，用以剔除产品的早期故障，提高这些试验的效率和结果的准确性。生产阶段和大修过程可作为出厂前的常规检验手段，用以剔除产品的早期故障。

4. 环境应力筛选设计基本准则

设计环境应力筛选时应考虑以下基本准则，并进行综合和权衡。

（1）安全性准则。选择的筛选应力强度，应能激发出最多的早期故障，但又不能损坏产品中原来完好的部分，不影响产品的使用寿命。

（2）可行性准则。选择的筛选应力，应当是设计单位（或协作单位）相应的试验设备或装置能够提供的。

（3）经济性准则。在能有效剔除现场使用中经常出现的早期故障的前提下，应尽量选用低费用筛选设备与方法。

（4）任务关键性准则。如果产品在未来应用中十分关键，产品一旦出现故障，对完成任务具有决定性的影响，甚至会贻误战机或带来重大经济、政治损失，应使用最严格的筛选。

5. 产品各组装等级的环境应力筛选

为了消除早期故障，应在产品的不同组装等级进行环境应力筛选。例如，元器件、分组件（如印制电路板）、组件或产品。任何一个组装等级的筛选不能代替高一级组装等级的筛选。这是因为在将低组装等级的产品组装成高一级产品时，增加了外购件及组装工艺，会引入新的缺陷。任何一个高一级的筛选，虽然能部分代替低一级组件的筛选，但筛选效率将降低，且筛选成本大大提高。

在制定筛选大纲时，应考虑每一组装等级，并从技术效果、费用效果及故障可测试性等方面进行评估，做出决策。只要可能，在各组装等级，如元器件、组件、单元或产品三个等级，均应进行100%环境应力筛选。若检测手段和费用支持等受限制，至少应对元器件、单元或产品进行100%环境应力筛选。

6. 产品缺陷

产品设计和制造过程中，会引入各种类型的缺陷，主要分为设计缺陷、工艺缺陷和元器件缺陷。上述三类缺陷按其来源可分为两类。一类是固有缺陷。固有缺陷是本来就存在于产品内的缺陷。这类缺陷与产品设计［材料选择、外购元（部）件选用、结构设计、耐环境设计］和采用工艺有关。另一类是诱发缺陷。诱发缺陷是生产和修理过程中引入的工艺缺陷，如连接不良、虚焊等。这种缺陷具有随机性。

上述缺陷中有一部分是可用常规检测手段发现的明显缺陷，但还存在用常规检测手段无法发现的潜在缺陷，这些潜在缺陷是产生早期故障的主要根源。

环境应力筛选能发现的典型缺陷见表5－3。

表5－3 环境应力筛选能发现的典型缺陷

温 度	振 动	温度和振动
元器件参数漂移，电路板开路、短路，元器件安装不当，错用元器件，密封失效，化学污染，导线束端头缺陷，夹接不当	粒子污染、压接导线磨损、晶体缺陷、混装、邻近板摩擦、两个元器件短路、导线松脱、元器件粘接不良、大质量元器件紧固不当、机械性缺陷	焊接缺陷、硬件松脱、元器件固有缺陷、紧固件问题、元器件破损、电路板蚀刻缺陷

温度应力在揭示有缺陷的元器件方面起主要作用，而随机振动在揭示工艺和组装缺陷方面起主要作用。

7. 环境应力筛选使用的应力及量值

1）典型环境应力

环境应力筛选使用的应力主要用于激发故障，而不是模拟使用环境。根据以往的实际经验，不是所有应力在激发产品内部缺陷方面都特别有效。因此，通常仅用几种典型应力筛选。常用的应力及其强度、费用和筛选效果见表 5 - 4。

表 5 - 4　常用的应力及其强度、费用和筛选效果

环境应力	应力类型		应力强度	费　用	筛选效果
温度	恒定高温		低	低	不显著（对元器件较好）
	温度循环	慢速温变	低	较低	不显著
		快速温变	高	较高	好
	温度冲击		较高	适中	较好
振动	正弦扫频振动		较低	适中	不显著
	随机振动		高	较高	好
组（综）合	温度循环与随机振动		高	高	好

温度循环和随机振动两种应力激发的缺陷种类不完全相同，两者不能互相取代。

2）应力类型的选择和应力施加次序

（1）应力类型的选择。一般应优先采用温度循环和随机振动，如果经济条件或设备条件不允许，可采用筛选强度较差的其他应力，如随机振动改成正弦扫频振动、温度循环改成温度冲击等。如果某些特定产品用某些环境应力筛选特别有效，则可优先考虑采用这些环境应力进行筛选。

（2）应力施加次序。环境应力筛选效果不仅取决于所采用的应力类型，还取决于其相互间的作用。使用温度循环和随机振动进行筛选时，筛选应力组合应是"振动—温度循环—振动"。

图 5 - 1 是 GJB 1032—1990 中规定的温度和振动应力施加次序。

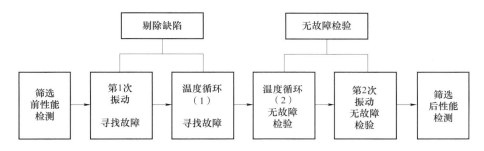

图 5 - 1　温度和振动应力施加次序

3）环境应力量值

环境应力筛选所使用的应力量值的确定是以经济并有效地发现产品早期故障为目的，无需模拟产品的真实环境应力，但不能超出设计的极限应力，也不能使产品性能下降或寿命降低。

（1）温度循环应力量值。表征温度循环筛选应力的基本参数包括上限温度 T_U，下限温度 T_L，上限温度保温时间 t_U，下限温度保温时间 t_L，温度变化速率 V_1、V_2 和温度循环次数 N，如图 5-2 所示。

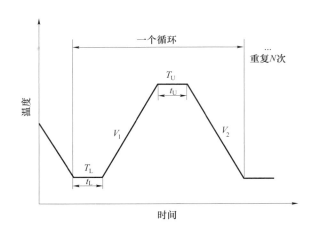

图 5-2　温度循环应力参数

①上、下限温度。温度循环中的上、下限温度决定了筛选强度。选择上、下限温度的关键是给产品施加适当应力以剔除早期故障而又不损坏好的产品。

如果在筛选中对产品不通电检测性能，则筛选的上限温度不应高于产品的贮存高温，其下限温度不应低于产品的贮存低温。

如果在筛选中对产品通电检测性能，则筛选的上限温度不应高于产品的设计最高工作温度，其下限温度不应低于产品的设计最低工作温度。

如果在筛选中对产品仅在上限温度通电检测性能，则筛选的上限温度不应高于产品的设计最高工作温度，其下限温度不应低于产品的贮存低温。

如果在筛选中对产品仅在下限温度通电检测性能，则筛选的上限温度不应高于产品的贮存高温，其下限温度不应低于产品的设计最低工作温度。

在选择上、下限温度时，温度变化幅度应尽可能大，以提高筛选效率。

②上、下限温度持续时间。上、下限温度的持续时间取决于产品在此温度下达到温度稳定的时间和检测性能所需要的时间。这一时间因产品不同而异，可用热测定确定。

③温度变化速率。试验箱内空气温度变化速率不应小于 5 ℃/min，受筛产品等级越低，该速率就应越大。

④温度循环次数（或筛选时间）。温度循环次数对于组件级产品（如印制电路板）应为 20~40 个循环，对于单元级产品或设备应为 10~20 个循环。温度循环筛选时间相应为 40~80 h。

⑤通、断电和性能检测。温度循环筛选中是否通电和进行性能检测一般考虑以下因素：

a. 从提高筛选效果考虑，筛选过程中应尽量通电并进行性能检测。通电筛选在析出缺陷方面比不通电筛选更有效。

b. 从可能性和经济性考虑，一般在高组装级进行通电和性能检测，低组装级不进行通电和性能检测，这是因为低组装级往往不具备检测性能的条件。

c. 通常降温阶段不应通电，因为通电使产品发热，会影响产品温度变化速率。

d. 应尽量增加性能检测次数，以便及时发现故障并进行修复，节省筛选时间。

（2）振动应力量值。随机振动筛选应力的基本参数包括加速度功率谱密度、振动持续时间和振动轴向（数）。

①加速度功率谱密度。GJB 1032—1990 和 GJB/Z 34—1993 中，建议以图 5 - 3 的振动频谱作为筛选振动的输入。实践证明，图 5 - 3 随机振动频谱适用于电子产品（设备）这一组装等级，对于结构复杂的产品，特别是包含有光电或某些机电装置的产品不一定合适，应当根据产品特性确定。

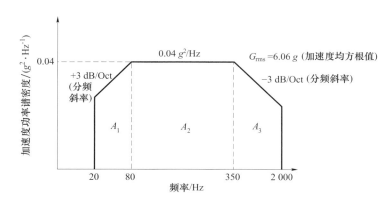

图 5 - 3　随机振动频谱

应当对受筛产品进行振动测定，确定共振频率、优势频率和产品响应情况。对产品响应大的频率处，减小振动输入；产品响应小的频率处，加大振动输入。以此保证不损坏产品又能进行规定量值的筛选。

常规筛选振动量值一般可用 $0.04\ g^2/Hz$。某些暂时无法判断筛选效果或易损的产品可根据振动筛选的效果，由低到高适当调整振动量值，但一般不超过 $0.04\ g^2/Hz$。

②振动持续时间。振动持续时间一般为每轴向 5 ~ 10 min，最少不小于 5 min。如果产品中印制电路板多为一个方向排列，则可仅在垂直于印制电路板方向进行 10 min 的随机振动。

随机振动一般在 15 ~ 20 min 产生最大效果，延长振动时间，不仅无益于筛选，反而会引起疲劳累积损伤，一般用 0.04 g^2/Hz 振动 20 min，对产品不会产生损伤，因此尽量控制随机振动时间在 20 min 以内。当按此谱型用较低量值进行振动，以寻找间歇故障时，保证产品不受损伤的允许等效振动时间见表 5-5。

表 5-5 加速度均方根值、加速度功率谱密度和等效时间对照表

加速度均方根值/g	加速度功率谱密度/$(g^2 \cdot Hz^{-1})$	等效时间/min	加速度均方根值/g	加速度功率谱密度/$(g^2 \cdot Hz^{-1})$	等效时间/min
6.06	0.04	20	4.24	0.02	160
5.20	0.03	47	3.00	0.01	1 280

③振动轴向（数）。随机振动筛选一般应在 3 个轴向上施加，但如果能够充分证明产品的早期故障仅对某一轴向或某两个轴向的振动敏感，则可选择该轴向进行单轴向筛选或两个轴向依次筛选。对于电子产品优先选择垂直于印制电路板的轴向。

④通、断电和性能检测。振动过程中应尽可能通电并进行性能检测。

8. 环境应力筛选实施要点

（1）环境应力筛选效果主要取决于施加的环境应力、电应力水平和检测仪表的能力。施加应力的大小决定了能否将潜在缺陷变为故障；检测能力的大小决定了能否将已被加速应力变成故障的潜在缺陷准确找出并加以纠正。

（2）进行环境应力筛选时，首先要考虑的是尽快激发出产品制造过程引入的潜在缺陷，但不能损坏产品中原来完好的部分。因此，采用加速应力，应力的大小不能超过产品的耐环境设计极限，施加应力的持续时间不能在产品中累积起不允许的疲劳损伤。一般采用快速温度循环和随机振动这两个最有效的应力组合进行。也可采用对受筛选产品特别敏感的其他应力。筛选应力的大小和持续时间应根据产品特性，在 GJB 1032—1990 和 GJB/Z 43—1993 等标准的基础上剪裁确定。

（3）环境应力筛选可用于产品的研制和生产阶段，以及大修过程。在产品的研制阶段，环境应力筛选在剔除早期故障的同时，也可以在一定程度上发现设计、工艺的薄弱环节并加以改进，从而提高产品的固有可靠性；在产品批生产和大修过程，环境应力筛选的主要目的是剔除制造过程使用的不良元器件或部件，以及引入的工艺缺陷，能够提高产品的使用可靠性。

（4）环境应力筛选所使用的环境条件和应力施加程序应着重于发现引起早期故障的缺陷，而不需要对使用环境应力进行准确模拟。环境应力一般是依次施加，并且环境应力的种类和量值在不同装配层次上可以调整。

5.2.2 可靠性研制试验

1. 试验目的

可靠性研制试验的目的是通过对产品施加适当的环境应力、工作载荷，寻找产品中的设计缺陷，进而改进设计，提高产品的固有可靠性水平。在研制阶段的前期，其试验目的侧重于充分地暴露产品缺陷，通过采取纠正措施，提高可靠性。因此，大多数采用加速的环境应力激发故障。在研制阶段的中后期，试验目的侧重于了解产品的可靠性与规定要求的接近程度，并对出现的问题采取纠正措施，进一步提高产品的可靠性。

2. 试验依据

可靠性研制试验的依据是 GJB 450A—2004《装备可靠性工作通用要求》。

3. 试验基本要求

（1）在研制阶段应尽早开展可靠性研制试验，通过试验—分析—改进（Test Analyze And Fix，TAAF）过程来提高产品的可靠性。

（2）可靠性研制试验是产品研制试验的组成部分，应尽可能与产品的研制试验结合进行。

（3）可靠性研制试验应制定试验方案，并对可靠性关键产品，尤其是新技术含量较高的产品实施可靠性研制试验。

（4）可靠性研制试验可采用加速应力进行，以尽快找出产品的薄弱环节或验证设计余量。

（5）试验中发生的故障均应纳入故障报告分析和纠正系统（Failure Report Analysis and Corrective Action System，FRACAS），并对试验后产品的可靠性状况做出说明。

4. 试验分类

目前，根据国内外工程实践，可靠性研制试验根据试验的直接目的、所处的阶段，以及施加的应力水平，可分为可靠性增长摸底试验（或可靠性摸底试验）、可靠性强化试验（Reliability Enhancement Testing，RET）或高加速寿命试验（Highly Accelerated Life Test，HALT）等，也包括结合性能试验、环境试验而开展的可靠性研制试验。发射装置一般进行结合性能试验、环境试验而开展的可靠性研制试验，关键产品进行可靠性增长摸底试验。

1）可靠性增长摸底试验

可靠性增长摸底试验是根据中国国情开展的一种可靠性研制试验。它是一种以可靠性增长为目的，无增长模型，也不确定增长目标值的短时间可靠性增长试验。其试验目的是在模拟实际使用的综合应力条件下，用较短的时间、较少的费用，暴露产品的潜在缺陷，并及时采取纠正措施，使产品的可靠性水平得到增长，保证产品具有一定的可靠性和安全性水平，同时为产品以后的可靠工作提供信息。

可靠性增长摸底试验一般在产品有了试件后就应尽早进行。

可靠性增长摸底试验对象的选择必须考虑产品本身的结构特点、重要度、技术特点、复杂程度，以及经费的多少等因素综合权衡来确定。

一般以较为复杂、重要度较高、无继承性的新研或改型电子产品为主要对象，类似的机电产品也可适当考虑。

根据中国目前的产品可靠性水平及工程经验，通常可靠性增长摸底试验的试验时间取 100 ~ 200 h 较为合适。可以对某一型号统一规定，也可以根据产品复杂程度、重要度、技术特点、可靠性要求等因素对各种产品分别确定试验时间。若分别确定试验时间，通常可取该产品 MTBF 设计定型最低可接受值的 20% ~ 30% 。

可靠性增长摸底试验一般包括以下实施要点：

（1）在可靠性增长摸底试验前，必须完成可靠性预计，故障模式、影响及危害度分析（Fault Modes，Effects and Criticality Analysis，FMECA）等可靠性设计工作，同批产品应完成所规定的环境试验项目及环境应力筛选。

（2）产品的技术状态应满足可靠性增长摸底试验的要求。

（3）试验过程中的产品监测记录应完整，以保证为分析故障原因提供准确、真实的信息。

2）可靠性强化试验

可靠性强化试验是一种采用加速应力的可靠性研制试验，其目的是使产品设计得更为"健壮"。基本方法是通过施加步进应力，不断地加速激发产品的潜在缺陷，并进行改进和验证，使产品的可靠性不断提高，以及产品耐环境能力达到最高，直到现有材料、工艺、技术和经费支撑能力无法再进一步提高为止。

可靠性强化试验已在国外得到较为广泛的应用，国内开展了相关研究，并已开始逐步应用于型号研制中。

可靠性强化试验是一种激发试验，它将强化环境引入到试验中，解决了传统可靠性模拟试验时间长、效率低及费用大等问题。产品通过可靠性强化试验，可以获得更快的增长速度、更高的固有可靠性水平、更低的使用维护成本、更好的环境适应能力和更短的研制周期。

可靠性强化试验有以下技术特点：

（1）可靠性强化试验不要求模拟环境的真实性，而是强调环境应力的激发效应，从而实现研制阶段产品可靠性的快速增长。

（2）可靠性强化试验是一种加速应力试验，采用步进应力方法，施加的环境应力是变化的，而且是递增的，可以超出规范极限甚至达到破坏极限。

（3）可靠性强化试验对产品施加 3 轴 6 自由度振动（以下简称全轴振动）和变化

高温。

（4）为了试验的有效性，可靠性强化试验必须在能够代表设计、元器件、材料，以及生产中所使用的制造工艺都已基本落实的样件上进行，并且应尽早进行，以便及时改进。

5.2.3 可靠性增长试验

1. 试验目的

可靠性增长试验的目的是通过对产品施加模拟实际使用环境的综合环境应力，暴露产品中的潜在缺陷并采取纠正措施，使产品的可靠性达到规定的要求。

2. 试验依据

可靠性增长试验的依据包括：

（1）GJB 450A—2004《装备可靠性工作通用要求》。

（2）GJB 1407—1992《可靠性增长试验》。

（3）GJB/Z 77—1995《可靠性增长管理手册》。

3. 试验对象

由于可靠性增长试验要求采用综合环境条件，需要综合试验设备，试验时间较长，投入较大。因此，一般只对那些有定量可靠性要求、新技术含量高，且重要、关键的产品进行可靠性增长试验。受试产品的具体选择参照以下规则：

（1）重要度较高、较为复杂、新研、缺乏继承性的产品。

（2）在研制试验和系统综合试验中问题较大的产品。

（3）对装备的可靠性指标影响较大的产品。

（4）在研制阶段现场使用中暴露问题较多的产品。

（5）在实验室或现场具备进行可靠性增长试验条件的产品。

4. 试验时间

试验需要的总试验时间决定于可靠性增长模型、工程经验及对产品的可靠性要求。它是受试产品从试验阶段开始增长到可靠性要求值的最长时间，一般取产品 MTBF 目标值的 5～25 倍。

5. 试验剖面

可靠性增长试验应模拟产品实际的使用条件制定试验剖面，包括环境条件、工作条件和使用维护条件。其中，环境条件及其随时间变化的情况应能反应受试产品现场使用和任务环境的特征，即应选用模拟现场的综合环境条件。实施综合环境条件时，应确定一个综合环境试验剖面，该剖面一般由温度、湿度、振动等环境应力和电应力构成。根据产品的不同用途，还应考虑其他工作应力。

由于可靠性增长试验是在产品研制阶段的后期开展，即在可靠性鉴定试验之前实施，因此，尽可能采用实测数据。若没有实测数据，可以按 GJB 899A—2009《可靠性鉴定和验收试验》的 4.3 条综合环境条件及附录 B 综合环境条件确定试验剖面。

6. 增长模型

可靠性增长试验必须要有增长模型。增长模型是一个数学表达式，描述了产品在可靠性增长过程中产品可靠性增长的规律或总趋势。

选用增长模型时要注意以下三点：

（1）选用经过实践验证的增长模型。

（2）选用那些参数有明显物理或工程意义的增长模型。

（3）根据产品特点来选取增长模型。

最常用的两种模型是 Duane 模型和 AMSAA 模型。

7. 实施要点

实施可靠性增长试验，应注意以下几点：

（1）可靠性增长试验应有明确的增长目标和增长模型，重点是进行故障分析和采取有效的设计改进措施。

（2）由于可靠性增长试验不仅要找出产品中的设计缺陷和采取有效的纠正措施，而且还要达到预期的可靠性增长目标，因此，可靠性增长试验必须在受控的条件下进行。

（3）为了提高任务可靠性，应把纠正措施集中在对任务有关键影响的故障模式上；为了提高基本可靠性，应把纠正措施的重点放在频繁出现的故障模式上。如果同时达到任务可靠性和基本可靠性预期的增长要求，应权衡这两方面的工作。

（4）成功的可靠性增长试验可以代替可靠性鉴定试验，但应得到订购方的批准。

5.2.4 可靠性鉴定和验收试验

1. 试验目的

可靠性鉴定试验的目的是在产品设计定型阶段验证产品的设计是否达到了规定的可靠性要求。可靠性验收试验的目的是确定已通过可靠性鉴定试验而转入批生产的产品在规定的条件下是否达到规定的可靠性要求。可靠性鉴定和验收试验简称为可靠性验证试验，属于统计试验。

2. 试验依据

可靠性验证试验的依据包括：

（1）GJB 450A—2004《装备可靠性工作通用要求》。

（2）GJB 899A—2009《可靠性鉴定与验收试验》。

3. 统计试验方案

1）试验方案类型

统计试验方案主要有指数分布统计试验方案、二项分布统计试验方案和其他统计试验方案（如威布尔分布统计试验方案）。

指数分布统计试验方案包括定数截尾、定时截尾和序贯截尾三种统计试验方案。

二项分布统计试验方案包括定数截尾和序贯截尾两种统计试验方案。

2）试验方案适用范围

指数分布统计试验方案适用于可靠性指标用时间度量的电子产品、部分机电产品及复杂的功能系统。二项分布统计试验方案适用于可靠性试验指标用可靠度或成功率度量的成败型产品（如导弹用设备等），但采用该试验方案需要有足够多的受试样本。只有当指数分布统计试验方案和二项分布统计试验方案都不适用的情况下（如多数的机械产品）才考虑采用其他统计试验方案。

定时截尾统计试验方案的优点是可以判决故障数及试验时间，费用在试验前已能确定，便于管理，是目前可靠性鉴定试验中用得最多的试验方案；其缺点是对于可靠性特差或特好的产品，做出判决所需的试验时间较序贯截尾统计试验方案长。序贯截尾统计试验方案的优点是对于可靠性特差或特好的产品能够较快地做出拒收或接收的判决，一般适用于可靠性验收试验，也适用于对受试产品的可靠性有充分的信心，能够较快地做出接收判决的产品的可靠性鉴定试验；其缺点是失效数、试验时间及费用在试验前难以确定，不便管理。定数截尾统计试验方案适用于成败型产品。

4. 可靠性验证试验方案

通常可靠性验证试验方案应包括以下内容：

（1）试验目的。

（2）试验对象及数量。

（3）统计试验方案、判决风险的确定原则。

（4）综合环境条件的确定原则。

（5）确定试验场所的原则。

（6）设置评审点。

（7）试验进度。

（8）其他项目。

5. 可靠性验证试验实施要点

（1）可靠性鉴定试验所需的时间长、费用高，不可能要求型号中的所有产品均进行可靠性鉴定试验，而只能选取二级（含二级）以上产品，或影响装备安全或任务完成的新研、有重大改进的关键产品。其中多数是电子产品和机电产品。

（2）能组成系统的尽量按系统考核。对于不能进行实验室鉴定试验的二级（含二级）以上系统或分系统，可对其中的关键组件（现场可更换单元）进行实验室可靠性鉴定试验。其他组件的可靠性可利用外场使用数据进行综合评估，以确定产品是否达到规定的可靠性指标。综合评估验证必须经总体单位和使用方的同意，并报相应定型管理机构批准。

（3）可靠性鉴定试验一般采用定时截尾统计试验方案，而对于可靠性验收试验一般采用定时截尾统计试验方案或序贯截尾统计试验方案。使用方风险和承制方风险一般选取 20%；对于可靠性指标非常高（如 MTBF 大于 1 000 h），且承制单位能够抓好可靠性工作，对产品可靠性有把握的产品，为了节约经费和进度，使用方风险和承制方风险可以选取 30%，或结合实验室试验和现场使用数据进行综合评估。

（4）可靠性鉴定试验剖面应尽可能模拟产品的真实使用环境，包括环境应力和工作应力。

（5）在确定振动应力时，不能应用累积疲劳损伤机理推导得出的等效公式进行振动量值与试验时间的转换。因为疲劳损伤机理对大多数电子、机电产品而言，并不是一种主要的失效机理。工程中还是采用 GJB 899A—2009 中推荐的线性加权平均的方法进行处理较为合理。

（6）可靠性鉴定试验过程中如发生故障，只能修复，不能进行改进设计。否则，试验应从头开始。

（7）无论试验最终结果是接收，还是拒收，对试验中发生的所有故障都应予以高度重视，并积极采取相应的措施。

（8）若试验结果做出拒收判决时，因装备研制继续及其他特殊情况，经相应定型管理机构和使用部门认可，可以采取下列措施之一处理。

①对试验期间发生的所有故障制定相应的措施方案。在有关的纠正措施获得批准和实施后，应采用相同的样本量或经使用方同意的其他样本量重新进行试验。

②如果对所发生的故障采取有效措施后，经试验验证可以确保不再发生相同故障，可以接收。

③如果所发生的故障属于早期故障，承制方需制定相关制度和采取有效措施，确保不再发生此类故障后，可以接收。

（9）可靠性试验得出的可靠性特征量的置信度很大程度上取决于检测的准确性、检测手段的完善程度，以及受试产品被检测的次数。由于检测是确定是否故障及相关的工作时间所必需的，在产品的可靠性试验大纲中要规定检测方法、检测时间间隔和要求等。用于产品的激励信号应尽量符合产品在实际使用的受载情况。

5.2.5　寿命试验

1. 试验目的

寿命试验的目的：发现产品中可能过早发生损耗的零部件，以确定影响产品寿命的根本原因和可能采取的纠正措施；验证产品在规定条件下的使用寿命、贮存寿命是否达到规定的要求。

2. 试验依据

寿命试验的依据包括：

（1）型号研制合同中的有关规定。

（2）GJB 450A—2004《装备可靠性工作通用要求》。

3. 产品寿命参数

产品的主要寿命参数有：

（1）首次大修期限指在规定条件下，产品从开始使用到首次大修的寿命单位数，也称首次翻修期限。

（2）使用寿命指产品使用到无论从技术上还是经济上考虑都不宜再使用，而必须大修或报废时的寿命单位数。

（3）大修间隔期限指在规定的条件下，产品两次相继大修间的寿命单位。

（4）总寿命指在规定的条件下，产品从开始使用到报废的寿命单位数。

（5）贮存寿命指产品在规定的贮存条件下能够满足规定要求的贮存期限。

（6）可靠寿命指给定的可靠度所对应的寿命单位。

4. 产品寿命试验分类与方法

根据工作状态和贮存状态，产品寿命试验分为使用寿命试验和贮存寿命试验。

除模拟正常使用状态或贮存状态进行寿命试验外，对于高可靠性产品而言，寿命试验时间很长。为了缩短试验时间，在不改变故障模式和故障机理的条件下，用大应力的方法进行寿命试验，这一试验称为加速寿命试验。按照增加应力的方式，加速寿命试验可以分为恒定应力、步进应力、序进应力加速寿命试验三种。

5. 产品寿命评估

产品寿命评估有现场信息法、最短寿命零部件法、工程分析法三种。

（1）现场信息法指利用产品在现场的使用条件下所获得的信息来确定产品寿命的方法。该方法具有试验条件真实和费用低的优点，但存在信息不够完整和准确，进而影响评估结果准确性的缺点。

（2）最短寿命零部件法指用分析的方法找出待验证或给定寿命产品中寿命最短又能决定产品寿命的零部件，按实验室内寿命试验方法对该零部件进行试验，根据该零部件寿命试验结果给定整个产品的寿命的方法。

（3）工程分析法（如相似产品法）。根据相似产品寿命信息与水平，确定或给定被分析产品的寿命，叫作相似产品法，这是一种常用的工程分析方法。相似产品法指将受验产品同已经通过验证或实际使用结果证明满足寿命要求的相似产品，从结构、功能、制造工艺、原材料、使用环境条件等方面进行全面对比分析，若比相似产品的要求严格，则可以根据相似产品的寿命验证结果做出受验产品寿命水平是否满足规定要求的结论。

相似产品法一般适用于设备级或功能系统级的产品，对于产品的功能和性能相同或相近，而仅对部分接口、外观进行改进的产品，可优先选用。

能否采用相似产品法取决于：

①对产品的相似性进行分析的合理性。

②已经通过验证的相似产品的验证结果或数据的可信性。

6. 产品寿命试验实施要点

（1）产品寿命试验是一项周期长、投入大的工作。因此，型号研制过程中，应对所选择的配套产品进行重要性分析，对于影响型号使用安全和严重影响任务完成的产品拟开展寿命试验，并通过技术经济合同给予确定。

（2）对于既有可靠性指标要求，又有寿命指标要求的产品，可以采用寿命与可靠性综合验证方案，通过一个试验给出产品的寿命与可靠性的验证结果。

（3）产品的使用寿命或贮存寿命一般较长，在新产品使用初期要一次性确定产品寿命往往比较困难。因此，新产品的寿命指标一般可在首次使用、型号设计定型、生产定型时分期给定，但各期所给定的寿命指标应满足使用方的要求。

（4）有相当多的产品，制定其寿命试验条件的依据不足，寿命试验环境或工作应力量值过高或过低，均可能导致寿命试验达不到预期目的。因此，应根据产品的寿命剖面，科学合理地确定产品寿命试验剖面。

（5）目前，加速寿命试验得到了高度重视，但要合理地选择加速的应力、建立准确的物理化学模型，仍处于研究阶段。

5.3 非电子产品可靠性试验

5.3.1 非电子产品可靠性试验方法的基本思路

发射装置非电子产品的试验大多为成败型，试验结果为成功或失败，考察产品可靠性特征量为失败数或成功数。

可靠性特征量指能够衡量产品可靠性水平的可检测的随机变量。失败数越少，产品可靠性越高；反之，产品可靠性越低。

由于发射装置非电子产品可靠性指标要求很高，如果按成败型的试验方法做可靠性试验，所需的试验数量巨大。例如，为验证插头机构分离可靠性指标 0.995，当试验判断风险为 0.2（置信度为 0.8），需投入 321 台插头机构进行分离试验，且要求无一失败。显然，从研制成本考虑是不现实的，必须另辟蹊径。要减少试验数量，出路在于首先寻找计量型可靠性特征量代替计数型可靠性特征量，然后用特征量裕度试验代替成败型试验。因此，发射装置非电子产品可靠性试验方法的基本思路如下：

（1）考虑发射装置的系统可靠性模型主要是串联系统，即"最弱环"模型，必须抓薄弱环节，因此首先将产品化整为零，完整、准确地分解成若干薄弱环节，这些环节为可靠性串联，这是遵循本思路的前提条件。

（2）分析每个薄弱环节，寻找各环节的可靠性特征量，这些特征量尽量是可检测的计量型变量。

（3）利用各环节可靠性特征量裕度试验代替成败型试验，制定可靠性试验方案，按此方案实施试验。

5.3.2 非电子产品可靠性试验的基本分类

发射装置非电子产品门类繁多，但按照前述的基本思路，根据各种特征量分析，可以将非电子产品可靠性试验归纳为4种基本类型，见表5-6。

表5-6 非电子产品可靠性试验的4种基本类型

类 型	举 例
特征量为结构强度的裕度试验	挡弹机构承载试验、箱体承载试验、吊具静力加载试验、剪切销剪断试验、发射装置高海拔摇摆试验
特征量为寿命（威布尔分布）的裕度试验	电动机构寿命试验、发射箱发射次数试验、发射箱连续开（关）盖试验、发射梁连续刚弹性转换试验、海洋环境盐雾试验
特征量为功能参数的裕度试验	发射箱长期气密试验、发射箱外壳水密试验、发射装置电气箱水密试验、爆炸螺栓同步性试验
特征量为成败数的裕度试验	火工品起爆功能试验

5.3.3 各类非电子产品可靠性试验基本方案

根据前节的基本分类，第5.3.3节给出各类试验方案的基本模式。

1. 特征量为结构强度的可靠性试验方案

（1）试验对象。说明受试产品、受试环节的名称。

（2）试验内容。简述试验具体内容，如静力加载试验、剪切试验等。

（3）试验条件。简述加载量级及环境条件。

（4）极限应力。给定设计允许的极限应力量级，即按最严酷应力提要求。

（5）可靠性特征量 X 及其分布。说明 X 为何物理量，如材料抗拉强度、剪切强度等，服从正态分布。

（6）可靠性指标。$R = P\ (X > L)$，L 为极限应力，量值由分系统可靠性指标再分配确定。

（7）试验判断风险 β。由型号统一规定取值。

（8）投试数量。一般 $n \geq 4$。

（9）接收常数 k。$k = f\ (R,\ n,\ \gamma)$，根据可靠性指标 R、投试数量 n、置信度 $\gamma = 1 - \beta$，查 GB 4885—1985 数表可得。

（10）判断规则。

$$\begin{cases} \bar{x} - kS \geq L, \ \text{接收} \\ \bar{x} - kS < L, \ \text{拒收} \end{cases} \tag{5-1}$$

式中　$\bar{x}$——特征量样本均值，$\bar{x} = \dfrac{1}{n} \sum\limits_{i=1}^{n} x_i$；

S——特征量样本标准差，$S = \sqrt{\dfrac{1}{n-1} \sum\limits_{i=1}^{n} (x_i - \bar{x})^2}$。

（11）试验结果处理。若试验结果判断接收，试件可靠性满足指标要求；否则，分析原因，采取针对性措施，使可靠性获得增长。

2. 特征量为寿命（威布尔分布）的可靠性试验方案

（1）试验对象。说明受试产品、受试环节的名称。

（2）试验内容。简述试验具体内容，如电动机构寿命试验、发射箱连续开（关）盖试验等。

（3）试验条件。简述试验工况及环境条件。

（4）任务参数 X_0。设计规定的任务参数，如任务时间、任务循环数等。

（5）可靠性特征量 X 及其分布。说明 X 为何种物理量，如失效时间、失效循环数等，服从威布尔分布（形状参数 $1 < m \leq 3$，目前只能由工程判断取值）。

（6）可靠性指标。$R\ (X_0)\ = P\ (X > X_0)$，量值由分系统可靠性指标再分配确定。

（7）试验判断风险 β。由型号统一规定取值。

（8）投试数量。一般 $n \geq 2$。

（9）特征量试验值 X_R。

$$X_R = X_0 \left[\frac{\ln\beta}{n\ln R(X_0)} \right]^{1/m} \tag{5-2}$$

（10）合格判定数。$c = 0$，即不允许出现相关故障。

（11）判断规则。通过试验中相关故障数 r 与合格判定数 c 的相互关系判断。$r \leq c$，接收；$r > c$，拒收。

（12）试验结果处理。若试验结果判断接收，试件可靠性满足指标要求；否则，分析原因，采取针对性措施，使可靠性获得增长。

3. 特征量为功能参数的可靠性试验方案

1）双侧参数试验方案

（1）试验对象。说明受试产品、受试环节的名称。

（2）试验内容。简述试验具体内容，如燃气发生器性能试验等。

（3）试验条件。简述试验工况及环境条件。

（4）可靠性特征量 X 及其分布。说明 X 为何种物理量，如发生器工作压力等，服从正态分布。

（5）特征量容许限。设计规定的容许限 X_L、X_U。

（6）可靠性指标。$R = P（X_L \leqslant X \leqslant X_U）$，量值由分系统可靠性指标再分配确定。

（7）试验判断风险 β。由型号统一规定取值。

（8）投试数量。一般 $n \geqslant 5$。

（9）接收常数 k_1、k_2。k_1、k_2 分别由投试数量 n、置信度 $\gamma = 1 - \beta$、功能参数下限超差概率 P_1 与功能参数上限超差概率 P_2，查 QJ 1384—1998 数表可得，其中 P_1 与 P_2 满足 $R = 1 - （P_1 + P_2）$。

（10）判断规则。

$$\begin{cases} (\bar{x} - k_1 S, \bar{x} + k_2 S) \in [X_L, X_U]，接收 \\ (\bar{x} - k_1 S, \bar{x} + k_2 S) \notin [X_L, X_U]，拒收 \end{cases} \qquad (5-3)$$

式中　$\bar{x}$ ——功能参数样本平均值，$\bar{x} = \dfrac{1}{n} \sum\limits_{i=1}^{n} x_i$；

S ——功能参数样本标准差，$S = \sqrt{\dfrac{1}{n-1} \sum\limits_{i=1}^{n} (x_i - \bar{x})^2}$。

（11）试验结果处理。若试验结果判断接收，试件可靠性满足指标要求；否则，分析原因，采取针对性措施，使可靠性获得增长。

2）单侧参数试验方案

单侧参数（下限或上限）试验方案同特征量为结构强度的可靠性试验方案，功能参数相当于强度，参数的容许限相当于极限应力。

3）点火同步性试验方案

（1）试验对象。说明受试件名称，如电爆管等。

（2）试验内容。简述试验具体内容，如点火试验、测定点火时间。

（3）试验条件。简述规定环境条件。

（4）可靠性特征量及其分布。可靠性特征量为启动点火时间极差 H_k，服从极值分布。

（5）特征量容许限。设计规定的不同步性 B。

（6）可靠性指标。$R = P（H_k \leqslant B）$，量值由产品可靠性指标再分配确定。

（7）试验判断风险 β。由型号统一规定取值。

（8）投试数量。一般 $n \geqslant 7$。

（9）接收常数 k_1、k_2。

$$G = \frac{B}{H_P(K)} \tag{5-4}$$

式中 $H_P(K)$——H_k 分布的分位数，根据可靠性指标 R、单台产品配套数目 K，查 QJ 2296—1992 数表可得。

（10）判断规则。若

$$\begin{cases} \sqrt{\dfrac{n-1}{\chi^2_{1-\gamma}(n-1)}} \cdot S \leqslant G，接收 \\ \sqrt{\dfrac{n-1}{\chi^2_{1-\gamma}(n-1)}} \cdot S > G，拒收 \end{cases} \tag{5-5}$$

式中 S——点火时间样本标准差，$S = \sqrt{\dfrac{1}{n-1} \sum\limits_{i=1}^{n} (t_i - \bar{t})^2}$，$\bar{t}$ 为点火时间样本平均值，

$\bar{t} = \dfrac{1}{n} \sum\limits_{i=1}^{n} t_i$；

$\chi^2_{1-\gamma}(n-1)$——自由度为 $(n-1)$ 的 χ^2 分布 $(1-\gamma)$ 分位数，根据 n、γ，查 GB 4086—1983 的 χ^2 分布分位数数表可得。

（11）试验结果处理。若试验结果判断接收，点火同步可靠性满足指标要求；否则，分析原因，采取针对性措施，使可靠性获得增长。

4. 特征量为成败数的可靠性试验方案（仅适用于难以找到计量型特征量的产品）

（1）试验对象。说明受试产品名称，如爆炸螺栓、抛掷式爆炸盖电爆管等。

（2）试验内容。简述试验具体内容，如起爆试验等。

（3）试验条件。简述规定环境条件。

（4）可靠性特征量及其分布。可靠性特征量为试验中的失败数 r，服从二项分布。

（5）可靠性指标 R。R 由产品可靠性验证指标再分配确定。

（6）试验判断风险 β。由型号统一规定取值（对于火工品元件，$\beta = 0.05$）。

（7）投试数量 n。

$$n = \frac{\ln\beta}{\ln R} \tag{5-6}$$

（8）合格判定数。$c = 0$，即不允许失败。

（9）判断规则。当 $r \leqslant c$ 时，接收；当 $r > c$ 时，拒收。

（10）试验结果处理。若试验结果判断接收，受试产品可靠性满足指标要求；否

则，分析原因，采取针对性措施，使可靠性获得增长。

5.4　电子产品可靠性试验

5.4.1　电子产品可靠性验证试验

可靠性验证试验通常是抽样试验，因此要求受试产品的技术状态与试验阶段的产品一致，生产工艺一致性和稳定性好，试验条件要尽可能模拟产品的使用环境。由于要保证抽样的随机性和代表性，因此抽样中应尽可能抽取 2 个或 2 个以上的子样。

可靠性验证试验通常安排在某个研制阶段的末期（如试样阶段结束时）。可靠性鉴定试验是对设计的鉴定，安排在发射装置参加飞行试验前进行。可靠性验收试验安排在产品交付前进行。

1. 可靠性验证试验的一般程序

（1）明确受试产品状态。受试产品的状态必须符合产品规定的技术状态。

（2）确定可靠性验证指标。根据产品验证需求和试验类型，确定可靠性指标，如可靠性、平均寿命等。

（3）选取可靠性特征量。对于电子产品，可靠性特征量就是寿命或失效动作循环数。

（4）确定试验条件。根据产品实际任务剖面确定试验条件，尽可能模拟真实的使用环境条件。对于电子产品，试验应力包括温度、湿度、振动、电应力等。

（5）确定失效判据。根据产品的技术要求确定产品的失效判据。

（6）制定抽样试验方案。根据产品的初始参数和可靠性特征量的分布，确定投试数量、试验总时间、合格判定数及试验判断风险。

（7）确定试验中出现故障的处理原则。

（8）确定试验数据收集要求。

2. 可靠性验证试验抽样方案

1）指数寿命型抽样方案

设产品的平均寿命为 θ，任抽一个样品进行寿命试验，规定试验截尾时间为 T，定时截尾抽样方案的特征函数为

$$L(\theta) = \sum_{r=0}^{c} \frac{\left(\dfrac{T}{\theta}\right)^r \mathrm{e}^{-\frac{T}{\theta}}}{r!} \tag{5-7}$$

式中　c——合格判定数；

r——试验中的失败次数。

给定 α、β、θ_0、θ_1，求解方程组

$$\begin{cases} L(\theta_0) = 1 - \alpha \\ L(\theta_1) = \beta \end{cases} \qquad (5-8)$$

式中 θ_0——θ 的最高估值；

      θ_1——θ 的最低估值；

      α——拒收合格品概率，生产方风险；

      β——接收不合格品概率，使用方风险。

可得标准型抽样方案 (T, c)。

给定 β、θ_1，解方程

$$L(\theta_1) = \beta \qquad (5-9)$$

可得极限质量抽样方案 (T, c)。当 $r \leqslant c$ 时，接收；当 $r > c$ 时，拒收。

为了缩短试验验证时间，可以同时抽取 n 个产品进行试验，则每个产品的试验截尾时间为总截尾时间的 $1/n$，即 T/n。

2）时间威布尔寿命型抽样方案

设产品寿命服从形状已知的威布尔分布，产品的任务时间为 t_0，可靠性为 $R(t_0)$，抽取 n 个产品进行试验，规定试验截尾时间为 t_R，抽样方案的特性函数为

$$L[R(t_0)] = \sum_{r=0}^{c} \left[\frac{n!}{(n-r)!r!} \right] \left[R(t_0)^{\left(\frac{t_R}{t_0}\right)^m} \right]^{n-r} \left[1 - R(t_0)^{\left(\frac{t_R}{t_0}\right)^m} \right]^r \qquad (5-10)$$

给定 α、β、$R_0(t_0)$、$R_1(t_0)$，求解方程组

$$\begin{cases} L[R_0(t_0)] = 1 - \alpha \\ L[R_1(t_0)] = \beta \end{cases} \qquad (5-11)$$

式中 $R_0(t_0)$——可靠性最高估值；

      $R_1(t_0)$——可靠性最低估值。

可得标准型抽样方案 (n, t_R, c)。

给定 β、$R_1(t_0)$，解方程

$$L[R_1(t_0)] = \beta \qquad (5-12)$$

可得可靠性最低可接收值抽样方案 (n, t_R, c)。

当 $r \leqslant c$ 时，接收；当 $r > c$ 时，拒收。

当 $c = 0$ 时，则

$$\begin{cases} n = \left(\dfrac{t_0}{t_R} \right)^m \dfrac{\ln\beta}{\ln R_1(t_0)} \\ t_R = t_0 \left[\dfrac{\ln\beta}{n\ln R_1(t_0)} \right]^{1/m} \end{cases} \qquad (5-13)$$

5.4.2　电子产品可靠性增长试验

1. 背景说明

可靠性增长试验分为已知模型的可靠性增长试验和未知模型的可靠性增长试验两种类型。

已知模型的可靠性增长试验通常采用 Duane、AMSAA 模型进行试验，但由于该方法需要选择合适的可靠性增长模型来实现，而模型的选择和模型中参数的确定需要较多的基础数据，而这些数据的积累和获得需要较多的试验，因此，该类型试验在目前的发射装置可靠性增长试验中应用较少。绝大多数发射装置可靠性增长试验属于未知模型的可靠性增长试验。

2. 待验指标

可靠性增长试验待验指标主要为发射可靠性，量值由可靠性指标分配获得。

3. 试验条件

可靠性增长试验采用模拟使用条件下的综合环境条件。

（1）高、低温循环。

（2）相对湿度。

（3）振动。

（4）电应力。

4. 可靠性特征量及分布

发射可靠性特征量是加电，加湿，高、低温循环和振动综合应力下的寿命，由于故障性质属于随机故障，故寿命服从指数分布。

5. 可靠性增长试验方案

1）原始参数

（1）发射可靠性 $R(t_0)$ 及发射准备任务时间 t_0。

（2）试验判断风险 β。

2）投试数量 n

根据产品生产配套计划确定 $n=1$ 或 2。

3）合格判定数 c

大多数情况下 $c=0$，即不允许失败。

4）加电、加湿、振动、温度循环总时间（或总循环数）

总时间为

$$t_{\Sigma} = t_0 \frac{\ln\beta}{n\ln R(t_0)} \tag{5-14}$$

总循环数为

$$N_\Sigma = \frac{t_\Sigma}{t_N} \qquad\qquad (5-15)$$

式中　t_N——单位循环小时数。

5）试验剖面

试验剖面即试验运行程序及经历的应力条件，如图5-4所示。

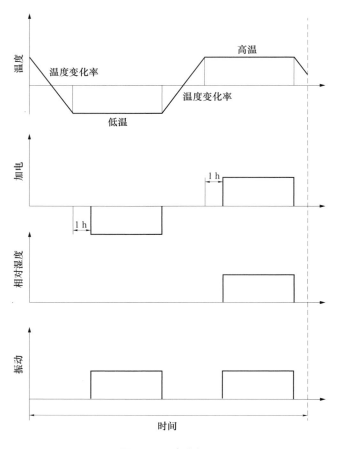

图5-4　试验剖面

（1）温度循环试验中温度变化率为10 ℃/min～15 ℃/min。

（2）加电前各保温1 h，加电时间应保证标称电压占50%，上、下拉偏电压时间各25%，拉偏电压为标称电压的±10%。

（3）振动总时间t_1分摊到各循环上，每个循环低温半周和高温半周分别加振$t_1/(2N_\Sigma)$。

6）试验结果处理

试验中若发生非相关故障，排除后继续试验，试验时间照常累计，该故障不计入评估样本。

试验中若发生相关故障，则针对故障原因采取改进措施，并经证明措施有效后继续试验，但对本故障环节或器件在改进前的试验时间是否累计应视故障性质而定，该故障应计入评估样本。

试验中若未发生任何故障，则试验顺利通过，说明该设备已满足试验阶段的可靠性指标。

6. 可靠性增长试验大纲

各电子设备应根据总体要求编制可靠性增长试验大纲，其内容至少包括：

（1）说明参试设备。

（2）规定技术状态。

（3）确定可靠性指标、任务时间等原始参数的量级。

（4）制定具体试验方案（包括试验条件的确定）。

（5）安排试验组织分工。

（6）确定试验场所、试验设备、检测点安装接口等参数。

（7）提出试验结果分析处理要求。

（8）提出试验管理、安全要求。

第6章 维修性试验

6.1 概　　述

随着技术的发展，维修性的内容已成为现代武器装备的重要质量特征，把维修性试验纳入产品的研制过程，是军方对航天发射装置产品的迫切需求。对于航天发射装置这种长期反复使用的产品，维修性的好坏直接影响到部队的战备完好性和任务成功性，对部队保障体系、维修资源的要求和降低全寿命的费用具有重要的影响。

为了更好地实现产品的维修性要求，需要通过维修性试验进行评定和验证。第6章将介绍航天发射装置产品的维修性试验。

6.2　维修性试验的目的、作用、种类和时机

6.2.1　维修性试验的目的和作用

维修性试验是航天发射装置产品生产、试验和使用阶段的重要维修性工作项目之一，其目的是鉴别有关的维修性设计缺陷，使维修性不断增长，并验证产品的维修性达到合同或任务书规定的要求。

航天发射装置产品研制全过程一般采用维修性设计准则的确定、维修性的建模、维修性的分配和维修性的预计等手段来实现产品的维修性能，但是上述项目不能直接证明产品的维修性水平，因此需要对产品在实际或模拟的使用条件下进行试验，以验证产品的维修性能否达到合同或任务书的要求。而在产品研制阶段，完全模拟全寿命周期的真实使用条件，从周期和经费上考虑，实际中都是不可能被接受的。因此，多在定性分析、评估的基础上，采用统计试验的方法，利用较少的样本量和较短的时间完成维修性试验和评定，希望通过试验发现和鉴别维修性设计缺陷，进而改进设计或改善保障条件来提高维修性，实现维修性的增长；考核、评定产品满足维修性定量与定性要求的程度，作为产品鉴定或验收的依据。

6.2.2　维修性试验的种类和时机

维修性试验的工作一般可分为维修性核查、维修性验证和维修性评价三种。

为了提高试验效率和节省试验经费，并确保试验结果的正确性，航天发射装置产品的维修性试验一般应与研制试验和可靠性相关试验结合进行，必要时也可单独进行。

1. 维修性核查

维修性核查是承制方在订购方监督下，为有助于实现装备的维修性要求，自签订合同之日起，贯穿整个研制过程的维修性试验与评定工作。

维修性核查的目的是检查与修正维修性分析的模型及数据，鉴别设计缺陷及其纠正措施，实现维修性的增长，从而有助于满足维修性的要求和以后的验证。

航天发射装置的维修性核查原则上应与各种研制试验和可靠性试验相结合，采用较少的维修性试验和维修作业时间测量、演示。如合同或其他订购文件有特殊要求，按相关文件执行。

2. 维修性验证

维修性验证是为了确定装备是否达到了规定的维修性要求，由指定的装备试验机构或其与订购方联合进行的试验与评定工作，一般在定型阶段进行。

维修性验证的目的是全面考核航天发射装置产品是否达到规定的要求，维修性验证的结果作为批准定型的依据。

验证试验的环境条件，应尽量与交付部队后的发射装置实际维修环境一致或类似，维修所需的工作条件、工具、保障设备、备件、设施和技术文件等应尽量符合实际保障的情况。

维修性试验的试验机构，由承制方和订购方商定，可以是专门的试验基地、试验场，也可以是具备条件的研究所、生产厂或其他合适单位。

验证试验中的维修人员一般应由试验机构、订购方的维修人员组成，但经双方商定由承制方执行的维修作业除外，维修人员应经承制方训练，其数量和水平应符合保障计划或相关文件的要求。

3. 维修性评价

维修性评价是订购方在承制方配合下，为确定装备在实际使用、维修及保障条件下的维修性所进行的试验与评定工作。

维修性评价的目的是确定航天发射装置在部队部署后的实际使用、维护及保障条件下的维修性，验证所暴露缺陷的纠正情况，重点是评价基层级和中继级维修的维修性，需要时，还应评价基层级维修的维修性。

维修性评价的对象应为部队装备的发射装置或与其等效的样机。

维修性评价应在部队试用或实际使用的发射装置中进行，需要评价的维修作业应是发射装置实际使用过程中经常进行的维修工作。只有为了评价那些不可能在评价期间发生的特殊维修作业，才需通过模拟故障补充。

参加维修性评价的维修人员应是装备方负责维修工作的维修人员，承制方只完成合同规定在作战、使用过程中应由他们完成的任务。

6.3　维修性试验的一般程序

维修性试验无论是单独举行还是与功能、可靠性试验结合进行，其工作程序基本一致，可分为准备阶段和实施阶段。

准备阶段的工作主要有制订维修性试验计划、确定维修性验证试验方法、确定受试品、培训试验人员、确定和准备试验环境及保障资源等。

实施阶段的工作主要有确定样本量，选择维修性试验作业样本，分配维修作业样本，模拟与排除故障，收集、分析和处理维修性数据，评定试验结果，编写维修性试验与评定报告，组织和管理试验与评定过程等。

6.3.1　维修性试验的准备阶段

1. 制订维修性试验计划

试验之前，应按照 GJB 2072—1994《维修性试验与评定》的要求，结合试验与评定的时机、种类及合同的规定，制订维修性试验计划。维修性试验计划的内容一般包括：

（1）试验目的、要求。包括试验的依据、目的、类别和作用，如果维修性试验与其他工程试验相结合进行，应说明结合的方法。

（2）试验与评定的组织。包括组织领导，参试单位，参试人员分工、技术水平和数量的要求，参试人员的培训等。

（3）受试品、试验场地和资源的要求。包括受试品的来源、数量、质量要求；试验场地及环境条件要求；试验用保障资源（如维修工具设备，备、附件，消耗品，技术文件，试验设备，安全设备等）的数量和质量要求。

（4）试验方法。包括选定的试验方法及判决标准、风险或置信度等。

（5）试验实施的程序和进度。包括采用模拟故障时，模拟故障的要求及选择维修作业的程序，数据获取的方法、分析的方法和程序，特殊试验，重新试验和加试的规定，试验进度的日程安排等。

（6）评定的内容和方法。包括发射装置满足维修性定性和定量要求的评定，维修性保障资源定性要求的评定等。

（7）试验经费的预算和管理。

（8）订购方参加试验的有关规定和要求。

（9）试验及评定报告的编写内容、格式、完成日期等要求。

2. 确定维修性验证试验方法

GJB 2072—1994 提供了维修性指标的试验验证方案共计 11 种。其中，维修时间平均值（如平均修复时间、平均预防性维修时间、平均维修时间）试验验证方法主要有 3 种，见表 6 – 1。航天发射装置的维修性定量指标多为平均维修时间和最大维修时间，推荐使用方法 9 作为航天发射装置产品的维修性验证试验方法，试验方法的选择在保证满足不超过订购方风险的条件下，尽量选择样本量小、试验费用少、试验时间短的方法。由订购方和承制方商定，或由承制方提出经订购方同意。

表 6 – 1 维修时间平均值试验验证方法

试验方法	分布假设	样本量	推荐样本量	作业选择	需要规定的参数
1 – A	对数正态分布，对数方差 σ^2 已知，或能由以往资料得到适当精度的估计值	按 GJB 2072—1994 附录 A 中公式 A1 计算	不小于 30	自然或模拟故障	μ_0、μ_1、α、β
1 – B	分布未知，方差已知或能由以往资料得到适当精度的估计值 d^2	按 GJB 2072—1994 附录 A 中公式 A2 计算	不小于 30	自然或模拟故障	μ_0、μ_1、α、β
9	分布未知、方差未知		不小于 30	自然或模拟故障	$\overline{M}_{ct}$，$\overline{M}_{pt}$，$\overline{M}_{p/c}$、β、M_{maxct}

注：X ——有关维修时间的随机变量，如修复性维修时间、预防性维修时间、故障诊断时间或维修时间等；

μ ——X 的期望值，$\mu = E(X)$，X 服从对数正态分布时，$\mu = \exp(\theta + 1/2\sigma^2)^2$；

α ——承制方风险，即受试品维修性参数的期望值小（优）于或等于可接受值而被拒收的概率；

β ——订购方风险，即受试品维修性参数的期望值大（劣）于或等于不可接受值而被接收的概率；

$\overline{M}_{ct}$ ——平均修复时间；

$\overline{M}_{pt}$ ——平均预防性维修时间；

$\overline{M}_{p/c}$ ——平均维修时间；

M_{maxct} ——最大修复时间，通常取第 90 或第 95 百分位（即维修度为 90% 或 95%）。

3. 确定受试品

维修性试验所用的受试品，应直接利用定型样机或从所有提交的受试品中随机抽取，并进行单独试验。也可同其他试验结合用同一样机进行试验。

为了减少延误时间，确保试验顺利开展，允许有主试品和备试品。但是受试品的数量不宜过多，因维修性试验的特征量是维修时间，样本量是维修作业次数，而不是受试品的数量。且它与受试品数量无明显关系。当模拟故障时，在一个受试品上进行多次或多样的维修作业就产生了多个样本，这和在多个受试品上进行多次或多样的维修作业具有同样的代表性。因为航天发射装置产品复杂，原则上受试品数量为 1 台，也可由订购方和承制方协商确定。

4. 培训试验人员

试验人员的构成应按核查、验证和评价的不同要求分别确定。

维修性验证应按维修级别分别进行。试验人员应达到相应维修级别的中等技术水平。

选择和培训试验人员一般要注意：

（1）应尽量选用部队的修理技术人员、技工和操作手，由承制方按试验计划要求进行短期培训，使其达到预期的工作能力，经考核合格后方能参加试验。

（2）承制方人员，经过培训后也可参加试验，可与使用单位人员混合编组使用。

（3）试验人员的数量，应根据发射装置使用与维修人员的编制，或维修计划中规定的人数严格规定。

5. 确定和准备试验环境及保障资源

维修性试验，应在具备发射装置产品实际使用条件的试验场所或试验基地进行，并按维修计划所规定的维修级别及相应的维修环境条件分别准备好试验保障资源，包括试验室，检测设备，环境控制设备，专用仪表，运输与贮存设备，水、气、动力源，照明，成套备件，附属品和工具等。

6.3.2 维修性试验的实施阶段

1. 确定样本量

维修作业的样本量按所选取的试验方法中的相关公式计算确定，也可参考表 6 - 1 中所推荐的样本量。

这里还要注意：

（1）表 6 - 1 对不同试验方法列有推荐的最小样本量，这是经验值。如果样本量过小，会失去统计意义，导致错判，这就使订购方和承制方的风险增大。

（2）维修时间随机变量的分布一般取对数正态分布。当实际工作中不能肯定维修时间服从对数正态分布时，可以先将试验数据用对数正态概率值进行检验。若不是对数正态分布时，可采用表 6 - 1 中分布无假设的非参数法确定样本量，以保证不超过规定的风险。

对于对数正态分布的参数要取对数进行标准化处理。

（3）在表 6 - 1 中的一些方法要求时间对数标准差 σ 或时间标准差 d 为已知或取适当精度的估计值 $\hat{\sigma}$ 或 $\hat{d}$（σ 法）。其已知值 σ（或 d）或适当精度的估计值 $\hat{\sigma}$（或 $\hat{d}$）是利用近期 10～20 组一批数据的标准差或极差进行估计求得的。即算出每组数据的样本标准差 S，再计算出这批 S 的平均值 $\bar{S}$。这批数据的标准差 σ 由下式估计：

$$\sigma = \bar{S}/C \tag{6 - 1}$$

式中　C——依赖于每组样本大小的系数。

当样本 $n > 30$ 时，$C = 1$，即 $\sigma = \bar{S}$（参见 GB 8054—1987《平均值的计量标准型一次抽样检查程序及表》）。这样求得的 σ 或 d 就已满足统计学上对 σ 或 d 为已知的要求。

（4）当 σ 或 d 未知时，根据计量或计数标准型一次抽检方案计算可知，样本量要比 σ 或 d 已知值大。若新研制产品确实无数据可查时（甚至连研制中的维修资料也缺乏时），也可选用 σ 未知的（S 法）检验方案进行。此方案可分为两种情况：

①未知 σ 或 d，可由订购方和承制方根据以往经验商定出双方可以接受的 σ 或 d 值求出样本量。然后用 S 进行判决（如 GJB 2072—1994《维修性试验与评定》中的试验方法 2：规定维修度的最大修复时间的检验）。当然，也可根据类似产品的数据，确定该产品维修时间方差的事前估计值。但是，这两种产品的维修性设计、维修人员的技术水平、试验设备、维修手册和维修环境方面也应类似。据美军的经验，对数正态分布的对数方差 σ 一般为 0.5～1.3，可供估计时参考。

②未知 σ 或 d，可由订购方和承制方先商定一个合适的试抽样本量 n_1（一般取所用试验方法要求的最小样本量，如用 GJB 2072—1994 中的试验方法 1：维修时间平均值的检验，则先取 $n_1 = 30$）进行试验，求出样本标准差 S，作为标准差的估计值，再计算所需的样本量 n，这时可能有两种情况：

a. 当 $n > n_1$ 时，随机抽取差额 $\Delta n = n - n_1$ 个样本予以补足，之后再计算均值和标准差进行判决。

b. 当 $n \leqslant n_1$ 时，不再抽样，即以试抽样本量进行试验、计算判决。

若 n 小于试验方法要求的最小样本量时，则应以要求的最小样本量进行计算、判决。

2. 选择维修性试验作业样本

维修性试验作业是指按照维修操作规程完成故障诊断、更换或修复、安装、校正、检验等一系列作业活动。应分别记录这些作业所花费时间。

维修作业按其故障来源一般分为下述两种类型：

（1）自然故障产生维修作业。在试验中自然产生的故障及其他试验（如性能、可靠性试验等）中产生的故障都属于自然故障。此时试验维修人员应使用规定的设备、工具、备件，按照规定的程序与方法进行维修作业，排除现场故障。同时，记录此次维修作业时间等数据。

（2）模拟故障产生维修作业。如果在维修性试验期间不能有足够的维修作业满足最小样本量要求，则需要采用人为模拟方式制造故障，让试验维修人员进行排除故障的维修作业，并记录有关时间数据。

为了缩短试验时间，经承制方和订购方商定也可采用全部由模拟故障所进行的维修作业作为样本。

3. 分配维修作业样本

当自然故障所进行的维修作业次数满足规定的试验样本量时，就不需要进行分配。当采用模拟故障时，在什么部位，排除什么故障，需合理地分配到各有关零件上，以保证能验证整机的维修性。

维修作业的分配属于统计抽样的应用范围，是以产品复查性、可靠性为基础的，航天发射装置一般采用固定样本量试验法检验维修性指标，可运用按比例分层抽样法进行维修作业分配。

以某型雷达为例说明这种方法的应用，其步骤如下：

（1）列出设备的组成单元（见表 6 – 2 第 1 列）。该雷达包括天线、发射接收机、频率跟踪器、雷达位置控制器和偏移角指示器等。

（2）将各单元细分到需维修的产品层次（见表 6 – 2 第 2 列）。这一层可以是组件、模块、印制电路板或单个零件。

（3）列出需维修的产品层次的维修作业（见表 6 – 2 第 3 列）。根据具体结构，可以是调试、拆卸、更换、修复等工作。

（4）估计每项维修作业的维修时间 M_{cti} 或 M_{pti}（见表 6 – 2 第 4 列）。M_{cti} 或 M_{pti} 根据工程分析、维修性预计或经验数据估计。

（5）列出每项需维修的产品层次的故障率 λ_i 或预防性维修的频率 f_i（见表 6 – 2 第 5 列）。λ_i 由可靠性试验或预计数据估计。f_i 按预防性维修大纲规定。对不同的维修级别（如基层级、中继级、基地级）只列出相应维修级别所能排除的故障的故障率 λ_i 和所做预防性维修工作的频率 f_i。

（6）列出需维修的产品层次中每项产品的数目 Q_i（见表 6 – 2 第 6 列）。

（7）列出每项需维修的产品层次的工作时间系数 T_i。开机时全程工作的产品，T_i 等于1；非全程工作的产品，T_i 等于其工作时间与全程工作时间之比（见表 6 – 2 第 7 列）。

（8）维修作业样本分组。在同一单元之内将维修活动相似和估计维修时间相近（相差不大于25%）的维修作业样本合并成一组，以便从中随机选择维修作业。在本例中因各维修作业估计维修时间差异较大，将发射接收机和频率跟踪器都分成两组（见表 6 – 2 第 8 列）。

（9）计算各组的故障率（$Q_i\lambda_i T_i$）（见表 6 – 2 第 9 列）。

（10）计算各组的故障相对发生频率 $C_{\mathrm{p}i}$（见表 6 - 2 第 10 列）。

$$C_{\mathrm{p}i} = \frac{Q_i \lambda_i T_i}{\sum\limits_{i=1}^{m} Q_i \lambda_i T_i} \qquad (6-2)$$

式中　m——分组数目，本例 $m = 7$。

表 6 - 2　某型雷达维修作业样本的分配方法（示例）

组成单元	需维修的产品层次	维修作业	估计的维修时间 M_{cti}（或 M_{pti}）/ h	故障率 λ_i（或频率 f_i）/（$\times 10^{-6}$ h）	产品数量 Q_i	工作时间系数 T_i	样本分组	各组的故障率 $Q_i\lambda_i T_i$	相对发生频率 $C_{\mathrm{p}i} = \dfrac{Q_i\lambda_i T_i}{\sum\limits_{i=1}^{m}Q_i\lambda_i T_i}$	固定样本 $n=50$ 分配的预选样本量 $N_i = 4nC_{\mathrm{p}i}$	固定样本 $n=50$ 分配的验证样本量 $n_i = nC_{\mathrm{p}i}$	可变样本 累积范围 $\sum\limits_{i=1}^{m}(C_{\mathrm{p}i}\times 100)$
天线	天线	$R/R(A)$	1.0	105	1	1.0	1 组 作业 A	105	0.177	35	9	00 ~ 17
发射接收机	$IF-A$	$R/R(A)$	0.3	23	1	1.0	2 组作业 A、B、C、D、E	106 A=23 B=21 C=21 D=18 E=23	0.179 A=0.039 B=0.035 C=0.035 D=0.031 E=0.039	36 A=8 B=7 C=7 D=6 E=8	9 A=2 B=2 C=2 D=1 E=2	18 ~ 35
	$IF-B$ 放大器 调制器 电源	$R/R(B)$ $R/R(C)$ $R/R(D)$ $R/R(E)$	0.3 0.4 0.4 0.4	21 21 18 23	1 1 1 1	1.0 1.0 1.0 1.0						
	发射机	$R/R(F)$	1.2	10	1	1.0	3 组 作业 F	10	0.017	3	1	36 ~ 37
频率跟踪器	频率跟踪器	$R/R(A)$	0.6	400	1	0.7	4 组 作业 A	280	0.472	94	23	38 ~ 84
	晶体（B）	R/C	1.1	20	4	0.7	5 组 作业 B	56	0.094	19	5	85 ~ 93
雷达位置控制器	雷达位置控制器	$R/R(A)$	0.5	35	1	0.8	6 组 作业 A	28	0.047	10	2	94 ~ 97
偏移角指示器	偏移角指示器	$R/R(A)$	0.5	10	1	0.8	7 组 作业 A	8	0.014	3	1	98 ~ 99
合计								593	1.00	200	50	

注：（1）$R/R(\cdot)$ 表示拆卸或更换。
（2）R/C 表示检查或更换。
（3）本表仅供说明，表中数据均为假设。
（4）采用序贯试验法时要删去第 11 和 12 列。
（5）当本表用于预防性维修作业分配时，第 9 列和第 10 列分别为 $Q_i f_i T_i$ 和 $C_{\mathrm{p}i} = \dfrac{Q_i f_i T_i}{\sum\limits_{i=1}^{m} Q_i f_i T_i}$。

（11）计算分配的预选维修作业样本量 N_i 。总的预选样本量 N 一般为试验样本量 n 的 4 倍，确定预选样本是为正式试验提供足够的、可选择的样本源，保证抽样具有较高代表性。每个预选样本都应做上标记或编号以供选用。本例设固定试验样本量 n 为 50，则总的预选样本量 N 为 200。将总的预选样本量 N 再分配到各组，得各组的预选样本量 N_i（见表 6 - 2 第 11 列）。

$$N_i = 4nC_{pi} \tag{6-3}$$

（12）计算分配的验证样本量 n_i（见表 6 - 2 第 12 列）。

$$n_i = nC_{pi} \tag{6-4}$$

正式试验时所需的试验样本应从预选样本中选取。每个预选样本只用一次。

（13）当某一维修作业样本组内有两个以上的部件或模块时，可按上述方法在组内进行再分配，如本例第 2 组（见表 6 - 2 第 11 和 12 列）。

（14）若某项维修作业被分配给某特定单元，而该单元又包含若干部件或模块，且各部件和模块的故障模式又各不相同时，则可随机选择其中一个部件或模块进行模拟故障的维修作业。

当采用可变样本量的序贯试验法进行维修性试验时使用按比例的简单随机抽样分配法。本方法是根据 $C_{pi} \times 100$ 所确定的累积范围（见表 6 - 2 第 13 栏），利用 00 ~ 99 均匀分布的随机数表，在整个维修作业样本中随机抽取。例如，当随机数是 39 时，从表 6 - 2 可见 39 在第 4 组累积范围 38 ~ 84 中。故从第 4 组频率跟踪器抽取，实施拆卸或更换频率跟踪器的维修作业。

在模拟故障时，故障模式的选择，应根据故障模式和影响分析（Fault Modes, Effects Analysis, FMEA）中确定的故障模式的 $C_{pi} \times 100$ 所确定的累积范围进行随机抽样确定，见表 6 - 3。

表 6 - 3 故障模式选择（示例）

维修作业	故障模式	影 响	C_{pi}	累积范围 $\sum_{i=1}^{m}(C_{pi} \times 100)$
接收机拆卸或更换	元件超差、元件短路或开路、调谐失灵	噪声、接收机不工作、不能改变频率	0.20	00 ~ 19
			0.35	20 ~ 54
			0.45	55 ~ 99

4. 模拟与排除故障

1）模拟故障

一般采用人为方法进行故障的模拟，模拟故障常用方法有：采用一个具有相应类型故障的等效件置换正常零件、电路或组件；接入附加的或拆除不易察觉的零组件；故意造成失调等。电气设备、电子设备经常采用下述方法模拟故障：人为制造短路或断路；接入失效元件；使部、组件失调。机械设备、机电设备经常采用下述方法模拟故障：使用已经磨损的轴承、齿轮，失效的密封装置，损坏的弹簧、继电器和短路、断路的线圈等；使部、组件失调；使紧固件松动。

总之，模拟故障应尽量真实、接近自然故障。基层级维修以常见故障模式为主。参加试验的维修人员应在事先不了解所模拟故障的情况下排除故障。

采用模拟故障产生维修作业应注意以下问题：

（1）一般不得模拟有某种潜在危险的故障。必须模拟时，须经批准并采取相应的安全措施。

（2）试验过程中如果模拟故障引起二次故障，则二次故障所需的维修时间应予扣除。

2）排除故障

由经过训练的维修人员排除上述自然或模拟的故障，并记录维修时间。完成故障检测、隔离、拆卸、换件或修复原件、安装、调试及检验等一系列维修活动，称为完成一次维修作业。在排除过程中需注意：

（1）只能使用试验规定的维修级别所配备的备件、附件、工具、检测仪器和设备。不能使用超过规定范围或使用上一维修级别所专有的设备。

（2）按照本维修级别技术文件规定的修理程序和方法完成维修作业。

（3）应由专职人员按规定的记录表格准确记录时间。

（4）对于不同的诊断技术或方式（如人工测试、外部测试或机内测试）所花费的故障诊断时间分别记录。

5. 收集、分析和处理维修性数据

1）收集维修性数据

收集试验数据是维修性试验中一项关键性工作。为此试验组织者需建立数据收集系统。包括成立数据资料管理组，制定各种试验表格和记录卡，以及规定专职人员负责记录和收集维修性试验数据。此外，还应收集功能试验、可靠性试验、使用试验等各项试验的故障、维修与保障的原始数据。建立数据资料供分析和处理时使用。

承制方在核查过程中收集的数据，要符合核查的目的和要求，鉴别出设计缺陷，采取纠正措施后还能证实采取的纠正措施有效，同时要与维修性验证、评价中订购方收集的数据协调一致。对于由承制方负责承担的基地级维修的部分，承制方要注意收集相关的维修数据。

在验证和评价中需要收集的数据，应由试验目的决定，收集维修性试验数据不仅是为了评定产品的维修性，而且要为维修工作的组织管理（如维修人员的配备、备件储备等）提供数据。

表 6-4 提供的数据采集卡，可供参考。

表6-4 维修性数据采集卡

产品名称及代号	阶段或批次	技术状态	试验项目	投试件数	故障修复时间				修理次数	修理作业配置情况	备注
					诊断或检测时间	修理或更换时间	调校时间	检验时间			
			验收试验								
			例行试验								
			可靠性增长试验								
			系统综合匹配试验								
			电磁兼容性试验								
			系统联试								
			Ⅲ级综合环境试验								
			合练测试								

此外还应把不属于设计特征所引起的延误时间（如行政管理的延误，工具、设备、零件供应的延误，工具、仪器、设备故障引起的延误等）记录下来，作为研究产品或系统使用的可用度时，计算总停机时间的原始资料。一些用于观察数据的辅助手段，如慢速（或高速）摄像、静物照相、磁带记录器、录像、秒表的精度和型号等也应纪录，供分析时参考。

试验所积累的历次维修数据，可供该产品维修技术资料的汇编、修改和补充之用。

2）分析和处理维修性数据

首先需要将收集的维修性数据加以鉴别区分，保留有用、有效的数据，剔除无用、无效的数据。原则上，直接使用维修停机时间或工时，只要是记录准确、有效的，都是有用数据，供统计计算使用。但是由于以下几种情况引起的维修时间，不能供统计计算使用。

（1）不是承制方提供或同意使用的技术文件规定的维修方法造成差错所增加的维修时间。

（2）试验中意外损伤的修复时间。

（3）不是承制方责任的供应与管理延误时间。

（4）使用超出规定配置的测试仪器引起的维修时间。

（5）在维修作业实施过程中安装非规定配置的测试仪器的时间。

（6）产品改进的时间。

（7）在试验中有争议的问题，经试验领导小组裁定认为不应计入的时间。

将经过鉴别区分的有用、有效数据，按选定的试验方法进行统计计算和判决，需要时，可进行估计统计计算的参数应与合同规定对应，判决是否满足规定的指标要求。但应注意，最后判决前应仔细检查、分析试验条件和数据，特别是对一些接近规定要求的数据，更要认真复查、分析。数据收集、分析和处理的结果和试验中发生的重大问题及改进意见，均应写入试验报告，使各有关单位了解试验结果，采取正确的决策。

维修时间的平均值、最大修复时间的统计计算方法和判决见 6.4 节，估计方法见 6.5 节。

6. 评定试验结果

1）评定定性要求

通过演示验证试验，检查是否满足维修性与维修保障要求，做出结论。若不满足，写明哪些方面存在问题，提出限期改正等要求。

维修性演示一般在实体模型、样机或产品上进行，演示项目为预计会经常进行的维修活动。重点检查维修的可行性、安全性、快速性，维修的难度，以及配备的工具、设备、器材、资料等保障资源能否完成维修任务等。必要时测量动作的时间。

2）评定定量要求

根据统计计算和判决的结果做出该装备是否满足维修性定量要求的结论，必要时可根据维修性参数估计值评定装备满足维修性定量要求的程度。

7. 编写维修性试验与评定报告

在核查、验证或评价结束后，试验组织者应分别写出维修性试验与评定报告。如果维修性试验是与可靠性或其他试验结合进行时，则在其综合报告中应包含维修性试验与评定的内容。

8. 组织和管理试验与评定过程

产品的维修性核查由承制方组织，订购方参加，共同组成领导小组。

维修性验证由订购方领导，承制方负责试验的准备工作，共同组成领导小组。当验证是由试验基地（场）承担时，则由试验基地按规定组织实施。

部队试用或使用中的维修性评价，由订购方组织实施，承制方派人参加。

为了试验与评定的顺利实施，需要成立领导小组，统一领导和部署试验与评定工作，处理试验与评定过程中可能发生的各种问题。包括试验进度、费用、人员、保障资源、维修性试验与其他试验的协调等。

维修性试验中处理常见争议问题的原则如下：

（1）由于受试品原发故障引起的从属故障，其修复时间应计入该次维修作业所用的时间，但模拟故障引起的从属故障不计入。若从属故障原因被排除，则由从属故障所增加的维修时间应扣除。

（2）维修人员在进行作业时，如果发现并证实没有足够、适当的技术文件或保障设备，应中止该项试验，采取措施解决后重新进行该项维修作业试验。

（3）由于设计或者技术文件中的维修程序不当，造成产品损伤或引起维修差错增加的意外维修时间，应计入总的维修时间。当采取措施纠正设计缺陷或不恰当的维修程序后，应重新进行该项维修作业试验。

（4）如果某项维修作业对人员的需要是间断性或分段式的，在估计维修作业所需的工时时，应计入维修人员在作业中的等待时间，但等待期间维修人员可执行其他作业除外。

（5）试验设备、仪表的故障或其安装、操作不当引起的所有维修，都不算受试品的维修。

（6）试验中，从其他产品或保障设备中拆卸同型零部件来更换受试品的相应件时，若保障计划中已有该件的备件，同型拆配仅作为临时措施，则此拆卸与重装时间不应计算在维修时间内，若保障计划中没有该件的备件，则应计算在内，如果采取措施消除了这种拆配，则计算的时间应扣除。

6.4 维修性能指标的验证方法

6.4.1 概　　述

由于大多数装备的维修性定量要求都是以维修时间的平均值、最大修复时间提出的，第6.4节只介绍这两类指标的验证方法。其他方法可参阅 GJB 2072—1994。上述验证方法的统计原理请参阅《维修性工程》第五章。

统计计算中所用有关符号说明如下：

X——有关维修时间的随机变量，根据所要验证的指标可以表示修复性维修时间、预防性维修时间、维修工时等；

X_i——维修时间的第 i 次观察值；

n——样本量，即维修作业次数；

$\overline{X}$——X 的样本均值，$\overline{X} = \dfrac{1}{n}\sum\limits_{i=1}^{n} X_i$；

μ——X 的期望值，$\mu = E(X)$；

d^2——X 的方差 $d^2 = E\big[(X-\mu)^2\big]$；

$\hat{d}^2$——X 的样本方差，$\hat{d}^2 = \dfrac{1}{n-1}\sum\limits_{i=1}^{n}(X_i - \overline{X})^2$；

Z_P——对应下侧概率百分位 P 的正态分布分位数，见表 6-5；

X_{cti}——第 i 次修复性维修时间；

$\overline{X}_{ct}$——修复性维修时间样本均值；

$\hat{d}_{ct}^2$——修复性维修时间样本方差；

X_{pti}——第 i 次预防性维修时间；

$\overline{X}_{pt}$——预防性维修时间样本均值；

$\hat{d}_{pt}^2$——预防性维修时间样本方差；

n_c——修复性维修的样本量，即修复性维修作业次数；

n_p——预防性维修的样本量，即预防性维修作业次数；

f_c——在规定的期间内发生的修复性维修作业预期数；

f_p——在规定的期间内发生的预防性维修作业预期数；

α——承制方风险，即受试品维修性能指标的期望值小于（优于）或等于可接受值而被拒收的概率；

β——订购方风险，即受试品维修性能指标的期望值大于（劣于）或等于不可接受值而被接收的概率。

表 6-5　标准正态分布分位数表

P	0.01	0.05	0.10	0.15	0.20	0.30	0.40	0.50	0.60	0.70	0.80	0.85	0.90	0.95	0.99
Z_P	-2.33	-1.66	-1.28	-1.04	-0.84	-0.52	-0.25	0	0.25	0.52	0.84	1.04	1.28	1.65	2.33

维修性能指标的验证是表 6-1 中的试验方法 9，该试验方法可以验证的维修性参数有平均修复时间 $\overline{M}_{ct}$、恢复功能用的任务时间 M_{mct}、平均预防性维修时间 $\overline{M}_{pt}$、平均维修时间 $\overline{M}_{p/c}$ 等时间平均值和最大修复时间 M_{maxct}。

该试验方法是以大样本（ $n \geq 30$ ）为基础，应用中心极限定理的统计方法。因而，在检验平均值时可以在维修时间分布和维修时间方差 d^2 都未知的情况下使用。仅在验证最大修复时间时才要求假设修复时间服从对数正态分布。这种假设对绝大多数较复杂的机械、电子装备都适用。在保证订购方风险 β 的条件下，用户的利益得到保证，故广泛用于各类装备的维修性验证。

6.4.2　使用条件

（1）检验修复时间、预防性维修时间、维修时间的平均值。其时间分布和方差都未知；检验最大修复时间，应假设维修时间服从对数正态分布，其方差未知。

（2）样本量最小为30，实际样本量应根据受试品的种类不同或经订购部门同意后确定。验证预防性维修参数及指标时，需另加30个预防性维修作业样本。

（3）维修时间定量指标的不可接受值 $\overline{M}_{ct}$ 或 M_{mct} 、 $\overline{M}_{pt}$ 、 $\overline{M}_{p/c}$ 、 M_{maxct} 应按合同规定， M_{maxct} 则应明确规定其百分位 P 。

（4）只控制订购方的风险 β ，其值由合同规定。

6.4.3　维修作业选择与统计计算

维修作业样本应根据第6.3节的程序选择，开展试验并记录每一维修作业的持续时间，计算下列统计量。

（1）修复性维修时间样本均值 $\overline{X}_{ct}$ 为

$$\overline{X}_{ct} = \frac{\sum_{i=1}^{n_c} X_{cti}}{n_c} \tag{6-5}$$

（2）修复性维修时间样本方差 $\hat{d}_{ct}^2$ 为

$$\hat{d}_{ct}^2 = \frac{1}{n_c - 1} \sum_{i=1}^{n_c} (X_{cti} - \overline{X}_{ct})^2 \tag{6-6}$$

（3）预防性维修时间样本均值 $\overline{X}_{pt}$ 为

$$\overline{X}_{pt} = \frac{\sum_{i=1}^{n_p} X_{pti}}{n_p} \tag{6-7}$$

（4）预防性维修时间样本方差 $\hat{d}_{pt}^2$ 为

$$\hat{d}_{pt}^2 = \frac{1}{n_p - 1} \sum_{i=1}^{n_p} (X_{pti} - \overline{X}_{pt})^2 \tag{6-8}$$

（5）维修时间样本均值 $\overline{X}_{p/c}$ 为

$$\overline{X}_{p/c} = \frac{f_c \overline{X}_{ct} + f_p \overline{X}_{pt}}{f_c + f_p} \tag{6-9}$$

（6）维修时间样本方差 $\hat{d}^2_{\mathrm{p/c}}$ 为

$$\hat{d}^2_{\mathrm{p/c}} = \frac{n_{\mathrm{p}}(f_{\mathrm{c}}\hat{d}_{\mathrm{ct}})^2 + n_{\mathrm{c}}(f_{\mathrm{p}}\hat{d}_{\mathrm{pt}})^2}{n_{\mathrm{p}}n_{\mathrm{c}}(f_{\mathrm{p}} + f_{\mathrm{c}})^2} \tag{6-10}$$

（7）最大修复时间样本值 X_{maxct} 为

$$X_{\mathrm{maxct}} = \exp\left[\frac{\sum\limits_{i=1}^{n_{\mathrm{c}}}\ln X_{\mathrm{cti}}}{n_{\mathrm{c}}} - \phi\sqrt{\frac{\sum\limits_{i=1}^{n_{\mathrm{c}}}(\ln X_{\mathrm{cti}})^2 - \left(\sum\limits_{i=1}^{n_{\mathrm{c}}}\ln X_{\mathrm{cti}}\right)^2/n_{\mathrm{c}}}{n_{\mathrm{c}} - 1}}\right] \tag{6-11}$$

式中，$\phi = Z_P - Z_{\beta}\sqrt{1/n_{\mathrm{c}} + Z_P^2/[2(n-1)]}$，当 n_{c} 很大时，$\phi \approx Z_P$。

6.4.4　判决规则

（1）对修复时间的平均值，如果

$$\overline{X}_{\mathrm{ct}} \leqslant \overline{M}_{\mathrm{ct}} - Z_{1-\beta}\frac{\hat{d}_{\mathrm{ct}}}{\sqrt{n_{\mathrm{c}}}}$$

或

$$\overline{X}_{\mathrm{ct}} \leqslant M_{\mathrm{mct}} - Z_{1-\beta}\frac{d_{\mathrm{ct}}}{\sqrt{n_{\mathrm{c}}}} \tag{6-12}$$

则平均修复时间 $\overline{M}_{\mathrm{ct}}$ 或恢复功能用的任务时间 M_{mct} 符合要求，应接收；否则，拒收。

（2）对平均预防性维修时间，如果

$$\overline{X}_{\mathrm{pt}} \leqslant \overline{M}_{\mathrm{pt}} - Z_{1-\beta}\frac{\hat{d}_{\mathrm{pt}}}{\sqrt{n_{\mathrm{c}}}} \tag{6-13}$$

则平均预防性维修时间 $\overline{M}_{\mathrm{pt}}$ 符合要求，应接收；否则，拒收。

（3）对平均维修时间，如果

$$\overline{X}_{\mathrm{p/c}} \leqslant \overline{M}_{\mathrm{p/c}} - Z_{1-\beta}\sqrt{\frac{n_{\mathrm{p}}(f_{\mathrm{c}}\hat{d}_{\mathrm{ct}})^2 + n_{\mathrm{c}}(f_{\mathrm{p}}\hat{d}_{\mathrm{pt}})^2}{n_{\mathrm{p}}n_{\mathrm{c}}(f_{\mathrm{p}} + f_{\mathrm{c}})^2}} \tag{6-14}$$

则平均维修时间 $\overline{M}_{\mathrm{p/c}}$ 符合要求，应接收；否则，拒收。

（4）对最大修复时间，如果

$$X_{\mathrm{maxct}} \leqslant M_{\mathrm{maxct}} \tag{6-15}$$

则最大修复时间 M_{maxct} 符合要求，应接收；否则，拒收。

【例 6-1】某产品要求基层级平均修复时间 $\overline{M}_{\mathrm{ct}} \leqslant 60$ min，订购风险 $\beta = 0.10$，请制定维修性验证试验方案，判定该产品维修性是否符合要求。

根据本试验方法检验平均值要求样本量为 30。按第 6.3 节验证试验实施的一般程序，分配维修作业样本和进行模拟故障维修试验。记录每次维修作业时间 X_{cti} 为

X_{cti}（min）：30、15、10、20、25、32、8、18、42、50、48、65、80、100、30、

28、10、120、10、75、15、80、30、40、35、65、70、40、10、60。

（1）计算 $\overline{X}_{ct}$、$\hat{d}_{ct}$。

$$\overline{X}_{ct} = \frac{\sum_{i=1}^{n_c} X_{cti}}{n_c} = \frac{1\,261}{30} = 42$$

$$\hat{d}_{ct} = \sqrt{\frac{1}{n_c - 1} \sum_{i=1}^{n_c} (X_{cti} - \overline{X}_{ct})^2} = 29.09$$

（2）判决。

由订购方风险 $\beta = 0.10$，$Z_{1-\beta} = Z_{0.90} = 1.28$，计算

$$\overline{M}_{ct} - Z_{1-\beta} \frac{\hat{d}_{ct}}{\sqrt{n_c}} = 60 - 1.28 \frac{29.09}{\sqrt{30}} = 53.20$$

按 $\overline{X}_{ct} \leq \overline{M}_{ct} - Z_{1-\beta} \frac{\hat{d}_{ct}}{\sqrt{n_c}}$ 检验 $42 < 53.20$。

上式成立，即认为该产品平均修复时间符合要求。

【例 6-2】某产品要求基层级第 95 百分位的最大修复时间 X_{maxct} 不大于 120 min。根据经验，维修时间服从对数正态分布，订购方风险 $\beta = 0.05$。请制定维修性试验方案。判定该产品维修性是否符合要求。

按本试验方法要求，维修时间样本量 n_c 为 30，按第 6.3 节验证试验实施的一般程序，分配维修作业样本和进行模拟故障维修试验。记录每次维修作业的时间 X_{ct}，设与例 6-1 的时间相同。

（1）计算 X_{maxct}。

因 $P = 0.95$，$\beta = 0.05$，则

$$Z_P = Z_{0.95} = 1.65$$

$$Z_\beta = Z_{0.05} = -1.65$$

$$\frac{\sum_{i=1}^{n_c} \ln X_{cti}}{n_c} = 3.481\,0$$

$$\phi = Z_P - Z_\beta \sqrt{1/n_c + Z_P^2/[2(n-1)]}$$
$$= 1.65 + 1.65 \sqrt{1/30 + 1.65^2/(2 \times 29)}$$
$$= 2.117$$

$$\sqrt{\frac{\sum_{i=1}^{n_c} (\ln X_{cti})^2 - (\sum_{i=1}^{n_c} \ln X_{cti})^2/n_c}{n_c - 1}} = 0.768\,45$$

$$X_{maxct} = \exp[3.481\,0 + 2.117 \times 0.768\,45] = 165.3$$

（2）判决。

按 $X_{\mathrm{maxct}} \leqslant M_{\mathrm{maxct}}$ 检验 165.3 > 120。判决式不成立，即认为该产品最大修复时间不符合要求，维修性试验验证不合格。

6.5　维修性参数值的估计

维修性参数及指标的验证一般只能确定产品的维修性是否满足要求，而未明确给出维修性参数的估计值。在某些场合，如订购方要求，或研制、生产单位希望了解产品达到的维修性水平时，需要给出维修性参数的估计值。最常用的参数估计是对维修时间期望值及规定百分位最大维修时间的估计。

为保证估计有足够的精度，一般维修作业样本量不应少于 30，常以维修性验证试验的数据进行估计。在维修性核查时，也可用少量的维修作业样本进行估计，但置信度较低。必要时，也可进行专门的维修性试验，测定估计维修性参数值。

6.5.1　维修时间期望值 μ 和方差 d^2 的估计

1. μ 和 d^2 的点估计

无论维修时间服从对数正态分布或分布未知，点估计均用以下公式。

（1）期望值 μ 的点估计值 $\hat{\mu}$ 为

$$\hat{\mu} = \frac{1}{n} \sum_{i=1}^{n} X_i \tag{6-16}$$

式中　n——样本量；

　　　X_i——第 i 次维修作业的维修时间。

（2）方差 d^2 的点估计值 $\hat{d^2}$ 为

$$\hat{d^2} = \frac{1}{n-1} \sum_{i=1}^{n} (X_i - \overline{X})^2 \tag{6-17}$$

式中　$\overline{X}$——维修时间的平均值，$\overline{X} = \hat{\mu}$。

2. μ 的区间估计

设置信度为 $(1-\alpha)$ 时，期望值 μ 的区间估计如下文所述。

（1）维修时间的分布形式未知。

①单侧置信上限：

期望值 μ 上限　　　$$\mu_{\mathrm{U}} = \overline{X} + Z_{1-\alpha} \frac{\hat{d}}{\sqrt{n}} \tag{6-18}$$

置信区间：$[0, \mu_{\mathrm{U}}]$，即以 $(1-\alpha)$ 的置信度认为期望值不超过 μ_{U}。

②双侧置信下、上限：

期望值 μ 下限
$$\mu_L = X + Z_{\alpha/2}\frac{\hat{d}}{\sqrt{n}} \qquad (6-19)$$

期望值 μ 上限
$$\mu_U = X + Z_{1-\alpha/2}\frac{\hat{d}}{\sqrt{n}} \qquad (6-20)$$

置信区间：$[\mu_L,\mu_U]$，即以 $(1-\alpha)$ 的置信度认为期望值在 μ_L 到 μ_U 之间。

【例 6-3】对例 6-1 中的数据进行期望值 μ 和方差 d^2 的点估计及 μ 的区间估计。

$X_{\text{eti}}(\min)$：30、15、10、20、25、32、8、18、42、50、48、65、80、100、30、28、10、120、10、75、15、80、30、40、35、65、70、40、10、60。

（1）维修时间期望值和方差的点估计。

$$\hat{\mu} = \frac{1}{30}\sum_{i=1}^{30} X_i = \frac{1\ 261}{30} = 42(\min)$$

$$\hat{d}^2 = \frac{1}{30-1}\sum_{i=1}^{30}(X_i - \overline{X})^2 = 846.2$$

结论：该产品基层级维修的维修时间期望值点估计值为 42 min，方差为 846.2。

（2）维修时间期望值的区间估计。

取置信度 $1-\alpha = 0.9, \alpha = 0.1$ 则

①单侧区间估计：

将 $\overline{X} = \hat{\mu} = 42, Z_{1-\alpha} = Z_{0.9} = 1.28, \hat{d} = \sqrt{\hat{d}^2} = \sqrt{846.2} = 29.09$ 代入

$$\mu_U = \overline{X} + Z_{1-\alpha}\frac{\hat{d}}{\sqrt{n}} = 42 + 1.28\frac{29.09}{\sqrt{30}} = 48.8(\min)$$

结论：该产品基层级维修的维修时间期望值在置信度为 0.9 时，单侧区间估计值为 $[0, 48.8]$，或其估计值不大于 48.8 min。

②双侧区间估计：

将 $\overline{X} = \hat{\mu} = 42, Z_{\alpha/2} = Z_{0.05} = -1.65, \hat{d} = \sqrt{\hat{d}^2} = \sqrt{846.2} = 29.09$ 代入

$$\mu_L = \overline{X} + Z_{\alpha/2}\frac{\hat{d}}{\sqrt{n}} = 42 - 1.65 \times \frac{29.09}{\sqrt{30}} = 42 - 8.76 = 33.24(\min)$$

将 $\overline{X} = \hat{\mu} = 42, Z_{1-\alpha/2} = Z_{0.95} = 1.65, \hat{d} = 29.09$ 代入

$$\mu_U = \overline{X} + Z_{1-\alpha/2}\frac{\hat{d}}{\sqrt{n}} = 42 + 1.65 \times \frac{29.09}{\sqrt{30}} = 42 + 8.76 = 50.76(\min)$$

结论：该产品基层级维修的维修时间期望值在置信度为 0.9 时，双侧区间估计值为 $[33.24, 50.76]$。

6.5.2 规定百分位的最大维修时间的估计

要估计最大维修时间，必须先知道维修时间的分布形式。维修时间最常见的分布

形式是对数正态分布。这里仅介绍维修时间服从对数正态分布，维修时间的对数均值和对数方差在试验前都未知时，最大维修时间的点估计和区间估计。

设 X 为每次维修作业的时间（随机变量），X_i 为第 i 次维修作业的时间，n 为样本量，则

（1）Y 为 X 的自然对数，

$$Y = \ln X , Y_i = \ln X_i$$

（2）$\overline{Y}$ 为 Y 的样本均值，

$$\overline{Y} = \frac{1}{n} \sum_{i=1}^{n} Y_i$$

（3）S^2 为 Y 的样本方差，

$$S^2 = \frac{1}{n-1} \sum_{i=1}^{n} (Y_i - \overline{Y})^2$$

（4）S 为 Y 的标准差，

$$S = \sqrt{\frac{1}{n-1} \sum_{i=1}^{n} (Y_i - \overline{Y})^2}$$

（5）X_P 为 X 的第 $100P$ 百分位值。如当 $P = 0.95$ 时，$X_P = X_{0.95}$ 表示第 95 百分位的最大维修时间。

1. 规定百分位的最大维修时间 X_P 的点估计

设 X_P 的点估计值为 $\hat{X_P}$ ，则

$$\hat{X_P} = \exp(\overline{Y} + Z_P S) \tag{6-21}$$

2. X_P 的区间估计

设置信度为 $(1 - \alpha)$ 时，规定百分位的最大维修时间 X_P 的两种区间估计如下文所述。

1）单侧置信上限

最大维修时间上限

$$X_{PU} = \exp\left\{\overline{Y} + \left[Z_P + Z_{1-\alpha}\sqrt{\frac{1}{n} + \frac{Z_P^2}{2(n-1)}}\right]S\right\} \tag{6-22}$$

置信区间为 $[0, X_{PU}]$，即以置信度 $(1 - \alpha)$ 认为最大维修时间不超过 X_{PU}。

2）双侧置信下、上限

最大维修时间下限

$$X_{PL} = \exp\left\{\overline{Y} + \left[Z_P + Z_{\alpha/2}\sqrt{\frac{1}{n} + \frac{Z_P^2}{2(n-1)}}\right]S\right\} \tag{6-23}$$

最大维修时间上限

$$X_{PU} = \exp\left\{\overline{Y} + \left[Z_P + Z_{1-\alpha/2}\sqrt{\frac{1}{n} + \frac{Z_P^2}{2(n-1)}}\right]S\right\} \tag{6-24}$$

置信区间为 $[X_{PL}, X_{PU}]$，即以置信度 $(1-\alpha)$ 认为最大维修时间在 X_{PL} 到 X_{PU} 之间。

【例 6 – 4】 对例 6 – 1 中的数据做最大修复时间的点估计和双侧区间估计。

已知该产品规定百分位为 95，即 $P = 0.95, Z_P = Z_{0.95} = 1.65$。样本量 $n = 30$。设置信度 $1 - \alpha = 0.90, \alpha = 0.10, Z_{\alpha/2} = Z_{0.05} = -1.65, Z_{1-\alpha/2} = Z_{0.95} = 1.65$，维修时间数据见下表。

维修时间数据

X_i	30	15	10	20	25	32	8	18	42	50
$Y_i = \ln X_i$	3.401	2.708	2.303	2.996	3.219	3.466	2.079	2.890	3.738	3.912
X_i	48	65	80	100	30	28	10	120	10	75
$Y_i = \ln X_i$	3.871	4.174	4.382	4.605	3.401	3.332	2.303	4.787	2.303	4.317
X_i	15	80	30	40	35	65	70	40	10	60
$Y_i = \ln X_i$	2.708	4.382	3.401	3.689	3.555	4.174	4.248	3.689	2.303	4.094

预备计算：$\bar{Y} = \dfrac{1}{n}\sum_{i=1}^{n} Y_i = \dfrac{1}{30}\sum_{i=1}^{30} Y_i = 3.481; S = \sqrt{\dfrac{1}{n}\sum_{i=1}^{n}(Y_i - \bar{Y})^2} = 0.768\,4$

点估计：$\hat{X}_P = \exp(\bar{Y} + Z_P S) = \exp(3.481 + 1.65 \times 0.768\,4) = 115.5\,(\min)$

即该产品第 95 百分位的最大修复时间 M_{maxct} 的点估计值为 115.5 min。

双侧区间估计（下限、上限）：

$$X_{PL} = \exp\left\{\bar{Y} + \left[Z_P + Z_{\alpha/2}\sqrt{\frac{1}{n} + \frac{Z_P^2}{2(n-1)}}\right]S\right\}$$

$$= \exp\left\{3.481 + \left[1.65 - 1.65\sqrt{\frac{1}{30} + \frac{1.65^2}{2(30-1)}}\right] \times 0.768\,4\right\} = 80.64\,(\min)$$

$$X_{PU} = \exp\left\{\bar{Y} + \left[Z_P + Z_{1-\alpha/2}\sqrt{\frac{1}{n} + \frac{Z_P^2}{2(n-1)}}\right]S\right\}$$

$$= \exp\left\{3.481 + \left[1.65 + 1.65\sqrt{\frac{1}{30} + \frac{1.65^2}{2(30-1)}}\right] \times 0.768\,4\right\} = 165.3\,(\min)$$

即该产品第 95 百分位的最大修复时间 M_{maxct} 有 90% 的把握为 80.64 ~ 165.3 min。

第7章　试验测试技术

7.1　概　　述

航天发射装置测试有有线测量和无线测量两种方法。

有线测量技术也叫非电量测量技术，是将被测非电量参数通过各种相应的传感器变换成电信号，有时还需对变换后的电信号进行从电量到电量的转换或放大，最后送入显示仪表或采集记录仪，对数据显示、采集和存储。它是一种广义的测量，包含了参数的感受、变换、传输、显示、记录和处理全部过程，是一种间接测量方法。因此，有线测量不是由单个仪表而是由多个仪表（或称环节）所组成的一个测量系统。

有线测量按照测试信号的不同，可分为模拟测量系统和数字测量系统。模拟测量系统测量精度较低，一般在 0.5% ~ 1%，抗干扰能力较差，数据判读一般靠人工或专用处理机处理，模拟测量系统是应用较早的、较普遍的测量方法，一般由传感器、放大器和记录器三部分组成。数字测量系统是随着集成电路的大规模发展和计算机的广泛应用发展起来的。数字测量系统精度较高，一般优于 0.5%，抗干扰能力较强，适用于远距离传输，数据处理方便。控制、检测、数据处理在计算机及软件管理下自动完成。工作特点是：传感器输出的电信号，经过放大后由 A/D 变成数字量，再经过数据采集系统存储起来，在需要时将存储的数字信号读取出来进行处理。

无线测量技术随着无线通信技术的发展得到了飞速发展，无线测量与有线测量的主要区别在于数据传输方式。无线测量系统中，传感器将采集到的信号以无线方式进行传输，在航天发射系统测试中，最常用的无线测试采用遥测技术。

遥测技术是对被测对象的参数进行远距离测量的一种技术，在航空航天系统中被广泛使用。航天发射系统中采用的遥测系统分为飞行器遥测系统和地面遥测系统，前者主要由传感器、多路组合调制器、发射机和天线组成，后者主要由接收机、天线、分路解调器等组成。各路传感器输出信号同时进入多路组合调制器，各路信号按照一定编码机制组合起来，互不干扰地通过同一个无线电信道传输出去。多路组合调制器输出的信号调制发射机的载波，通过天线发射出去。接收端天线接收信号后送入接收机。接收机把组合信号解调出来，再经分路解调器恢复各路原始信号，加以记录、处理和显示。

发射装置，从整体上看是一个自动控制的机械产品。在研制过程中有很多非电量参数，如导弹（火箭）发射时发射装置感受到的燃气流温度、压力；承受的应力和运动位移；运输条件下受到的振动和冲击等。这些信号中蕴藏着发射装置的各种性能参数，质量状况和不同环境下发射装置性能的变化。因此，需要通过有线测量了解这些非电量参数的变化情况，从而对产品做出评价。

7.1.1 有线测量系统的组成

有线测量系统一般由传感器、中间变换器、数据记录仪器和电源组成。系统方框图如图 7 - 1 所示。被测量经传感器转换成电量，经过变换和放大，由电缆传输至数据采集设备，进行数据采集和分析处理，并将处理结果打印成各种数据表格或绘制成各种图形。

图 7 - 1　有线测量系统

1. 传感器

传感器是测试系统中获取信号过程中最前沿的一个环节，它造成的测量误差一般是无法弥补的，因此其技术性能将影响整体的测试精度，传感器应具备以下的技术性能：

（1）线性度好。

（2）灵敏度高且灵敏度误差小。

（3）有较好的重复性和稳定性。

（4）滞后误差小、漂移小。

（5）具有较高的分辨力。

（6）动态特性好。

（7）对被测对象的影响小，即"负载效应"低。

上述的这些要求只是从测量角度出发提出的，但是由于传感器直接与被测对象接触，工作条件往往很恶劣。因此，应具备抗振、抗干扰、抗腐蚀、耐高温等性能。

传感器的种类繁多，按照其工作原理的不同可分为以下几类。

（1）变换为电阻的电阻应变式、压阻式传感器等。

（2）变换为磁阻的电感式、电涡流式传感器等。

（3）变换为电容的电容式传感器。

（4）变换为电荷的电荷式传感器。

（5）变换为电势的感应式、霍尔式、热电式传感器等。

以下按工作原理分类叙述。

1）电阻应变式传感器

电阻应变式传感器是利用电阻应变片受力产生应变而使电阻阻值发生变化的原理来测量被测参数的大小。图 7 - 2 是电阻应变式传感器的简单结构。

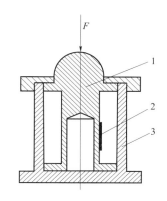

传感器主要由弹性元件、粘贴在弹性元件上的电阻应变片和壳体组成。当外力作用在弹性元件上时，弹性元件被压缩，粘贴在它上面的应变片即发生压缩应变，由此引起应变片的电阻发生相应的变化。如将应变片接入电桥电路中，就可把电阻的变化转变成电桥输出电压或电流的变化。由此实现了被测力通过传感器而转换成为电参数的测量，此即电阻应变式传感器的基本工作原理。

图 7 - 2　电阻应变式传感器
1—弹性元件；2—应变片；3—壳体

利用应变原理制成的传感器可以用来测量力、压力、位移、加速度等参数。图 7 - 3 是应变式力传感器原理，只画出了传感器的弹性敏感元件和粘贴在弹性敏感元件上的应变片，以表明传感器的工作原理。

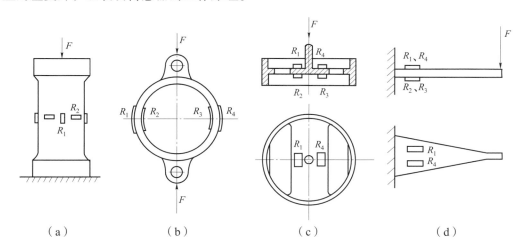

（a）　　　　　（b）　　　　　（c）　　　　　（d）

图 7 - 3　应变式力传感器原理
（a）柱式弹性元件；（b）环形弹性元件；（c）剪切轮辐式弹性元件；（d）悬臂梁式弹性元件

测力传感器的弹性元件有多种结构形式。图 7 - 3（a）所示是柱式弹性元件，它的特点是结构简单紧凑，可承受较大载荷。其截面形状有方形、实心圆和空心圆。柱式弹性元件用于拉压力或荷重传感器，测力最小为 10^3 N，最大为 10^6 N。一般拉压力传感器技术指标为非线性、重复性、滞后均小于 0.1% ~ 0.5% FS，输出灵敏度 1 ~ 2 mV/V，温度零漂为 0.02%/℃ ~0.04%/℃。图 7-3（b）是环形弹性元件，它的特点是结构简单、稳定、自振频率高、灵敏度高。环形弹性元件可制成拉压力传感器，而且量程可以做到很小。图 7-3（c）是剪切轮辐式弹性元件。这是一种新的结构形式，其主要特点是结构显扁平状、精度高、线性好、抗偏心载荷和侧向力强、输出灵敏度高、可承受较大载荷，并有超载保护能力。图 7-3（d）是悬臂梁式弹性元件。这是一种用于较小载荷的传感器。其主要特点是结构简单、易加工、应变计容易粘贴、灵敏度较高。

以上的测力传感器都是测单向力的，还有一种可测多维力——多个力分量的传感器，它具有特殊的弹性元件形状和应变计布置，所测力分量数目与应变计桥路个数相等，最多有 6 个力分量测力传感器。

图 7-4 是应变式压力传感器原理。

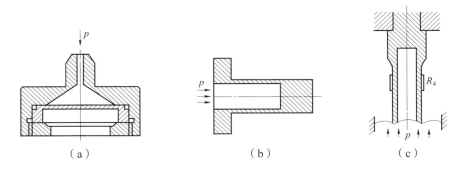

（a）　　　　　　　　　（b）　　　　　　　　　（c）

图 7-4　应变式压力传感器原理

（a）膜片式压力传感器；（b）筒式压力传感器；（c）组合式压力传感器

图 7-4（a）是膜片式压力传感器，弹性元件是周边固定的圆形金属膜片，当一面承受压力时膜片受弯曲，另一面粘贴应变计测量应变。图 7-5（b）是筒式压力传感器，弹性元件是薄壁圆筒。当压力作用于筒的内腔时，薄壁圆筒因受内压，径向膨胀，轴向伸长。通常把应变片沿着筒的圆周方向粘贴，使它感受筒表面的拉伸应变，另一片贴在筒端部的实心部分，该处不产生应变，只做温度补偿用。图 7-4（c）是组合式压力传感器。这种传感器中应变计不粘贴在压力感受元件上，而是由某传力杆，将感受元件的位移传递到粘贴有应变计的弹性元件上。感受元件有膜片、波纹管等。弹性元件有悬臂梁或双支点梁等。弹性元件刚度应高于感受元件的刚度，这样可减少感受元件的滞后和不稳定性。组合式压力传感器中的感受元件是双垂曲线形膜片，能与圆筒很好地贴合。它应用于高性能内燃机燃烧压力指示的传感器，自振频率高，适合于测量瞬态过程。

图 7-5 是应变式加速度传感器原理。传感器由质量块、悬臂梁、应变片和底座组成，应变片贴在悬臂梁根部的两表面。如将底座固定在被测物体上，物体以加速度 a

运动时，质量块受到与加速度相反方向的惯性力 $F = ma$，该力致使悬臂梁发生变形，从而引起应变片的应变和电阻变化。电阻应变式加速度传感器量程一般为 $1 \sim 50\ g$，可测加速度频率为 $30 \sim 200\ Hz$。

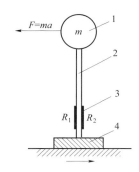

图 7 – 5　应变式加速度传感器原理

1—质量块；2—悬臂梁；3—应变片；4—底座

2）压阻式传感器

压阻式传感器是以单晶硅膜片作为敏感元件，在该膜片上采用集成电路工艺制作 4 个电阻并组成惠斯通电桥，当膜片受力后，由于半导体的压阻效应，电阻阻值发生变化，使电桥有输出。压阻式压力传感器原理，如图 7 – 6 所示。

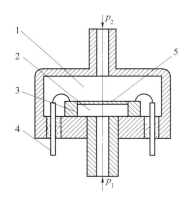

图 7 – 6　压阻式压力传感器原理

1—低压腔；2—高压腔；3—硅杯；4—引线；5—硅膜片

传感器膜片上下各有 1 个压力腔，可分别与被测的高压室和低压室连通，即可测压力差。为使输出线性度好，要限制硅膜片上最大应变不超过 $400 \sim 500\ \mu m/m$，这样扩散电阻上所受应变不太大。压阻式传感器的主要特点是：

（1）结构简单，可微型化。压阻式传感器的主要结构是 1 个硅杯，硅杯的直径可以制得很小，甚至小于 1 mm。

（2）固有频率高。由于压阻式传感器结构轻巧，无活动元件，膜片直径小，刚度大，固有频率可很高，一般在几十到几千赫兹。

（3）灵敏度高。半导体的灵敏度系数比金属应变片大 $50 \sim 100$ 倍，因此传感器输出信号大。

（4）精度高。它没有一般传感器所具有的活动零件或应变片粘接剂，因此它的非线性、滞后、重复性误差都较小。

（5）使用温度范围小。因半导体电阻温度系数大，传感器的使用温度范围受到一定限制，一般都在 $100 \ ℃$ 以内，在材料和工艺上严格控制，并采取恒流源供电、温度补偿和冷却后，使用温度可达 $300 \ ℃ \sim 500 \ ℃$。目前，美国公司生产的一种硅压阻压力传感器可耐瞬时高温 $2 \ 000 \ ℃$。

3）电感式传感器

电感式传感器是利用线圈自感或互感的变化实现测量的一种装置。

电感式传感器的核心部分是可变自感或可变互感。在被测量转换成线圈自感或互感的变化时，一般要利用磁场作为媒介或铁磁体的某些现象。这类传感器的主要特征是具有线圈绕组。电感式传感器具有以下特点：

（1）结构简单、可靠、灵敏度高。能测量 $0.1 \ \mu m$ 小位移和 $0.1''$ 的角位移。传感器输出信号大，电压灵敏度一般每 $1 \ mm$ 可达几百毫伏，有利于信号传送和放大。

（2）线性度、重复性好。在相当大位移范围内（最小几十微米，最大几十到几百毫米）线性好而稳定。它的缺点是频率响应低，不宜用于快速动态测量。一般来说，电感式传感器的分辨力和示值误差与示值范围有关，示值范围大时，分辨力和示值精度将相应降低。

4）电容式传感器

电容式传感器是把被测物理量转换为电容器电容量变化的一种传感器，其工作原理可用图 7 - 7 所示的简单平板电容器来说明。

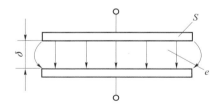

图 7 - 7　平板电容器

当不考虑边缘效应时，平板电容器的电容为

$$C = \frac{\varepsilon S}{\delta} = \frac{\varepsilon_r \varepsilon_0 S}{\delta} \tag{7 - 1}$$

式中　ε——极板间介质的介电常数；

ε_0 ——真空中的介电常数；

ε_r ——极板间介质的相对介电常数，$\varepsilon_r = \dfrac{\varepsilon}{\varepsilon_0}$；

S ——两平行极板覆盖的面积；

δ ——两极板之间的距离。

由式（7-1）可知，平板电容器的电容 C 是 ε、S、δ 三者的函数，即 $C = f(\varepsilon,$ S, $\delta)$。也即，三者中任一参数的改变，都可转变成 C 的变化，这就是各种电容传感器的工作原理。因此，根据电容传感器工作原理的不同，有变间隙式、变面积式和变介电常数式三种传感器。

电容式传感器与压阻式传感器相比具有以下优点：

（1）测量范围大。电容传感器相对变化量可大于 100%。

（2）灵敏度高。相对变化可达 10^{-7}。

（3）动态响应时间短，由于其可动部分质量很小，固有频率很高，可用于动态信号测量。

但它也有以下缺点：

（1）受寄生电容影响。主要指连接电容极板的导线电容和传感器本身的泄漏电容的存在，降低了测量灵敏度，且引起非线性输出。但现已可用测量电路解决。

（2）用变间隙原理的电容传感器具有非线性输出特性。

5）压电式传感器

压电式传感器是一种典型的有源传感器，它以某些电介质的压电效应，实现非电量的电测量，压电传感器元件属力敏元件，可测量能转换为力的其他力、压力、加速度等物理量，压电式传感器具有结构简单、工作可靠、灵敏度高、响应频带宽、信噪比高、可小型化等优点，因此应用广泛。

压电式加速度传感器结构分为压缩型和剪切型两种。压缩型压电式加速度传感器原理如图 7-8 所示。

压电元件一般由两片压电片组成，压电片的两表面上镀银层，并在银层上焊引出线（或在两压电片之间夹一金属片，引出线焊在金属片上），输出端的另一根引线与传感器基座连接。压电片放一质量块（采用高比重合金或钨制成），并用硬弹簧或螺栓对质量块预加荷载。整个组件装在有厚基座的金属壳体内。壳和基座的质量约占传感器总质量的一半。测量时将传感器基底与试件刚性固定，当试件及传感器受振动时，由于弹簧刚性大，质量块质量惯性很小。质量块感受与试件相同的振动，并受与加速度方向相反的惯性力作用，因此，质量块就有一正比于加速度的交变力作用于压电片上，使压电片两表面产生交变电荷（电压）。当振动频率远低于传感器固有频率时，传感器输出电荷（电压）与作用力（即试件加速度）成正比。输出电量由传感器输出端引

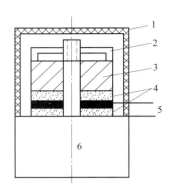

图7-8　压缩型压电式加速度传感器原理

1—外壳；2—弹簧；3—质量块；4—压电片；5—输出端；6—基底

出，输入到放大器后即可测出加速度。

由于压电式加速度传感器固有频率很高，所以工作频响范围很宽，广泛应用在振动和冲击测量中。

压电式压力传感器原理如图7-9所示。

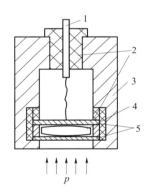

图7-9　压电式压力传感器原理

1—引线直；2—绝缘体；3—外壳；4—压电片；5—膜片

当压力（压强）p 作用在膜片上时，压电元件上下表面产生电压，电荷量与作用力 F 成正比，力与压力（压强）关系为

$$F = pA \tag{7-2}$$

式中　A——压电元件受力面积。

输出电荷（或电压）与输入压力成正比。一般压电式压力传感器线性度较好，输出信号经放大后可测出压力。

压电式压力传感器测量压力范围很宽，为 10^2 Pa ~ 10^2 MPa，已广泛应用于内燃机气缸、油缸、管道压力测量，并可测量高超音速脉冲风洞中的冲激波压力、航空发动机燃烧室压力，以及枪（炮）弹在膛中击发瞬间的膛压变化等。

6）磁电式传感器

磁电式传感器是通过磁电作用将被测量（如振动、位移、转速等）转换成电信号的一种传感器，主要有磁电感应式传感器和霍尔式传感器。

磁电感应式传感器简称感应式传感器，它是利用导体和磁场发生相对运动而在导体两端输出感应电动势的。磁电感应式传感器以电磁感应原理为基础。根据法拉第电磁感应定律可知，N 匝线圈在磁场中运动切割磁力线，或线圈所在磁场的磁通变化时，线圈中所产生的感应电动势 e 的大小取决于穿过线圈的磁通 ϕ 的变化率，即

$$e = -N\frac{\mathrm{d}\phi}{\mathrm{d}t} \tag{7-3}$$

图 7 – 10 是磁电感应式传感器原理。

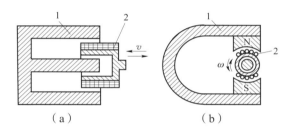

图 7 – 10　磁电感应式传感器原理
1—磁铁；2—线圈

当线圈垂直于磁场方向运动时，若以线圈相对磁场运动的速度 v 或角速度 ω 表示，则式（7 – 3）可写成：

$$e = -NBlv \tag{7-4}$$

或

$$e = -NBS\omega \tag{7-5}$$

式中　l——每匝线圈的平均长度；

B——线圈所在磁场的磁感应强度；

S——每匝线圈的平均截面积。

在传感器中，当结构参数确定后，B、l、N、S 均为定值，因此感应电动势 e 与线圈相对磁场的运动速度（v 或 ω）成正比。

由上述工作原理可知，磁电感应式传感器只适用于动态测量，可直接测量振动物体的速度或旋转体的角速度。

霍尔式传感器是利用霍尔元件基于霍尔效应原理而将被测量，如电流、磁场、位移、压力等转换成霍尔电势输出的一种传感器。

金属或半导体薄片置于磁场中，当有电流流过时，在垂直于电流和磁场的方向上将产生电动势，这种物理现象称为霍尔效应。

基于霍尔效应原理工作的半导体器件称为霍尔元件。目前，最常用的霍尔元件材料是锗、硅等半导体材料。其中，N 型锗容易加工制造，其霍尔系数、温度性能和线性度都较好。N 型硅的线性度最好，其霍尔系数、温度性能同 N 型锗。

图 7 – 11 是利用霍尔元件测量微小位移的原理。两个极性相反的永久磁铁形成具有均匀梯度的磁场，霍尔元件置于梯度磁场中，当元件上通过的激励电流保持不变时，其输出的霍尔电势大小取决于磁场强度。由于霍尔元件在均匀梯度磁场中所处位置的不同，通过其上的磁场强度就不同，因此输出的霍尔电势就成为霍尔元件位移的函数，由此可测量微小位移量，以及与位移量有关的其他参数。

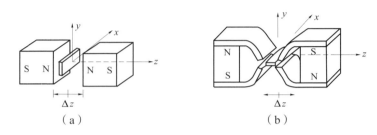

图 7 – 11　用霍尔元件测量微小位移的原理

（a）两块磁铁同极性相对放置；（b）两块磁铁反极性并排放置

在图 7 – 11（a）所示的结构中，两块磁铁同极性相对放置，霍尔元件置于正中间，此处磁感应强度 $B=0$，输出的霍尔电势 $U_H=0$。当霍尔元件在 z 轴方向有位移时，因 $B\neq0$，则 $U_H\neq0$，即有霍尔电势输出。这种结构的霍尔传感器，当两块磁铁距离越近时，磁场梯度越大，其灵敏度就越大。在图 7 – 11（b）所示的结构中，由于形成的磁场梯度比前者大得多，因而灵敏度特别高，但它测量的位移量特别小，一般小于0.5 mm。这种结构常用来测量微小位移或微振动。

7）温度传感器

温度传感器主要有热电式和热阻式两种。热电式传感器的工作原理是基于传感器受热后产生与温度有一定关系的热电势。热电偶传感原理的物理基础是温差电势现象。如图 7 – 12 所示，两种不同材料的导体 A、B 串接成了一个闭合回路。如果两接合点处的温度不同（$T_0\neq T$），则在两导体间产生热电势，并在回路中有一定大小的电流，这种现象称为热电效应。在此闭合回路中，两种导体叫热电极；两个结点中，一个称工作端或热端（T 端），另一个称参比端或冷端（T_0 端）。由这两种导体组合并将温度转换成热电势的传感器叫作热电偶。

热电势是由两种导体的接触电势和单一导体的温差电势所组成。热电势的大小与两种导体材料的性质及结点温度有关。

在实际应用中，热电偶要通过补偿导线接入二次仪表，导线与热电偶的结点又形

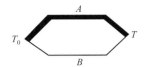

图 7 - 12　热电效应

成新的感温点，新感温点产生的热电势应不影响测量温度。因此，应保证导线两端温度相同。热电偶与二次仪表的连接如图 7 - 13 所示。

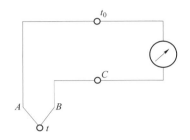

图 7 - 13　热电偶与二次仪表连接

当结点 t_0 与 t_1 处于同一温度时，$f_{BC}(t_1) = f_{CA}(t_0)$，电势相等，符号相反，全电路热电势 $E_{ABC}(t_1, t_0, t)$ 为

$$E_{ABC}(t_1, t_0, t) = f_{AB}(t_1) + f_{BC}(t_0) + f_{CA}(t_0) = f_{AB}(t) \tag{7-6}$$

$$E_{ABC}(t_1, t_0, t) = f_{AB}(t) \tag{7-7}$$

热电势温度传感器温度计算公式为

$$t = t_B + K(t_1 - t_0) \tag{7-8}$$

式中　t——实测温度；

　　　t_B——仪表显示温度；

　　　t_0——表自由端温度；

　　　t_1——热电偶自由端温度；

　　　K——随热电偶形式和温度范围变化的有关系数。

热电偶选用的原则：一是温度量程要满足；二是响应时间要快。

2. 中间变换器

中间变换器是将传感器输出的电信号经过调理，转换为可供后续采集设备采样的电信号。常见的中间变换器有变送器、调理器、转换器等。从功能上分，主要有以下几种类型。

（1）将无源信号转换为有源信号的装置。

（2）将电流信号转换为电压信号的装置。

（3）将电压信号转换为电流信号的装置。

（4）将微弱信号进行放大的放大变换器。

（5）一些阻抗变换装置等。

1）滤波器

滤波器是把测试信号中的有用信号检测出来，并滤除干扰信号、噪声和虚假信号。在频域内对信号进行选频加工是动态测试系统中不可缺少的环节，滤波器有时和放大器在一起，但有源滤波器常单独使用，与放大器一起使用时可以接在放大器的输入端和输出端。

滤波器分低通滤波器、高通滤波器、带通滤波器和带阻滤波器。由于计算机的发展和应用，数字滤波器被广泛应用。特别是在数据采集系统和数据处理软件中会大量用到滤波器。滤波器的幅频特性如图 7 - 14 所示。

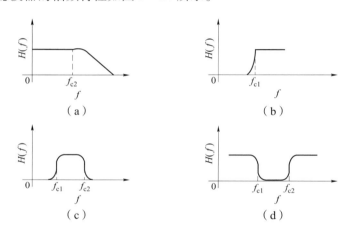

图 7 - 14　滤波器幅频特性

（a）低通滤波器；（b）高通滤波器；（c）带通滤波器；（d）带阻滤波器

低通滤波器通过正常增益低于 f_{c2} 的信号，衰减高于 f_{c2} 的信号，f_{c2} 成为上截止频率。高通滤波器通过正常增益高于 f_{c1} 的信号，衰减低于 f_{c1} 的信号。带通滤波器只通过高于 f_{c1} 低于 f_{c2} 的信号，衰减其他信号，f_{c1} 和 f_{c2} 为下截止频率和上截止频率，f_0 为带通滤波器的中心频率。带阻滤波器阻止 f_{c1} 和 f_{c2} 之间的信号通过。滤波器有关参数由下列公式给出。

$$f_0 = \sqrt{f_{c1} f_{c2}} \tag{7-9}$$

$$B = f_{c2} - f_{c1} \tag{7-10}$$

$$Q = \frac{f_0}{B} \tag{7-11}$$

式中　B——滤波器带宽；

Q——滤波器品质因素。

在冲击振动信号测试中，电荷放大器都有低通和高通滤波器，以便滤掉信号中不需要的高频成分和阻断信号中的直流分量。截止频率的选用应按被测信号频率范围来确定。滤波器原理及频率特性如图 7 – 15 所示。

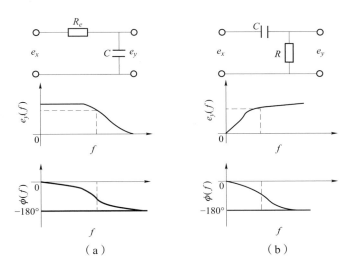

图 7 – 15　滤波器原理及频率特性

（a）低通滤波器；（b）高通滤波器

低通滤波器的特性为

由于

$$\begin{cases} RC \dfrac{\mathrm{d}e_y}{\mathrm{d}t} + e_y = e_x \\[2mm] H(\mathrm{j}\omega) = \dfrac{1}{\mathrm{j}\omega\tau + 1} \end{cases} \tag{7 – 12}$$

式中　τ——时间常数，$\tau = RC$；

$\quad\quad e_x$——信号输入函数；

$\quad\quad e_y$——信号输出函数。

因此

$$H(f) = \frac{1}{\mathrm{j}2\pi RCf + 1} \tag{7 – 13}$$

当 $f \ll \dfrac{1}{2\pi RC}$ 时，

$$H(f) \approx 1$$

当 $f = \dfrac{1}{2\pi RC}$ 时，

$$H(f) = \frac{1}{\sqrt{2}}$$

对应 f 的幅值为 $\frac{1}{\sqrt{2}}$ 时，衰减为 -3 dB，故称 $f = \frac{1}{2\pi RC}$ 为截止频率。

高通滤波器的特性为

$$e_y + \frac{1}{RC}\int e_y \, \mathrm{d}y = e_x \tag{7-14}$$

$$H(\mathrm{j}\omega) = \frac{\mathrm{j}\omega\tau}{\mathrm{j}\omega\tau + 1} \tag{7-15}$$

对应 -3 dB 时的截止频率仍为 $f = \frac{1}{2\pi RC}$。

2）放大器

放大器用于把传感器输出的微弱信号放大，便于采集系统采集以及显示系统显示。对放大器的要求是应将输入信号按照比例进行线性放大，放大后的信号不产生失真。下面介绍放大器性能指标。

（1）放大倍数。放大器的工作原理是将一个微弱的电信号 U_0 经过放大电路放大到 U_i。由于是线性放大，故该放大器的电压放大倍数为

$$A_U = \frac{U_0}{U_i} \tag{7-16}$$

式中　U_0, U_i ——放大器输入、输出电压，对电流信号指有效值。
电流放大倍数为

$$A_I = \frac{I_0}{I_i} \tag{7-17}$$

式中　I_0, I_i ——放大器输入、输出电流，是电流信号有效值。

（2）最大输出幅度。最大输出幅度表示放大器可能供给的最大输出电压和电流。

（3）非线性失真。由于组成放大器的元器件有的是非线性元器件，或具有非线性特性，虽然非线性从电路上可以进行补偿，但是仍达不到百分之百线性，故放大器特别对动态测量使用的放大器更要注意非线性失真。

当输入信号为某一频率正弦波电压时，输出波形含有一定数量的谐波，谐波总量和基波之比称为非线性失真系数。非线性失真系数是衡量放大器性能的重要指标之一。

（4）输入阻抗。放大器输入信号即是传感器输出信号。传感器输出信号的带载能力较弱，因此要求放大器输入阻抗越大越好，一般在数百欧姆。输入阻抗表达式为

$$r_i = \frac{U_i}{I_i} \tag{7-18}$$

（5）输出阻抗。放大器的负载常为显示器、数据记录仪器和数据处理器等，为了

使这些仪器工作，放大器要有一定输出电流能力，而提高放大器输出能力的办法是降低输出阻抗。输出阻抗表达式为

$$r_0 = \left(\frac{U_{01}}{U_0} - 1\right)R_L \tag{7-19}$$

式中　U_{01}——在输入端加上固定交流信号负载电阻 R_L 断开时的电压值；

　　　U_0——接在负载 R_L 后输出的电压值；

　　　R_L——固定交流信号负载电阻。

（6）通频带。通频带是指放大器频率范围，信号在此频率范围内，放大倍数不变。通频带带宽的确定是当放大倍数降到 0.7 倍时确定的频率范围。

（7）最大输出功率与效率。放大器最大输出功率 P_{cmax} 指能向负载提供的最大交变功率。放大器的效率 η 是指放大器最大输出功率 P_{cmax} 与直流电源消耗的功率 P_E 之比。

$$\eta = \frac{P_{cmax}}{P_E} \tag{7-20}$$

此外，按不同应用场合对放大器还提出了其他要求，如电源容量、抗干扰能力、信噪比、工作温度、体积、总量等。

3. 数据记录仪器

数据记录仪器是将被测信号记录下来，以便人们观察和分析。从观察角度记录仪可分为显式记录仪和隐式记录仪。显式记录仪给出的波形人眼可直接观察和判读，如笔式记录仪、示波器等。隐式记录仪分模拟记录仪和数字记录仪两种。随着计算机技术和总线技术的发展，数据记录仪器也迅速得以发展。数据记录仪器不同于简单的记录仪器，它包括对传感器输出电信号的变换、显示、输出和处理等多项功能。同时，它还具有很高的采集速率，因此适合动态数据采集。

数据记录仪器包括模拟系统和数字系统两部分。通用的微型计算机数据采集系统，首先是将传感器输出的电信号经放大器放大，由 A/D 转换器转换成数字量输入计算机，进行数据分析处理，获得各种结果。有的数据记录仪器所有通道共用一个 A/D 转换器，各通道信号经过电子开关切换，轮流进行采集，并采用编码形式对各路信号进行编码，便于后续数据分析，这种数据记录系统能满足绝大部分测试场合。但是在动态信号采集和高速信号采集过程中，电子开关切换频率会出现问题，同时各路信号的零点会出现时移。为此，出现了各通道采集信号单独使用一个 A/D 转换器的数据记录仪器。目前，使用最多的是独立 A/D 转换器的数据记录仪器。

数据记录仪器可以同步采集多路（如多达 256 路）各种形式传感器信号。传感器有自供电的（压电、磁电）、有需要提供恒流源或恒压源的，或单端（外壳接地）的、双端（差分）的，或零频响应的（如电容式加速度传感器、压阻式加速度传感器等）、无零频响应的（如压电式加速度传感器等），或电阻应变式传感器（金属或半导体）

和压阻式传感器……数据采集系统要能适应各种传感器，并具有良好的环境适应性。

在选择数据采集仪器时，需要根据实际需求出发，选择合适的设备。涉及数据记录设备的技术指标主要有以下几点。

1）数据记录仪器技术指标

（1）通道数。在选择数据记录仪器时首先要考虑的就是测试通道数，在通道总数满足要求的情况下，还要考虑耦合，看接口是否具有差分或单端输入，采集电流信号还是电压信号，内部前置放大器具备或不具备抗混叠滤波，采集设备各通道是单独 A/D 还是采用电子开关切换总 A/D。

（2）分辨率。模拟输入通道的分辨率是指系统可以提供的测量值或范围，该指标通常用位来表示，如 8 位分辨率相当于分辨率为 1/256。

分辨率由输入决定，输入范围决定能检测多小的输入变化。同时，在考虑分辨率时还需要考虑被采集信号的频率，高速信号的采集一般选用 8 位或更低位的转换器，而 20 位或 24 位转换器通常用在需要更高分辨率和较低取样率的场合。

（3）精度。精度往往与分辨率混淆在一起，等同于一个概念，实际上它们不是相同的技术指标。一个采集系统的分辨率为 1 V，但是该系统的精度不一定是 1 V。

（4）非线性度。非线性度是指实际电压的输入测量曲线和理想的直线之间的差值。非线性误差有两个成分：积分非线性（Integral Non-Linearity，INL）和差分非线性（Differential Non-Linearity，DNL）。

在大多数数据采集系统中，INL 是重要的性能指标，通常以位表示，表明由电压读数曲线偏离直线所引起的最大误差贡献。DNL 定义为 A/D 转换器增加或减少 1 位所造成的输入电压改变之间的抖动。在理想的变换器中，电压从一个读数增加到下一个较高读数的抖动是相等的，并严格等于系统的分辨率。

（5）噪声。噪声是数据采集系统中不断出现的误差，在整个有线测量系统中，有来自传感器的噪声，有来自传输线缆的噪声等。但是信号进入采集设备之前，其采集设备自身已经有噪声信号。衡量一个采集设备的噪声大小的方法是将采集设备输入端输入信号短路，对短路信号进行采集，通过采集到的信号大小来衡量噪声的大小，衡量指标是采集信号的峰—峰值。一个理想的采集设备响应应该是零，但是由于各种因素混杂，没有一个采集设备噪声是零。所以在选择采集设备时，需要高度关注该指标。

（6）采样频率。采样频率定义为每秒采样的次数。根据被测信号的频率要求选择测试设备的采样频率。根据 Nyquist 采样定理，采样至少是被测信号频率的 2 倍以上。在选择采集设备时需要仔细检查该技术指标，因为大多数制造商给出的是整板的采样频率，各个通道的采样频率为整板采样频率除以通道数。

2）数据记录仪器选用原则

（1）数据记录仪器精度应比测试系统要求的精度高 2～3 倍。

（2）按被测信号幅值大小和动态范围选用不同灵敏度的记录仪器，灵敏度是输出增量和输入增量之比，即单位输入量引起的输出量变化值。该值越大，灵敏度越高，相对量程范围越小。

（3）抗干扰能力，主要是串、共模抑制比大小。一般共模抑制比为 100 dB，串模抑制比大于 45 dB。

（4）数据记录仪器的频率响应应能覆盖被测信号频率范围。由于带宽以半衰减为标志，仪器带宽应比被测信号最高频率成分高出 1/3。

（5）以电压信号为输入的记录仪器输入阻抗高，国外已经达到兆欧级别。

（6）多通道数据记录仪器通道间串音抑制比大于 60 dB。

（7）对于野外用的数据记录仪器要注意环境参数，还有抗风沙等能力。

4. 电源

在非电量测试系统中，直流供电设备是必不可少的，该设备用作传感器、放大器、记录仪器的直流电源。特别是给传感器的电源，其稳压精度和纹波系数对被测试信号质量影响较大。

1）选用原则

电源的选用应考虑以下原则：

（1）电源功率应大于用电功率的 20%。功率不够会引起掉电，使仪器无法正常工作。引起掉电的主要原因是供电电流不够，从而造成过载。

（2）电源精度与测试系统精度要求成正比。一般应选用相同精度电源。

（3）纹波电源会造成噪声干扰，信号处理时应采取滤波措施，为保证信号质量，纹波系数小于 0.1%。

2）常用电源比较

（1）电池电源。电池电源是指各种型号和不同容量的电瓶，在电压和电流有效使用期内，电压平稳，没有纹波干扰，受外界影响较小。但是工作时间短，使用时要注意观察电压变化。

（2）线性直流稳压电源。线性直流稳压电源的稳定性高、纹波小、线路简单，但效率低，体积大。

（3）开关直流稳压电源。开关直流稳压电源效率高、体积小、质量小。但纹波系数较大，固定电压输出。

（4）集成一体化电源。集成一体化电源是指采用集成电路芯片，经特殊工艺，将组件都固定在金属材料外壳内，用环氧树脂进行实体封装的电源。此电源具有体积小、性能好、可靠性高、价格低等优点。集成一体化电源的参数范围如下：

功率：5～1 000 W。

输入电压：220（1±10%）V AC　50 Hz。

输出电压：5~300 V DC。

输出电流：1~30 A 电阻性负载。

纹波电压：50 mV（峰值）。

工作频率：50 Hz~20 kHz。

电压、电流调整率：1%。

效率：70%。

5. 测试系统校准

一个完整的测试系统，首先需要进行校准，而有线测量是由多个子模块构成，最末端的是传感器，通过测试电缆，以及调理模块与测试设备连接。为保证测试准确性，除测试电缆外都需要进行检定校准。

1）传感器的校准

每个传感器都有唯一确定的灵敏度和线性度，在试验前都需要对传感器进行校准，经检定校准合格后方可使用，并且按照校准证书上的技术参数使用传感器。

2）采集设备校准

按照仪器、仪表检定要求，数据采集设备也需要定期检定，在每次试验前都需要确保采集设备在其检定有效期内使用。

3）系统在线校准

由于有线测量是一个整体测试系统，在保证每一部分校准的同时，还需要确保整体系统的校准，这就需要进行在线校准。在线校准就是将所有测试设备按照现场测试要求连接完成后，在传感器上施加标准信号，数据采集设备采集不同量程的该标准信号，通过线性拟合，最后确定该通道测试信号的最终灵敏度和线性度。

7.1.2 有线测量系统的基本特性

有线测量系统按测量性质不同可分为动态测量系统和静态测量系统。动态测量系统与静态测量系统在某些情况下可通用，但在概念上和系统特性要求上是有本质差别的。

航天发射装置研制过程中有线测量是动态测量。动态测量系统分为线性系统和非线性系统。当系统的输入（被测量）$x(t)$ 和输出（测量结果）$y(t)$ 的关系可以用常系数线性微分方程描述时，称该系统为时不变线性系统，简称线性系统。

$$a_n \frac{\mathrm{d}^n y(t)}{\mathrm{d}t^n} + a_{n-1} \frac{\mathrm{d}^{n-1} y(t)}{\mathrm{d}t^{n-1}} + \cdots + a_1 \frac{\mathrm{d}y(t)}{\mathrm{d}t} + a_0 y(t)$$

$$= b_m \frac{\mathrm{d}^m x(t)}{\mathrm{d}t^m} + b_{m-1} \frac{\mathrm{d}^{m-1} x(t)}{\mathrm{d}t^{m-1}} + \cdots + b_1 \frac{\mathrm{d}x(t)}{\mathrm{d}t} + b_0 x(t)$$

式中　t——时间自变量；

$a_n, a_{n-1}, \cdots a_1, a_0$ 和 $b_m, b_{m-1}, \cdots, b_1, b_0$ ——完全由测试系统本身所决定的常数，不随时间变化。

要使测试结果能如实反映被测量，首先需要测试系统是线性系统，这是对测试系统的基本要求。因此第 7 章重点介绍线性测量系统的动态特性。以下所提到的系统或装置若不加特殊说明，均认为是线性系统。

1. 测量系统的静态特性

静态指被测量不随时间变化，或随时间变化非常缓慢的状态。测量系统的静态特性指被测量处于稳定状态时测量系统输出与输入的关系，或者说测量系统输出的特性，通常用灵敏度、非线性度、滞后、重复性、分辨力等指标来表征。

1）灵敏度

灵敏度是测量系统在静态条件下输出量的变化量 Δy 与输入量的变化量 Δx 的比值，可用下式表示：

$$S = \frac{\Delta y}{\Delta x} \tag{7-21}$$

对于理想线性系统，输出量与输入量之间的关系是一条直线，灵敏度就是该直线的斜率，为一常数。但是，实际中的测试系统一般并不是理想的线性系统，其定标曲线不是直线，通常用该曲线的拟合直线的斜率作为实际装置的灵敏度。

灵敏度是一个有量纲的量，其单位取决于输入和输出量的单位。当输入、输出两者单位一致时，则灵敏度实际上是一个无量纲的比例常数，这时常称之为放大倍数或增益等。

灵敏度反映了装置对输入量变化的敏感程度，其值越大表示装置越灵敏。但应注意灵敏度越高，装置的示值稳定性就越差，且测量范围越窄。

2）非线性度

非线性度是指装置的输出与输入偏离线性关系的程度。反映在图形上为标定曲线偏离拟合直线的程度。如图 7-16 所示，非线性偏差在数值上用标定曲线与拟合直线之间的最大偏差 B 与测量系统满量程输出值 A 之比值的百分数表示，即

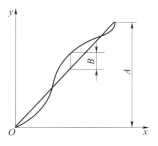

图 7-16　非线性偏差

$$非线性度 = \frac{B}{A} \times 100\% \qquad (7-22)$$

由于最大偏差 B 是以拟合直线为基准计算的，不同的拟合方法所得的拟合直线不同，最大偏差 B 也不同，最常用的拟合方法是最小二乘法。

3）滞后（也称迟滞）

滞后表示测量系统的输入量由小到大和由大到小变化时，所得输出量不一致的程度，如图 7 - 17 所示。滞后在数值上用同一输入量下所得偏差的最大值 H 与测量系统满量程输出值 A 之比值的百分数表示，即

$$滞后 = \frac{H}{A} \times 100\% \qquad (7-23)$$

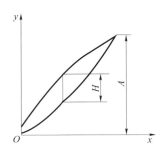

图 7 - 17 滞后

4）重复性

重复性是指在条件（包括测量仪器、测量方法、使用条件、观测者等）相同时，对同一被测量进行多次连续测量所得结果之间的符合程度。重复性是衡量测量结果分散性的指标，即随机误差大小的指标，在数值上用测量结果标准偏差的 2 ~ 3 倍与测量系统满量程输出值之比值的百分数表示，即

$$重复性 = \frac{(2 \sim 3)\sigma}{A} \times 100\% \qquad (7-24)$$

5）分辨力

分辨力是指测量系统能有效地辨别相邻量值的能力。一般认为数字装置的分辨力就是最后位数的一个字，模拟装置的分辨力为指示标尺分度值的一半。

2. 测量系统的动态特性

测量系统的动态特性是指测量系统对输入量随时间变化的响应特性。表征测量系统动态特性的指标有时域指标和频域指标。时域指标由阶跃响应特性得出，主要有上升时间、响应时间和超调量等；频域指标由幅频特性和相频特性得出，主要有固有频率、工作频带、相角等。

1）时域指标

用阶跃信号作为标准激励源，测出系统的阶跃响应曲线，根据曲线得到各种指标。

1 阶系统的阶跃响应曲线如图 7 – 18 所示。

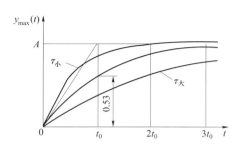

图 7 – 18 1 阶系统的阶跃响应曲线

曲线趋近于阶跃输入值 A 的时间越短，输出与输入的差值越小，即动误差越小。反之，动误差越大。通常用达到最终值 95% 或 98% 所需要的时间作为衡量系统响应快慢的指标。

2 阶系统的阶跃响应曲线如图 7 – 19 所示。

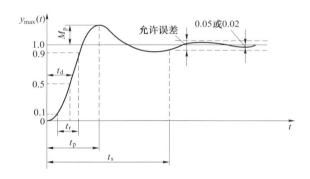

图 7 – 19 2 阶系统的阶跃响应曲线

2 阶系统的动态特性时域指标通常是用单位阶跃输入信号作用下产生的时间响应曲线来表征。主要有：

（1）上升时间 t_r。单位阶跃曲线 $y_u(t)$ 从它终值的 10% 上升到终值的 90% 所需的时间。

（2）响应时间 t_s。单位阶跃曲线 $y_u(t)$ 达到并保持在响应曲线终值允许的误差范围内所需的时间。该误差范围通常规定为终值的 ±5%，也有的规定为终值的 ±2%。

（3）超调量 $M\%$。单位阶跃曲线 $y_u(t)$ 的最大值与响应曲线终值的差值对终值之比的百分数。

$$M\% = \frac{y_{max} - y_{+\infty}}{y_{+\infty}} \times 100\% \qquad (7 – 25)$$

式中　y_{max}——响应曲线最大值；

$y_{+\infty}$ ——响应曲线终值。

2 阶测量系统的阶跃响应速度与系统的固有频率 ω_n 和阻尼比 ζ 有关。

如图 7 - 20 所示，不同阻尼比 ζ 对应不同的响应曲线，ζ 过大或过小，响应时间都过长，为了提高响应速度，减少动误差，通常选取 $\zeta = 0.6 \sim 0.8$ 较为适宜。当 ζ 一定时，ω_n 越大则响应速度越快；ω_n 越小则响应速度越慢。

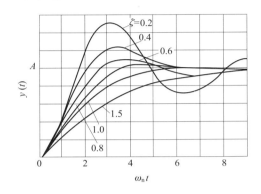

图 7 - 20 2 阶系统不同阻尼比对应的阶跃响应曲线

由此可见，固有频率 ω_n 和阻尼比 ζ 是 2 阶测量系统的重要特性参数。

2）频域指标

用正弦信号作为标准激励源，测出系统的幅频特性和相频特性曲线。

1 阶系统的幅频特性和相频特性曲线如图 7 - 21 所示。

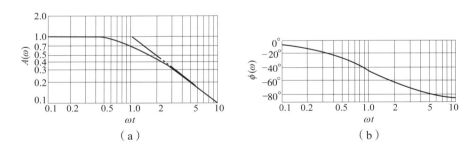

图 7 - 21 1 阶系统的幅频特性和相频特性曲线

（a）1 阶系统幅频特性曲线；（b）1 阶系统相频特性曲线

由图 7 - 21 可知，响应幅值随 ω 增大而减小，相位差随 ω 增大而增大，而且系统的频率响应还取决于时间常数 τ。当 $\omega\tau < 0.3$ 时，振幅和相位失真都较小。τ 越小，则 ω 越大；τ 越大，则 ω 越小。这说明系统 τ 越小，工作频率范围越宽；反之 τ 越大，工作频率范围越窄。

2 阶系统的幅频特性和相频特性曲线如图 7 - 22 所示。

由图 7 - 22 可知，当选取 $\zeta = 0.6 \sim 0.8$ 时，$A(\omega) \approx 1$ 的频率范围最大，而 $\phi(\omega)$ 与

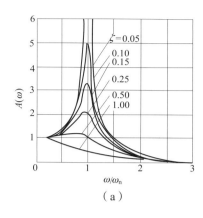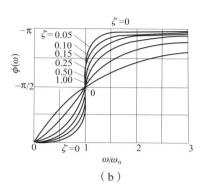

（a）　　　　　　　　　　　（b）

图 7-22　2 阶系统的幅频特性和相频特性曲线

（a）幅频特性曲线；（b）相频特性曲线

ω/ω_n 近似线性关系。在这种情况下，系统稳态响应的动误差较小。另外，系统的频率响应随固有频率 ω_n 的大小而不同。ω_n 越大，保持动误差在一定范围内的工作频率范围越宽；反之，工作频率范围越窄。

7.1.3　不失真测试条件

在进行动态信号的测试时，要使输出如实地反映输入，实现不失真测试。

如图 7-23 所示，测试系统的输出 $y(t)$ 与它对应的输入 $x(t)$ 相比，在时间轴上所占的宽度相等，对应的高度成比例，只是滞后了一个位置 t_0。这样我们就认为输出信号的波形没有失真，或者说实现了不失真的测试。其数学表达式为

$$y(t) = A_0 x(t - t_0) \tag{7-26}$$

式中　A_0, t_0——常数。

式（7-26）表明输出波形和输入波形精确地一致，只是幅值放大了 A_0 倍和时间延迟了 t_0 而已。

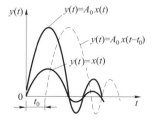

图 7-23　不失真测试的时域波形

那么，满足上述不失真条件的测试系统应具有的频率特性如下文所述。

运用时移性质对式（7-26）作傅里叶变换得

$$Y(\omega) = A_0 \mathrm{e}^{-\mathrm{j}\omega t_0} X(\omega) \qquad (7-27)$$

若考虑当 $t < 0$ 时，$x(t) = 0$、$y(t) = 0$，于是有

$$H(\omega) = A(\omega) \mathrm{e}^{\mathrm{j}\phi(\omega)} = \frac{Y(\omega)}{X(\omega)} = A_0 \mathrm{e}^{-\mathrm{j}\omega t_0} \qquad (7-28)$$

式（7-27）是测试系统实现不失真测试的频率响应。可见，若要求系统的输出波形不失真，则其幅频和相频特性应分别满足

$$A(\omega) = A_0 = 常数 \qquad (7-29)$$

$$\phi(\omega) = -\omega t_0 \qquad (7-30)$$

这就是实现不失真测试对系统提出的动态特性要求。其物理意义是：

（1）输入信号中各频率分量的幅值通过系统时，均被放大（缩小）相同的倍数 A_0，即幅频特性曲线是平行于横轴的直线 [图 7-24（a）]。

（2）各频率分量通过系统后均应延迟相同的时间 t_0，即相频特性曲线为一通过原点并具有负斜率的斜线 [图 7-24（b）]。

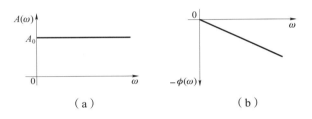

图 7-24　不失真测试的频率响应

（a）幅频特性曲线；（b）相频特性曲线

应当指出，满足式（7-29）和式（7-30）所表达的条件，系统的输出仍滞后于输入一定的时间。如果测试的目的只是精确地测出输入波形，那么，上述条件完全满足不失真测试的要求。但如果测试的结果要用来作为反馈控制信号，那么还应当注意到输出对输入的时间滞后有可能破坏系统的稳定性。这时应根据具体要求，力求较小的时间滞后。

实际中，测试系统只能在一定的频区和一定的精度上近似满足不失真测试条件。将实际与理想频响特性之差不超过许可误差的频区确定为装置的工作频区，这一性能指标广泛地用来评价或表示测试系统的动态特性。因此在实际测试时，首先，根据被测试信号的频带选用合适的测试装置，使测试装置的工作频带涵盖被测试信号的频带；其次，对输入信号做必要的预处理，滤去测试装置工作频区之外的信号分量，以免这些分量影响测试结果的精度。

实际中，对装置特性的选择应分析并权衡幅值失真、相位失真对测试的影响。例如，在振动测量中，有时只要求了解振动信号的频率成分及其强度，并不关心确切的

波形变化，并且只要求了解其幅值谱而对相位谱无要求。此时，要考虑的应是测试装置的幅频特性。又如，某些测量要求测出特定波形的延迟时间，这就对测试装置的相频特性有严格的要求，以减小相位失真引起的测试误差。

不失真测试条件式（7 - 29）、式（7 - 30）是进行动态测试时应普遍遵循的要求，下面将不失真测试条件应用于常见的 1 阶和 2 阶装置，可以归结出它们各自实现不失真测试条件的具体条件。

对于 1 阶装置，当被测信号的频率 $\omega \ll 1/\tau$ 时，从图 7 - 18 中可知幅频特性近似为常数，相频特性近似为线性，在该频率范围内可以实现不失真测试。1 阶装置的时间常数 τ 越小，工作频区就越宽。

对于 2 阶装置，当被测信号的频率 $\omega \ll \omega_n$ 时，幅频特性变化很小，可近似看成常数，相频特性近似为线性，此时 2 阶装置可以视为不失真测试装置。在固有频率一定的情况下，阻尼比 ζ 为 $1/\sqrt{2}$ 时，不失真测试的工作频区最长。

7.2　试验相关测试技术

7.2.1　特征秒状态测试

特征秒状态是指导弹（火箭）飞行中的动力学载荷具有明显特征的时段。与发射装置有关的信号主要有：

（1）发控信号，指在下达发射指令后，从发射控制器按下发射按钮的时刻。

（2）喷火信号，指导弹（火箭）发控信号发出后，助推器接收到该信号并启动助推器开始点火的时刻。

（3）弹动信号，指导弹（火箭）助推器点火后，推力达到一定值，导弹（火箭）在发射箱内开始运动的时刻。

发控信号、喷火信号、弹动信号是 3 个在时间历程上继起的信号，对火箭、导弹发射非常重要。为了掌握 3 个信号之间的时间间隔，需要在试验时测试这 3 个信号。

发控信号的测试比较简单，发控设备直接接收发控按钮发出的电压信号，有些给出的是无源信号，需要对无源信号进行调制至采集设备可接收的信号，而有些是有源信号，采集设备可以直接采集。

喷火信号测试一般采用喷火线的方式，在助推器尾喷管上装一条喷火线，助推器点火即可将该条线烧断，从而送出通断信号，将该信号进行适当的调制供采集设备采集。

弹动信号采用弹动开关的测试方式，将导弹（火箭）装填到位后，在导弹（火箭）尾部适当位置，安装一个微动开关。导弹（火箭）未动时，微动开关处于闭合状态，只要导弹（火箭）开始运动，微动开关即可断开，从而发出通道信号。

图 7-25 是实测的弹动信号、喷火信号，其中左边零点为发控信号零点。

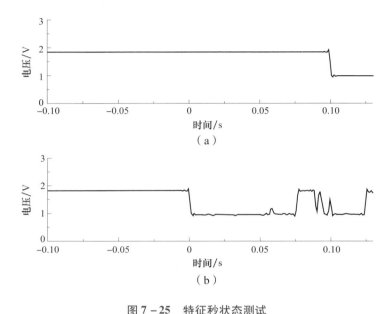

图 7-25　特征秒状态测试

（a）弹动信号；（b）喷火信号

7.2.2　应力应变测试

1. 测量目的

航天发射装置结构复杂，在导弹（火箭）运输以及发射过程中，运输发射装置结构必须可靠，才能确保导弹（火箭）顺利运输和成功发射。在设计过程中，为了掌握装置的可靠性，需要测试装置在受力情况下的结构变形，目的是用于了解结构件应力大小和分布、载荷状态和使用材料的合理性，结构安全性，以及结构耐久性、振动状态和变形程度等。

应力应变测量方法很多，如光弹性实验法、脆性涂层法、云纹法、全息干涉法等，但是目前最常用的是电阻应变计法。电阻应变计是利用金属的应变电阻效应制成，将结构应变转化为电阻变化，再用仪器测量电阻变化间接测量应变，再由材料应力应变关系测量应力。第 7.2.2 节将重点讨论常温电阻应变计测量法。

2. 测量分类

电阻应变计测量法按照测试内容分类，可分为静态测量和动态测量两种。

（1）静态测量，对永远恒定的载荷或短时间稳定的载荷的测量。

（2）动态测量，对载荷在 2~1 200 Hz 变化的测量。

对发射装置进行的静力加载测试都是静态应变测试，而跑车运输试验及靶场试验测试都是动态应变测试。

3. 电阻应变计测量法优缺点

1）优点

（1）测量应变的灵敏度和准确度较高，而且数据稳定可靠。

（2）测量技术简单、易于掌握。所用应变计元件和后续测试设备都已非常成熟。

（3）可以在高低温（−270 ℃~1 000 ℃）、高压（几千大气压）、液下、高速旋转（几万转/分）、强磁场、核辐射等特殊场合使用。

（4）电阻应变计输出为电信号，便于后续记录和处理。

（5）用电阻应变计作为传感器元件制成的各种测试传感器，如压力、扭矩、位移、加速度等物理量测试，其测试精度较高，能达到 0.1%。

（6）测量范围宽，一般可以测到几千或上万微应变。

（7）电阻应变计尺寸小，质量轻，操作方便，粘贴在试件上对试件工作状况和应力分布影响较小。

（8）频率响应好，可测量 0~500 000 Hz 的振动，惯性较小，对动应变反应较快。

2）缺点

（1）应变计测量的是敏感栅面积内的平均应变，对于应变力集中部位的测量不够准确。

（2）应变计一般只能测量构件表面应变，难于测试内部应变。

（3）普通应变计输出信号较小，进行动态测试时，如果测试距离较远，需采取屏蔽措施防止干扰。

（4）工作温度较高时，需采取各种措施提高测试精度，高于 800 ℃时需用其他方法测试。

4. 电阻应变计的选型

根据试验目的及结构材料，按以下原则选择电阻应变计。

（1）电阻应变计的品种。一般按结构材料的性能和热膨胀系数选择对应的温度自补偿应变计。例如，低碳钢结构选用对应热膨胀系数 $11 \times 10^{-6}/℃$ 的温度自补偿计；铜、不锈钢结构选用对应热膨胀系数 $16 \times 10^{-6}/℃$ 的温度自补偿计等。

（2）电阻应变计的规格。按结构应力分布的情况选择电阻应变计的规格。在动态测试时，栅长越大，应变计最高工作频率越高，当 $L = 20$ mm 时，$f_{max} = 12.5$ kHz。例如，应力集中区选用小栅长的箔式应变计，如 0.2 mm、1 mm、2 mm，应力分布较均匀的钢结构，选用栅长 5~10 mm 的箔式应变计；对混凝土结构，按混凝土石子直径 4 倍以上选用 50 mm，100~200 mm 栅长的丝式或箔式应变计。

（3）电阻应变计的结构。单栅电阻应变计，结构件处于单向应力状态的情况下选用；双栅电阻应变计，结构件处于平面应力状态的部位，当主应力方向已知的情况下选用；三栅电阻应变计，三轴直角45°应变计主要用于主应力方向大致已知的情况、三轴等角60°应变计主要用于主应力方向无法估计的情况、三轴120°应变计主要用于测试面为大平面且出现方向不受影响的情况（图7-26）；T形片，测双向主应力；斜向45°，测剪力、扭力。

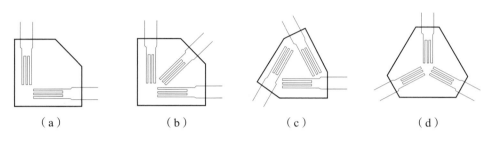

图7-26　应变计结构

（a）二轴90°；（b）三轴45°；（c）三轴60°；（d）三轴120°

（4）电阻应变计的阻值。应变计电阻一般有120 Ω、350 Ω、500 Ω、1 000 Ω几种类型，根据测试仪器对应变计电阻和测量应变灵敏度的要求，选择应变计的电阻值。

①120 Ω电阻应变计，应变计尺寸小、便宜、寿命长。

②350 Ω电阻应变计，在相同供桥电压作用下其发热量较小，还减小了导线电阻及其随温度变化的影响。用大的激励电压，可大大提高信噪比。

一般电阻应变计的特性参数在其型号中表示。如国产的电阻应变计，按国家标准规定，其型号由汉语拼音字母和数字组成，共有7项。第1项字母表示应变计类别；第2项字母表示应变计基底材料种类；第3项数字表示应变计标称电阻值；第4项数字表示应变计栅长，栅长小于1 mm时，小数点省略，如0.2 mm表示为02；第5项两个字母表示应变计的结构形状；第6项数字表示应变计的极限工作温度，对于常温应变计此项省略；第7项括号内的数字表示温度自补偿应变计的适用试件材料的线膨胀系数，对于非温度自补偿应变计，此项省略。例如，BA120-3CD150（16）为三轴、箔式温度自补偿聚酰亚胺基底应变计，电阻值120 Ω，栅长3 mm，工作温度150 ℃，适用于线膨胀系数为16×10^{-6}/℃的试件材料。

5. 电阻应变计的粘贴

对于使用电阻应变计进行应变测量，应变计的粘贴是非常重要的一步，粘贴质量的好坏直接决定测量的准确性。因此，在实际测量准备中，必须严格按照以下步骤粘贴应变计。

1）试验表面的准备

（1）用去油剂丙酮除去结构试验表面的油污、漆层，再用砂纸（100# ~ 200#）将氧化层、铁锈打掉。打磨好的粘贴表面要求平滑而无光泽。

（2）用 4H 铅笔或无油圆珠笔芯在准备粘贴应变计的部位画出定位标记线。

（3）用脱脂棉球或布沾丙酮，单方向擦洗试验表面，直到棉球保持洁白为止。清洗后，试验表面不得用手摸，表面准备和粘贴之间只允许较短的间隔时间以免表面氧化，一般钢材不得超过 45 min，铝或铜为 30 min。

2）电阻应变计的准备

在粘贴前，用数字万用表对电阻应变计逐个检测电阻值，不得用手指拿应变计，应用干净圆头镊子夹应变计的引线部位，不得碰及箔栅和基底。

3）电阻应变计的粘贴

在金属应力分析的场合，常用快干胶，它固化快，使用方便。环氧树脂与固化剂（双组分）常用于混凝土材料结构的应变测量。

（1）粘贴的步骤。

①左手抓住应变计引线，基底向上，右手持胶瓶轻按，流出少量胶液涂在基底上。

②将应变计对准试件表面标记线，右手拿一张聚四氟乙烯薄膜放在应变计上，用拇指轻按在薄膜上保持 1 min。

③粘接剂固化后轻揭起薄膜，应变计基底四周都有胶挤出，这样粘接状态良好。当环境温度太低时，快干胶不固化，可以用电暖风对试验表面局部加热。

④将薄膜垫在应变计上用拇指按住，用镊子将引线轻轻提起，准备焊接导线。

（2）粘贴质量的检查。

①用量角器测量应变计轴线方向是否与试验表面标记线重合，偏离角度如超过允许误差范围应予重贴。假设预定测点基准线与主应变方向夹角为 ϕ，实际应变计粘贴方向与主应变方向夹角的角度偏差为 $\Delta\phi$。若 $\phi = 0°$，$\Delta\phi = 1°$ 时，误差 $e = 0.06\%$；$\Delta\phi = 5°$ 时，误差 $e = 1.5\%$。若 $\phi = 30°$，$\Delta\phi = 1°$ 时，误差 $e = 6.1\%$；$\Delta\phi = 5°$ 时，误差 $e = 32\%$。因此，测量方向应尽量与主应变方向一致。

②将应变计接入测量仪器后，用橡皮轻按应变计敏感栅部分，观察仪器读数变化能否复原，若不能复原，且随时间变化有较大漂移，则应变计应剔除重贴。

（3）焊接导线。

①在应变计基底附近约 5 mm 处用快干胶粘贴一对接线端子。在试件表面涂少量胶液，用镊子夹接线端子放在涂胶位置上，用镊子按压端子 1 min，端子即固定不动。

②端子上镀锡，用电烙铁将应变计引线焊接在接线端子一侧，多余的引线头剪去。导线一端剥去塑料皮约 3 mm，镀锡后焊在接线端子另一侧。疲劳试验时，应变计引线应弯成圆弧形再接到端子上。

③用数字万用表检查应变计的电阻值，阻值变化在 0.3 Ω 之内（导线长度在 1 m 之内时）。检查应变计导线之间的绝缘电阻，要求最好 500 MΩ 以上，一般也应在

100 MΩ以上。

4）电阻应变计的防护

在一般气候条件下粘贴的电阻应变计应做防潮处理。短期防潮可用石蜡、硅胶防护。防潮处理前应将应变计表面清除干净，防护材料面要比应变计基底面积大 2 倍以上，包括导线端部约 30 mm 范围内，防护层边缘与试件表面应形成圆滑界面，不能出现缝隙，导线与试件表面形成一定角度，从防护层表面引出。防护处理后，再次检查应变计电阻值和绝缘电阻值。

6. 应变的测量方法

应变计在结构表面粘贴好之后，即可接入测试电路，应变计的测量主要是桥路测量的方法，即普遍采用的惠更斯电桥测量电路。电桥接线方式分单臂、半桥和全桥，如图 7 - 27 所示。这里的电桥特指直流电压供电源，电压输出电桥。

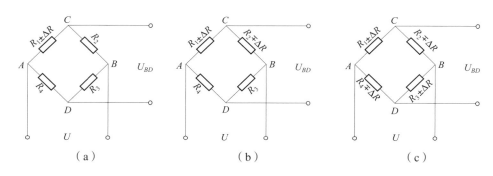

图 7 - 27　电桥测量电路

（a）单臂；（b）半桥；（c）全桥

1）1 个测量应变计方法（1/4 桥）

电桥一个桥臂接入测量应变计 R_1，应变计粘贴在拉伸或压缩试件的轴线方向，在拉力或压力作用下，试件轴向有应变，其他 3 个桥臂接入固定电阻，如图 7 - 27（a）所示。应变计导线电阻为 r，应变计电阻为 R_1，假设环境温度不变。这时电桥输出电压 $\Delta U = \dfrac{U\Delta R_1}{4R_1} = \dfrac{U}{4}K\varepsilon_1$（$K$ 为应变片的灵敏度系数，ε_1 为电阻变化量的比率）。该接法的特点是温度未补偿，因此用于环境温度变化较小的情况。

2）2 个测量应变计方法（1/2 桥）

电桥一个桥臂接入测量应变计 R_1，它粘贴在拉伸或压缩试件的轴线方向，另一个桥臂接入温度补偿应变计 R_2，它粘贴在另一个不受力但与试件材料一样的补偿块上，另两个桥臂接入固定电阻，如图 7 - 27（b）所示。该接法的特点是有温度补偿，导线温度影响消除。

在弯曲试件的上下表面轴向各粘贴一个测量应变计 R_1、R_2，接入两个相邻桥臂，另两个桥臂接入固定电阻，如图 7–27（b）所示。该种接法的特点是有温度补偿，拉压影响消除。

3）4 个测量应变计方法（全桥）

4 个测量应变计分别接入电桥各桥臂，它们分别粘贴在受压圆柱表面轴向和横向，如图 7–27（c）所示。当圆柱受压力 p 时，各应变计有应变产生，电桥输出电压：

$$\Delta U = \frac{UK}{4}(\varepsilon_1 - \varepsilon_2 + \varepsilon_3 - \varepsilon_4) \tag{7-31}$$

由于 $\varepsilon_2 = -\nu\varepsilon_1$，$\varepsilon_4 = -\nu\varepsilon_3$，$\varepsilon_1 = \varepsilon_3$，则有

$$\Delta U = \frac{UK}{4} \cdot 2\varepsilon_1(1 + \nu)$$

电桥输出为一个测量应变计的 2（$1 + \nu$）倍，4 个测量应变计全桥接法增大了输出，并实现温度补偿和消除偏心受载的影响。

接应变计的导线一般为铜导线，因其电阻温度系数很大，约每摄氏度 4 个微应变。当导线较长时，环境温度变化使导线的热输出较大，为此可采用三线接法。如图 7–27 所示，一个应变计一根引线端接到 A，另一引线端接到 B，再接一导线经一电阻 R 到 C，由于相邻桥臂电阻变化相减，每一桥臂都有两根导线的温度影响，相互消除，这种接法常用于长导线和环境温度变化较大的情况。

7. 应力应变测量步骤

1）确定测量方案

根据测量目的选择测点位置，确定应变计布置方案，这是测量的总体设计工作。选择测点位置要根据受载构件应力分布的计算资料，在应力较大或特殊的若干点布置测点。如无现成计算资料，可参考类似构件应力分布资料作为选择测点的依据。

应变计布置方案要考虑测点应力状态、构件受载情况和温度补偿原则。单向应力测点布置单轴应变计，主应力方向已知的平面应力状态测点布置双轴应变计，主应力未知的采用三轴应变计或应变花。温度相近的区内各应变计可共用一个温度补偿应变计，最好采用温度自补偿应变计，测点布置方式确定后，应编写试验细则，它包括布置应变计图、编号、测量线路及仪器、试验步骤等。

2）试验前准备

选用应变计及测量仪器，进行性能检测。根据构件尺寸、材料、测量精度要求和应力梯度选择应变计栅长和形式，并事先检测所用应变计电阻值。根据精度要求、测点数目及频率选择测量仪器，对于测点不多的静态测量可用一般数字静态电阻应变仪，对测点较多或应力状态变化较快的应采用自动记录的数字应变仪或数字应变测量系统。

3）现场测量

在现场对被测构件进行应变计安装、接线、防护和检查。粘贴应变计的技术直接影响测量精度，应根据应变计型号采用相应粘接剂按规定工艺粘贴，构件表面应打磨、清洗、画定位线，粘贴时保证方位准确。测量导线布置应整齐、避开电磁场干扰，接线后检查编号、绝缘电阻和应变计阻值，并进行防潮处理。

各测点应变计与测量仪器连接、调试。预先加卸载 2~3 次后进行预调平衡或初始读数记录和存储。如有可能，正式加载测量应重复 2~3 次，以保证测量数据的可靠性。

4）应力应变计算

对于双向应力状态的结构，如果主应力方向未知，则需在测点上布置 3 个应变计组成的应变花，目前市面上各种类型的应变花都有。

根据弹性理论，任意方向应变 ε_φ 与坐标轴 x、y 方向的应变之间有以下关系：

$$\varepsilon_\varphi = \frac{\varepsilon_x + \varepsilon_y}{2} + \frac{\varepsilon_x - \varepsilon_y}{2}\cos2\varphi + \frac{\gamma_{xy}}{2}\sin2\varphi \qquad (7-32)$$

主应变是所有 ε_φ 中的极值（最大值或最小值），因此，由上式对 φ 求导数，令 $d\varepsilon_\varphi/d\varphi = 0$，解出 φ，再代入式（7-32），即

$$\begin{cases} \varepsilon_{\max/\min} = \dfrac{\varepsilon_x + \varepsilon_y}{2} \pm \dfrac{1}{2}\sqrt{(\varepsilon_x + \varepsilon_y)^2 + \gamma_{xy}^2} \\[2mm] \varphi_1 = \dfrac{1}{2}\tan^{-1}\dfrac{\gamma_{xy}}{\varepsilon_x - \varepsilon_y} \end{cases} \qquad (7-33)$$

式中，φ_1 是主方向与 x 轴的夹角，称为主方向角。只要用 3 个不同方向的应变计测得 3 个应变 $\varepsilon_{\varphi 1}$、$\varepsilon_{\varphi 2}$、$\gamma_{\varphi 3}$ 代入式（7-32），可解出 ε_x、ε_y、γ_{xy}；再代入式（7-33）可得出主应变和主方向角。

实际上常选择 3 个三角函数值简单的特殊角组成专门的应变花（图 7-28）。例如，与 x 轴夹角分别为 0°、45°、90° 或 0°、60°、120°，一般常用 45° 应变花，也有用 120° 等角应变花和 Δ—T 应变花的。

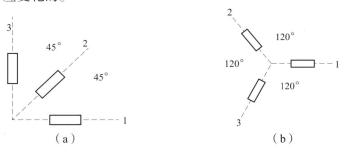

图 7-28 两种常见应变花

（a）45° 应变花；（b）120° 等角应变花

对于 45° 应变花，其计算公式推导如下，设 $\varepsilon_1 = \varepsilon_0, \varepsilon_2 = \varepsilon_{45}, \varepsilon_3 = \varepsilon_{90}$ 代入式（7 – 32）得

$$\varepsilon_1 = \frac{\varepsilon_x + \varepsilon_y}{2} + \frac{\varepsilon_x - \varepsilon_y}{2} = \varepsilon_x = \varepsilon_0$$

$$\varepsilon_2 = \frac{\varepsilon_x + \varepsilon_y}{2} + \frac{1}{2}\gamma_{xy}$$

$$\varepsilon_3 = \varepsilon_y = \varepsilon_{90}$$

解出
$$\gamma_{xy} = 2\varepsilon_2 - (\varepsilon_1 + \varepsilon_3)$$

代入式（7 – 33）得

$$\begin{cases} \varepsilon_{\min}^{\max} = \dfrac{\varepsilon_1 + \varepsilon_3}{2} \pm \dfrac{1}{2}\sqrt{(\varepsilon_1 - \varepsilon_3)^2 + (2\varepsilon_2 - \varepsilon_1 - \varepsilon_3)^2} \\ \tan2\varphi = \dfrac{2\varepsilon_2 - (\varepsilon_1 + \varepsilon_3)}{\varepsilon_1 - \varepsilon_3} \end{cases} \qquad (7-34)$$

分析处理数据，按表 7 – 1 列出的公式将应变转换成应力。

表 7 – 1　常用应变花计算公式

应变花类型	主应变和主应力公式	主方向角
45°应变花	$\varepsilon_{\min}^{\max} = \dfrac{\varepsilon_1 + \varepsilon_3}{2} \pm \dfrac{1}{2}\sqrt{(\varepsilon_1 - \varepsilon_3)^2 + (2\varepsilon_2 - \varepsilon_1 - \varepsilon_3)^2}$ $\sigma_{\min}^{\max} = \dfrac{E}{2}\left[\dfrac{\varepsilon_1 + \varepsilon_3}{1 - \mu} \pm \dfrac{1}{1 + \mu}\sqrt{(\varepsilon_1 - \varepsilon_3)^2 + (2\varepsilon_2 - \varepsilon_1 - \varepsilon_3)^2}\right]$	$\tan2\varphi = \dfrac{2\varepsilon_2 - \varepsilon_1 - \varepsilon_3}{\varepsilon_1 - \varepsilon_3}$
120°等角应变花	$\varepsilon_{\min}^{\max} = \dfrac{\varepsilon_1 + \varepsilon_2 + \varepsilon_3}{2} \pm \sqrt{\varepsilon_1 - \dfrac{1}{3}(\varepsilon_1 + \varepsilon_2 + \varepsilon_3)^2 + \dfrac{1}{3}(2\varepsilon_3 - \varepsilon_2)^2}$ $\sigma_{\min}^{\max} = E\left[\dfrac{\varepsilon_1 + \varepsilon_2 + \varepsilon_3}{3(1 - \mu)} \pm \dfrac{1}{1 + \mu}\sqrt{\varepsilon_1 - \dfrac{1}{3}(\varepsilon_1 + \varepsilon_2 + \varepsilon_3)^2 + \dfrac{1}{3}(\varepsilon_3 - \varepsilon_2)^2}\right]$	$\tan2\varphi = \dfrac{\sqrt{3}(\varepsilon_3 - \varepsilon_2)}{2\varepsilon_1 - (\varepsilon_2 + \varepsilon_3)}$
四栅45°应变花	$\varepsilon_{\min}^{\max} = \dfrac{\varepsilon_1 + \varepsilon_2 + \varepsilon_3 + \varepsilon_4}{4} \pm \sqrt{(\varepsilon_1 - \varepsilon_3)^2 + (\varepsilon_2 - \varepsilon_4)^2}$ $\sigma_{\min}^{\max} = \dfrac{E}{2}\left[\dfrac{\varepsilon_1 + \varepsilon_2 + \varepsilon_3 + \varepsilon_4}{2(1 - \mu)} \pm \dfrac{1}{1 + \mu}\sqrt{(\varepsilon_1 - \varepsilon_3)^2 + (\varepsilon_2 - \varepsilon_4)^2}\right]$	$\tan2\varphi = \dfrac{\varepsilon_2 - \varepsilon_4}{\varepsilon_1 - \varepsilon_3}$

应变花类型	主应变和主应力公式	主方向角
Δ—T 应变花	$\varepsilon_{\min}^{\max} = \dfrac{\varepsilon_1 + \varepsilon_4}{2} \pm \sqrt{(\varepsilon_1 - \varepsilon_4)^2 + \dfrac{4}{3}(\varepsilon_3 - \varepsilon_2)^2}$ $\sigma_{\min}^{\max} = \dfrac{E}{2}\left[\dfrac{\varepsilon_1 + \varepsilon_4}{1 - 2\mu} \pm \dfrac{1}{1 + \mu}\sqrt{(\varepsilon_1 - \varepsilon_4)^2 + \dfrac{4}{3}(\varepsilon_3 - \varepsilon_2)^2}\right]$	$\tan 2\varphi = \dfrac{2(\varepsilon_3 - \varepsilon_2)}{\sqrt{3}(\varepsilon_1 - \varepsilon_4)}$

其中 φ 为最大主应变与轴线 1 的夹角。有了主应变，用胡克定律，可得主应力公式：

$$\sigma_{\min}^{\max} = \frac{E}{2}\left[\frac{\varepsilon_1 + \varepsilon_3}{1 - \mu} \pm \frac{1}{1 + \mu}\sqrt{(\varepsilon_1 - \varepsilon_3)^2 + (2\varepsilon_2 - \varepsilon_1 - \varepsilon_3)^2}\right] \qquad (7-35)$$

相应的最大剪应变和剪应力为

$$\gamma_{\max} = \varepsilon_{\max} - \varepsilon_{\min} = \sqrt{(\varepsilon_1 - \varepsilon_3)^2 + [2\varepsilon_2 - (\varepsilon_1 + \varepsilon_3)]^2}$$
$$(7-36)$$

$$\tau_{\max} = \frac{E}{2(1 + \mu)}\sqrt{(\varepsilon_1 - \varepsilon_3)^2 + [2\varepsilon_2 - (\varepsilon_1 + \varepsilon_3)]^2} \qquad (7-37)$$

7.2.3 振动冲击测试

1. 测量目的

在设计任务书中，发射装置动态特性的要求一般包括以下几项。

（1）发射时避免弹架系统发生共振。

（2）发射时的发射精度满足一定的要求（如发射角偏差小于某个给定值）。

（3）发射时的动强度要求，不允许由于振动冲击造成结构的损坏。

（4）发射时的加速度过载值（小于某个加速度值）。

（5）贮运时的减震要求。

上述设计要求是否满足，都需要通过试验测试验证，因此在研制过程中，发射装置的振动冲击测量非常重要。

2. 传感器的选择

根据测试目的和对象按以下原则合理选用传感器。

1）传感器的种类

在动态测量中，传感器的响应特性对测量不失真有决定性的影响。在选用传感器时，应根据信号的特点（稳态、瞬变、随机等）进行选取。

例如，导弹（火箭）发射时产生的振动环境有两类。一类是激震和冲击。在导弹（火箭）发射初期，助推器点火，剪断剪切销、发动机不规则燃烧，插头分离，导弹（火箭）在具有不平度导轨上运动及导弹（火箭）离轨瞬时都将产生激震或冲击，其峰值通常为 $5 \sim 100\ g$，脉冲宽度（持续时间）为 $1 \sim 11\ ms$。激震和冲击是短暂的载荷，它对结构的破坏程度是力的峰值、脉冲持续时间的函数。另一类是机械振动。由于助推器工作时产生的激励因素，导弹（火箭）在发射装置上运动时产生的激励因素，以及发射时发射装置结构方面和非定量风作用引起的激励因素作用下，使发射装置结构产生机械振动，其振动频率为 $5 \sim 2\ 000\ Hz$，振动幅值为 $2 \sim 20\ g$。

因此，在测试前必须对被测信号进行分析，保证选用传感器的频率响应特性覆盖被测信号的带宽，在其频率范围内保持不失真的测量条件，同时传感器的响应时间越短越好。

一般而言，利用光电效应、压电效应的物性型传感器，响应时间短，能测的信号频率范围较宽。而结构型传感器，如电感、电容、电磁感应型等，由于受到结构特性的影响，机械系统的惯性较大、固有频率较低，可测信号的频率较低。

2）传感器的量程

一般要求传感器的量程是最大测试信号的 $1.2 \sim 1.5$ 倍。

3）灵敏度的选择

在传感器的线性范围内，应选择高的灵敏度。因为灵敏度越高，输出信号的值越大。但是灵敏度高，外界噪声容易混入，并被放大，影响测量精度，因此要求传感器本身同时应有较高的信噪比。

传感器的灵敏度有方向性。当被测量是单向量，而且对其方向性要求较高时，应选择横向灵敏度小的传感器；如果被测量是二维或三维向量，则要求传感器的交叉灵敏度越小越好。

4）精度

传感器的精度越高，价格越昂贵，应该在满足同一测量目的的许多传感器中选择比较便宜和简单的。

如果测试是作为定性分析用，属于相对比较的类型，选用重复精度高的传感器即可，不宜选用绝对量值精度高的。如果为了定量分析，必须获得准确的测量值，就需选用精度等级能满足要求的。

5）其他

传感器的体积能否保证其在被测位置的放置要求；传感器的安装方式、信号的引出方式能否满足试验要求。

3. 传感器的安装固定

振动测量中，要好好考虑传感器的安装固定，不合理的安装固定和固定件的寄生振动会严重地影响测量结果。为了保证正确地测试，对测振传感器的安装和固定，要注意下面几个问题。

（1）传感器的安装和测点布置能否反映被测对象的振动特征。实际被测对象都有主体和部件、部件和部件之间的区别，不合理的安装布点，会产生需测主体结构振动时，却得到部件振动的数据；而需测部件的振动时，实际却获得了主体结构的振动数据等错乱现象。

在测点选定后，传感器的安装，除垂直、水平等测试方向不要装错外，还应注意避免发生额外的寄生振动，较真实地反映需测振动的实际情况。

（2）传感器与被测对象的接触和固定。传感器与被测物需固定良好，保证紧密接触，连接牢固，振动过程中不能有松动。如果在水平方向产生滑动，或者在垂直方向脱离接触，都会使测试结果严重畸变，记录无法使用。

（3）传感器固定形式。现以压电式加速度计为例，介绍几种常用安装方式。

①用钢制螺栓。此种安装方法的频率响应最好，基本符合加速度计实际校准曲线所要求的条件。每次使用安装螺栓时，特别注意不要将螺栓完全拧入加速度计基座的螺孔中，否则会引起加速度计基座面弯曲，影响加速度计的灵敏度。

②用绝缘螺栓和云母垫圈。当加速度计和振动体之间需要电绝缘时采用。使用绝缘螺栓和薄云母垫圈，因云母的硬度较好，这样频率响应较好。

③使用永久磁铁。利用永久磁铁的吸引力固定。该磁铁也需要与振动件电绝缘。磁铁使用闭合磁路，所以在加速度计处，实际上没有泄漏磁场。这种安装方法不适合加速度幅值高于 200 g 的范围；当温度为 150 ℃时，可允许短时间使用。

④用胶合剂和胶合螺栓。此方法比较方便，可以随时移动加速度计。一般采用501胶和环氧树脂连接胶合螺栓。

各种安装方法获得的压电晶体频率响应曲线如图 7-29 所示，其中钢制螺栓连接的频率响应范围最宽。

（4）传感器对被测构件附加质量的影响。对于一些小巧轻型的结构振动或在薄板上测量振动参数，传感器和固定件质量引起的"额外"荷载可能改变结构的原始振动，从而使测得结果无效。因此，在这种情况下使用小而轻的传感器。需注意因附加质量而改变结构振动的频率，这在大型的工程结构测试中并不突出，而对小型的机械零部件影响较大，测试分析中要考虑。

（5）导线连接和接地。振动测试中的导线连接和接地回路也会严重地影响测试结果。传感器的输出与连接导线之间、导线与放大器之间的插头连接，要保证处于良好的工作状态。有时因接头不良，会产生寄生的振动波形、有时使得测试数据忽大忽小，在一次性测试中，这些误差难以被发现。

不良的接地或不合适的接地地点，会使测试中产生较大的电气干扰，测试受到严

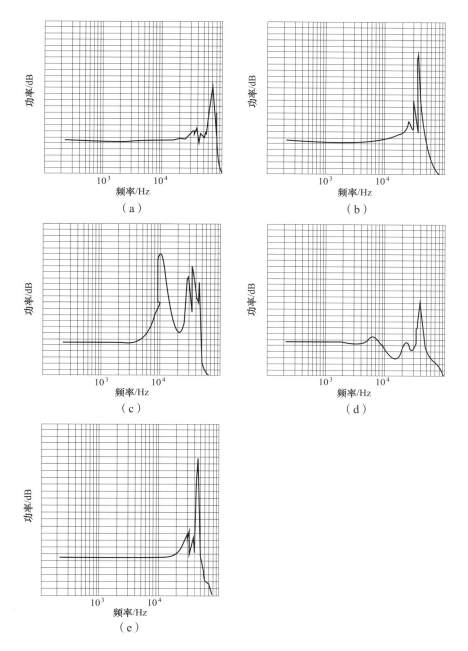

图 7-29　各种安装方法获得的压电晶体频率响应曲线

（a）用钢制螺栓安装；（b）用绝缘螺栓和云母垫圈安装；（c）用永久磁铁安装；

（d）用软胶安装；（e）用蜡安装

重的影响，对于大型设备和结构的多点测量，更应引起足够的重视。对于压电晶体加速度计的测振回路，有时需用绝缘螺栓和云母垫圈使加速度计与安装部件的结构实施电气绝缘。避免形成接地回路的唯一方法是确保装置接地在同一点上，接地点最好放置在放大器和分析仪器上。

使用压电式传感器测量时，还存在一个特殊问题，即连接电缆的噪声问题，这些噪声既可由电缆的机械运动引起，也可由接地回路效应的电感应和噪声引起。机械上噪声的产生是由摩擦生电效应引起的，又称为颤动噪声。这是由于连接电缆的拉伸、压缩和动态弯曲引起的电缆电容变化和摩擦引起的电荷变化所造成的，并容易发生低频干扰。因此，压电和电感调频式传感器对这个问题都十分敏感。在采用低噪声电缆的同时，为避免因导线的相对运动引起颤动噪声，应该尽可能牢固地夹紧电缆线，其形式如图7-30所示。

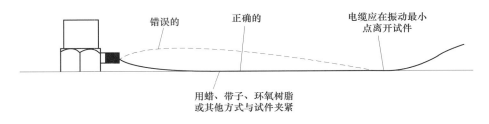

图7-30 固定电缆避免颤动噪声

（6）防潮问题。传感器本身到接头的绝缘电阻，会受潮气和进水而大为降低，从而严重地影响测试。受潮使电阻式仪器不能平衡，而压电晶体传感器因测试数据误差很大而不能测量。所以测试系统的防潮是一项细致的工作，平时要保持接插件、插头，插座的清洁、干燥。尤其是压电式传感器与电荷放大器的连接，需用乙醇等清洁剂去除插头的脏物和汗渍。如果在非常潮湿的环境中进行测量，传感器与电缆的接头必须密封。密封材料可用环氧树脂或室温硫化硅橡胶，保证在-70℃～260℃表现出极好的性能。

4. 测量方法和步骤

振动测试应根据测试目的确定测试方法和手段，研究测点布置和仪器安装方法，对可能发生的问题和测试中的注意事项，事先应周密考虑，确保进行有意义的测试。建立测试方案，确定使用的测量系统和安排操作程序，步骤如下：

（1）估计需要测量的振动类型和振级，判别是周期性振动、随机振动还是冲击型或瞬变型振动。

（2）仔细确定安装传感器的位置，选定能代表被测对象特征的安装位置，并考虑是否会产生传感器附加质量载荷的影响。

（3）根据研究需要，确定测量参数和记录分析方式。

（4）考虑环境条件，如电磁场、温度、湿度和声场等各种因素，选择合适的传感器类型。

（5）选择仪器的可测频率范围，注意频率的上限和下限。对传感器、放大器和记录装置的频率特性和相位特性进行认真的考虑和选择。

（6）检查传感器、放大器和记录装置全套测试系统是否在检定有效期内。

（7）画出测量系统的工作方框图，以及仪器连接草图，标出所用仪器的型号和序号，以便于测试系统的安装和查校。

（8）在选定了量程、频率范围，解决了绝缘及接地回路等问题后，要确定传感器最合理的安装方法。

（9）做好测试前的准备，连接测试系统，安装固定传感器，并记下各个仪器控制旋钮的位置。

（10）详细记录测试环境条件，以便供数据处理时参考，并可以查对一些偶然因素。

7.2.4 压力测试

1. 测量目的

在发射装置靶场试验过程中，助推器点火后会产生很强的燃气流场，这些强流场会对发射装置产生冲击力，甚至会破坏某些结构装置。为了掌握发射时燃气流场的压力分布，并且与试验前仿真结果对比，确保发射装置的强度要求。需要测试燃气流场附近的压力，按照物理意义而言，是测试压强，单位是 MPa，只是在工程上习惯称为压力。

2. 压力分类

压力常用绝对压力和表压力表示。绝对压力是指作用于单位面积上的全部压力。表压力是指在压力仪表上所指示的压力，也称相对压力，其数值为绝对压力与当地大气压力的差值。在流体力学中，常涉及静压、动压和全压三个概念。根据流体力学知识，流体作用在单位面积上的垂直力称为压力。当空气沿风管内壁流动时，其压力可分为静压、动压和全压，单位是 mmHg、kg/m^2、Pa，法定单位是 Pa。

1）静压（p_i）

由于空气分子不规则运动而撞击管壁上产生的压力称为静压。计算时，以绝对真空为计算零点的静压称为绝对静压。以大气压力为零点的静压称为相对静压。空调中的空气静压均指相对静压。静压高于大气压时为正值，低于大气压时为负值。

2）动压（p_b）

动压指空气流动时产生的压力，只要风管内空气流动就具有一定的动压，其值永远是正的。

3）全压（p_q）

全压是静压和动压的代数和：$p_q = p_i + p_b$。全压代表 1 m^3 气体所具有的总能量。若以大气压为计算的起点，它可以是正值，也可以是负值。

3. 压力传感器的选择

对于航天发射装置，主要研究导弹（火箭）发射过程中，燃气流的压力。测量燃气流的压力属于动压测量，常用表压表示。动压测量的特点是作用时间短、幅值变化大，因此动压传感器应具有响应快、动态范围大的特性。

燃气流是导弹（火箭）发射时，助推器射出大量的高温高速气流，属于轴对称形湍流射流。燃气流温度在 1 500 ℃ ~ 2 500 ℃，流速在 2 500 m/s 左右，在燃气流中还夹杂着 Al_2O_3 颗粒和浓烟，冲击压力一般在 0.01 ~ 1 MPa，最大压力作用时间在 0.2 s 以内。由于气流作用时间太短，气体无法充分进入腔内，常常测不到压力，或者测到的是负压。因此，不能使用带引压腔结构的压力传感器，要选用前端平齐的膜片式压力传感器。而膜片式压力传感器，敏感元件位于传感器前端面，感压面与气流直接接触，因此响应速度快，适合瞬态压力测量，缺点是不耐高温燃气流冲击，易损坏。

压力传感器的种类很多，包括应变式、压电式、压阻式、电容式、电感式等传感器，另外还有光导纤维压力传感器。感压元件一般是弹性膜片或是弹性系统。因此，传感器本身就是一个系统，在动压作用下是一个多自由度振荡系统，可出现不同的振型。对某一种振型有一个共振频率，在被测压力信号中含有这种频率成分时，便会激发传感器产生共振，造成传感器不能正常工作。因此，频率最低的那个振型是限制传感器频率带上限的主要因素。

一般情况下是用稳态响应特性和瞬态响应特性对传感器进行评价。频率响应特性是指在振幅稳定不变而周期变化的压力作用下的响应特性。可把各种复杂的压力响应分解成多个周期正弦变化的特性叠加。正弦压力 p 为

$$p = p_0 \sin\omega t \tag{7-38}$$

式中　p_0——振幅；

　　　ω——角频率；

　　　t——时间。

可把压力传感器当作单自由度 1 阶振动系统，则简单模型如图 7 - 31 所示。

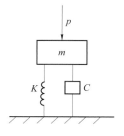

图 7 - 31　1 阶振动系统模型

当传感器感压面积为 S，则传感器受力为

$$F = pS = F_0\sin\omega t$$

$$F_0 = p_0 S$$

在力 F 作用下的运动方程为

$$m\ddot{y} + C\dot{y} + Ky = F_0\sin\omega t = F(t) \qquad (7-39)$$

式中　$F(t)$——作用力；

m——惯性质量；

C——阻尼系数；

K——弹性刚度；

$m\ddot{y}$——惯性力；

$C\dot{y}$——阻尼力；

Ky——弹性力。

方程式经过变换整理后可得出传递函数：

$$H(S) = \cfrac{1}{\cfrac{S^2}{\omega_n^2} + \cfrac{2\zeta S}{\omega_n} + 1} \qquad (7-40)$$

$$\omega_n = \sqrt{\frac{K}{m}} \qquad (7-41)$$

$$\zeta = \frac{C}{C_0} \qquad (7-42)$$

$$C_0 = 2\omega_n \qquad (7-43)$$

式中　ω_n——无阻尼固有频率；

ζ——阻尼比；

C_0——临界阻尼。

当 $C = 0$ 时，

$$y = B_1\sin\omega_n t + B_2\cos\omega_n t + \cfrac{F_0/K}{\left(\cfrac{\omega}{\omega_n}\right)^2}\sin\omega t \qquad (7-44)$$

式中　B_1，B_2——由 $t = 0$ 时 y 值决定的系数；

ω_n——固有频率；

ω——由外力 F 的变化频率引起的振荡频率。

当 $C > 0$ 时，

$$y = e^{-\zeta\omega_n t}(B_1\sin\omega_d t + B_2\cos\omega_d t) + H\frac{F_0}{K}\sin(\omega t - \phi) \qquad (7-45)$$

式中　H——无因次响应函数即幅频特性，$H = \dfrac{1}{\sqrt{\left(1 - \dfrac{\omega}{\omega_n^2}\right)^2 + \left(\dfrac{2\zeta\omega}{\omega_n}\right)^2}}$；

　　　ϕ——相位函数即相频特性，$\phi = \arctan\left(\dfrac{2\zeta\dfrac{\omega}{\omega_n}}{1 - \dfrac{\omega^2}{\omega_n}}\right)$；

　　　ω_d——有阻尼固有频率，$\omega_d = \omega_n\sqrt{1 - \zeta^2}$。

幅频特性和相频特性统称频率响应函数，从表达式可知，当 $\omega / \omega_n \ll 1$ 时，$H = 1$，$\phi = 0$。当被测压力信号频率上限已定时，应选用 ω_n 足够高的传感器。一般 ω_n 比被测信号上限频率高 2~3 倍。提高 ω_n，必须通过增加弹性系统的刚度 K 和减小质量 m 来达到。

当 ω / ω_n 由零趋近于 1 时，ϕ 开始变大，当 $\zeta = 0.7$ 时，相频特性近似于一条直线，相移和频率成正比，在复杂波形中各种谐波的相互位置没有改变，不会造成谐波失真，但阻尼比 ζ 一般达不到 0.7。因此，选用传感器时一般要求 ω / ω_n 为 1/10~1/7。

瞬态响应特性是在瞬变的非周期函数压力作用下的响应特性。可以把传感器当作随时间变化的瞬态压力作用下的单自由度 1 阶系统，其运动微分方程为

$$m\ddot{y} + C\dot{y} + Ky = F(t) \tag{7-46}$$

$$F(t) = p(t)S \tag{7-47}$$

$$H(s) = \frac{y(s)}{F(s)} = \frac{K\omega_n^2}{s^2 + 2\zeta\omega_n s + \omega_n^2} \tag{7-48}$$

式中　$F(t)$——力函数；

　　　$H(s)$——传递函数；

　　　s——时间。

让输入信号为单位阶跃信号时，$F(s) = 1/s$，其输出为

$$y(s) = H(s)F(s) = \frac{K\omega_n}{s^2 + 2\zeta\omega_n s + \omega_n^2}$$

当 $0 < \zeta < 1$ 时，方程的解为

$$y(t) = K\left[1 - \frac{e^{-\zeta\omega_n t}}{\sqrt{1 - \zeta^2}}\sin\left(\omega_d t + \arctan\frac{\sqrt{1 - \zeta^2}}{\zeta}\right)\right] \tag{7-49}$$

可见，输入为阶跃信号时，输出为衰减振荡。其振荡频率为 ω_d（阻尼振荡频率）。

当 $\zeta = 0$ 时，

$$y(t) = K(1 - \cos\omega_n t) \tag{7-50}$$

这是一个等幅振荡过程，其振荡频率为固有振荡频率 ω_n。

当 $\zeta = 1$ 时，为临界阻尼状态，即

$$y(t) = K(1 - e^{-\omega_n t}\cos\omega_n t) \tag{7-51}$$

表明系统没有振荡，输出以指数规律逼近稳定值，而响应的快慢取决于系统的固有频率 ω_n。

一般取 ζ 为 $0.6 \sim 0.8$，对阶跃的响应曲线为

$$\frac{y_n}{y_{n+2}} = \exp(2\pi\zeta/\sqrt{1-\zeta^2}) \tag{7-52}$$

取对数后

$$\delta = \ln\frac{y_n}{y_{n+2}} = 2\pi\zeta\sqrt{1-\zeta^2} \tag{7-53}$$

式中 δ——对数衰减率。

$$T = \frac{2\pi}{\omega_d} = \frac{2\pi}{\omega_n\sqrt{1-\zeta^2}}$$

式中 T——响应曲线的振荡周期。

由对数衰减率 δ 可计算出传感器的固有角频率 ω_n 和阻尼比 ζ，从而确定幅频特性和相频特性阶跃响应曲线（图 7-32）。

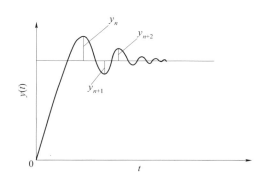

图 7-32 阶跃响应曲线

响应曲线达到并保持在给定的允许误差范围时所需时间称为系统响应时间。允许误差值取决于测量精度的要求。允许误差对称于理想稳态值。当存在稳态误差时，允许误差值对称于实际稳态值。当阻尼比和误差不同时，响应时间也不同。

上升时间定义为从最初值的 $5\% \sim 10\%$ 变化到最终值的 $90\% \sim 95\%$ 所需的时间。

响应曲线达到最终值的 50% 所需的时间称为延迟时间 t_d。

$$t_d = \frac{1 + 0.6\zeta + 0.2\zeta^2}{\omega_n} \tag{7-54}$$

响应曲线达到第一个超调峰值的时间为峰值时间 t_p，即响应曲线第一次出现上升速率为零的最短上升时间，即

$$t_{p} = \frac{\pi}{\omega_{n}\sqrt{1-\zeta^{2}}} = \frac{\pi}{\omega_{d}} \tag{7-55}$$

超调量 $M\%$ 是指输出最大值 y_{max} 与最终值 $y_{+\infty}$ 之间的差值，与终值之比的百分数，即

$$M\% = \frac{y_{max} - y_{+\infty}}{y_{+\infty}} \times 100\% \tag{7-56}$$

衰减度 ψ 用来描述瞬态过程中振荡幅值衰减的速度。如果 $y_1 \ll y_{max}$，则 $\psi = 1$，此时衰减最快。

设最佳阻尼比为 ζ_0，它与上述各项指标及系统的 ω_n 和 ζ 有关。增大 ω_n 对提高系统的动态特性有利，但系统的静态灵敏度降低。增大阻尼比可以使响应时间和最大超调量减小，但延迟时间和上升时间将增大。兼顾各项指标，系统存在一个最佳阻尼比 ζ_0。在测试系统中，最佳阻尼比主要由给定的允许误差来确定。在最大峰值误差与允许相对误差的上限 $+\varepsilon$ 相等的条件下按式（7-56）求出最佳阻尼比 ζ_0，即

$$\zeta_0 = \frac{\ln\frac{1}{\varepsilon}}{\sqrt{\pi^2 + \ln\left(\frac{1}{\varepsilon}\right)^2}} \tag{7-57}$$

根据给定的误差 ε 和计算出的 ζ_0 值，可求出 t_r、ω_n、t_s。

压力传感器特性对整个压力测试系统的特性起主要作用。

4. 压力传感器的安装

压力传感器一般都有安装螺纹，大量程的传感器安装螺纹尺寸较大，主要是考虑了受力情况，以保证安全可靠。

测试气体（或液体）介质的压力，安装传感器要考虑封闭。因被测压力动态范围大，作用时间短，密封要绝对可靠。对压力从 0 升至 40 MPa，时间 1 s 以内的情况，可用紫铜垫片密封。安装面要光滑，螺纹上涂些黄油或生料带提高密封性。

测高温燃气压力时，为防止烧坏传感器，可在传感器感压面涂些黄油，起一定散热作用，但不能太厚，过厚会造成传感器压力滞后。

5. 压力传感器的测量方法与步骤

随着科技的发展，现有压力传感器都是一体化模式，即将放电器与感应模块集成于一体。在测试时直接对传感器提供恒流源或恒压源，传感器即可按照固有特性输出相应信号。

压力测试应根据测试目的确定测试方法和手段，研究测点布置和仪器安装方法，对可能发生的问题和测试中的注意事项，事先应周密考虑，进行有意义的测试。建立测试方案，确定使用的测量系统和安排操作程序，步骤如下：

（1）估计需要测量的压力类型和测试处的温度范围，是测试表压还是绝压，不同的测试类型选择的传感器也不同，测试点处温度较高会改变传感器的特性。根据测点环境选择合适传感器。

（2）仔细确定安装传感器的位置，选定能代表被测对象特征的安装位置。

（3）根据研究需要，确定测量参数和记录分析方式。

（4）根据测试信号的动态范围，选择仪器的可测频率范围，注意频率的上限和下限。认真考虑和选择传感器、放大器和记录装置的频率特性和相位特性。

（5）检查传感器、放大器和记录装置全套测试系统是否在检定有效期内。

（6）画出测量系统的工作方框图，以及仪器连接草图，标出所用仪器的型号和序号，以便于测试系统的安装和查校。

（7）在选定了量程、频率范围，解决了绝缘及接地回路等问题后，确定传感器最合理的安装方法。

（8）做好测试前的准备，把测试系统连线，传感器安装固定，并记下各个仪器控制旋钮的位置。

（9）详细记录测试环境条件，以便数据处理时参考，并可以查对一些偶然因素。

6. 动态压力传感器的标定

在动态压力传感器使用前，必须进行标定，动态压力传感器的标定有专用的装置，常用的标定装置有周期函数发生器和非周期函数发生器两种类型。

周期函数发生器能够给传感器或测试系统加上一个振幅和频率都可以调节的周期变化的脉动压力信号，通过对测量系统输出信号的处理，可以得到系统的幅频特性和相频特性等动态指标。

常用比较法对周期函数发生器进行标定，标定时使用一个固有频率比被标定传感器大 5~10 倍，且动态特性好的传感器作为标准传感器，将两只传感器同装于校准试验设备上。用不同的幅值和频率进行比较试验，简单而直观地得到传感器动态特性。

非周期函数发射器是一个产生短持续时间的快速装置，它可在短时间内将压力信号从一个值跃变到另一个值，即给被标定的传感器或系统一个阶跃压力信号。

非周期函数发生器标定的方法称为时域标定法，而周期函数发生器标定的方法称为频域标定法。

被标定传感器或测试系统在阶跃压力信号作用下，激发自振频率振荡，记录设备记录被标定传感器或系统的输出信号，通过数据分析可得到动态特性。但要校准从低频到高频的特性，一般还得用周期函数发生器做低、中频段校准，而用非周期函数发射器做高频段校准。

周期函数发生器和非周期函数发生器种类较多，常见的有液柱振动型压力发生器和非周期函数发生用激波管。

7.2.5 温度测试

1. 测试目的

在发射装置靶场试验过程中，助推器点火后会产生很强的燃气流场，强大的燃气流会对发射装置形成烧蚀，尤其是导弹（火箭）发射箱内壁，在导弹（火箭）出箱整个过程都要经受燃气流的冲刷，所以在研制阶段的靶场试验中，需要测试燃气流的温度，包括发射箱内壁的表面温度，为发射装置的设计提供依据。

2. 测试分类

温度测试按照被测对象来分，可分为气流温度测试和物体表面温度测试，而物体表面温度测试又可分为内表面温度测试和外表面温度测试两类。

3. 传感器的选型

1）燃气流温度传感器选型

在导弹（火箭）发射时，燃气流温度范围较宽，离助推器较近的部位气流温度较高，温度在 2 000 ℃左右，较远的部位气流温度较低，大约在几百摄氏度。所以在选择气流温度传感器时需要明确所测部位的大概温度范围。目前，普遍采用的温度测试传感器是热电偶，热电偶的工作原理是将两种不同成分的导体，两端经焊接形成回路，直接测量端叫工作端（热端），接线端子端叫冷端，当热端和冷端存在温差时，就会在回路里产生热电流，接上显示仪表，仪表上就会指示所产生的热电动势的对应温度值，电动势随温度升高而增大。

热电偶的种类较多，目前国际电工委员会已将其中 7 种推荐为标准化热电偶。下面介绍几种广泛使用的热电偶，见表 7－2。

表 7－2　常用热电偶类型　　　　　　　　　℃

名　称	分度号	测温范围	允许偏差
铂铑 10—铂	S	0～1 600	±1.5 或 0.25% $|t|$
铂铑 13—铂	R	0～1 600	±1.5 或 0.25% $|t|$
铂铑 30—铂铑 6	B	600～1 700	±1.5 或 0.25% $|t|$
镍铬—镍硅	K	0～1 200	±2.5 或 0.75% $|t|$
铜—铜镍	T	−40～350	±1.0 或 0.75% $|t|$
镍铬—铜镍	E	0～900	±2.5 或 0.75% $|t|$
铁—铜镍	J	−40～750	±2.5 或 0.75% $|t|$
钨铼 3—钨铼 25	—	0～2 300	±4 或 0.75% $|t|$

注：t 为实测温度。

（1）铂铑 10—铂热电偶（S 型热电偶）。由 $\phi0.5$ mm 的纯铂丝和相同直径的铂铑丝制成，铂铑丝为正极，纯铂丝为负极。这种热电偶可在 1 300 ℃ 以下范围内长期使用，短期可测 1 600 ℃ 高温。它的物理、化学稳定性好，缺点是价格昂贵、热电势较小。

（2）铂铑 13—铂热电偶（R 型热电偶）。该热电偶与 S 型热电偶的特点相同，由于正极铂铑合金中增加了铑的含量，它比 S 型热电偶的性能更加稳定，热电势也较大。

（3）铂铑 30—铂铑 6 热电偶（B 型热电偶）。长期使用温度可达 1 600 ℃，短期使用可达 1 800 ℃。与 S 型热电偶相比，提高了抗氧化能力和机械强度，热电特性更加稳定，但产生的热电势更小。

（4）镍铬—镍硅热电偶（K 型热电偶）。这是一种应用非常广泛的廉价金属热电偶。长期使用的最高温度达 900 ℃，短期使用可达 1 200 ℃。该热电偶由于在热电极中含有大量镍，故在高温下抗氧化能力及抗腐蚀能力都很强。该热电偶的热电势比 S 型热电偶大 4~5 倍，而且热电势与温度的关系近似直线。

（5）铜—铜镍热电偶（T 型热电偶）。在 -200 ℃~350 ℃，热电极均匀性好，热电势大，灵敏度高，线性好，在廉价金属热电偶中它的准确度最高。

（6）镍铬—铜镍热电偶（E 型热电偶）。该热电偶最大特点是在常用热电偶中热电势最大，即灵敏度最高。在相同温度下，其热电势比 K 型热电偶几乎高 1 倍。该热电偶适宜在 -250 ℃~870 ℃ 的氧化性或惰性气氛中使用。

（7）铁—铜镍热电偶（J 型热电偶）。J 型热电偶可用于氧化性和还原性气氛中，在高温下铁热电极易氧化，在有氧化性气氛中使用温度上限为 750 ℃，但在还原性气氛中使用可达 950 ℃。在低温下使用，铁电极易变脆，性能不如 T 型热电偶。

（8）钨铼系热电偶。钨铼系热电偶是一种高温热电偶，长期使用的最高温度达 2 800 ℃，短时间可达 3 000 ℃。这类热电偶可用在干燥的氢气、中性气氛和真空中，不宜用于潮湿的氢气、还原性气氛及氧化性气氛中。应用最广的是钨铼5—钨铼20，正极为 $w_{钨}95\%$、$w_{铼}5\%$ 的合金，负极为 $w_{钨}80\%$、$w_{铼}20\%$ 的合金（质量分数），常用温度为 300 ℃~2 000 ℃，可用到 2 800 ℃，热电势与温度关系几乎成线性。在温度为 2 000 ℃ 时，热电势接近 30 mV。

因此，必须选择合适的热电偶来测试燃气流温度。由于被测温度不是稳定值，而是随时间迅速变化，要能反映出某瞬时的真实温度，就要求热电偶的动态响应要高，即时间常数要小。时间常数的大小与热电偶接点的体积大小有关，热电偶丝越细，接点体积越小，时间常数越小，即热电偶响应越快。但是热电偶丝不能过细，否则极易被燃气流中夹杂的氧化铝颗粒打断，无法得到数据。同时，由于热电偶丝易被氧化，在重复使用 2~3 次后，即使没有损坏，也最好不再使用。

2）表面温度传感器选型

发射箱壁的温度一般都在几百摄氏度左右，在测量时首先需要考虑是内表面还是外表面。对于发射箱而言，内表面就是箱体的内壁，而外表面就是箱体的外壁。如果要测箱内表面温度，只能采用热电偶传感器来测量，而外表面可以用热电偶也可以用铂电阻来测量。

（1）热电偶测量。使用热电偶测量，安装方法的正确与否对测量误差影响较大，因此要根据被测物和工作条件，采取适当的方法安装，尽量减少测量误差。热电偶的安装主要有永久性安装和可拆卸安装两种方式。

永久性安装方式通常是用焊接或粘接方法把热电偶牢固地固定于被测表面。常用的焊接方式有以下三种：

①球形焊。将热电偶的球形测量端与被测表面焊在一起。

②重叠焊。焊接时，先将导热性能较好的热电极与被测表面焊在一起，然后再将导热性能较差的热电极交叉地叠在焊点上面，再次进行焊接。

③平行焊。将两热电极分别焊在被测表面上，在两焊点之间保持一段距离（1～5 mm）。

三种焊接形式的测温相对误差为球形焊最大、交叉焊次之、平行焊最小，但是平行焊仅适用于等温导体表面温度测量。

当被测表面不允许采用焊接时，可在测量前用机械的办法将热电偶与被测表面连接，测量完毕立即拆卸，此即可拆卸安装方式。可拆卸安装方式最常用的是螺栓式，热电偶装在螺栓内，然后一起旋在被测物体上，使测量端直接与被测表面相接触，注意螺栓材料必须与被测物体材料相同，否则会引入较大的误差。

（2）铂电阻测量。铂电阻温度传感器的特点是：测量准确度高；在低温（500 ℃以下）输出信号比热电偶大得多；输出信号易于远距离传输；与热电偶相比，不存在冷端补偿问题。因此在发射试验表面温度测量中，经常使用。采用封装好的铂电阻温度传感器，将传感器粘贴于被测物体表面即可。目前，铂电阻测量有二线制、三线制和四线制三种，如图7-33所示。二线制测试方法没有考虑线电阻的干扰，所以测试误差较大。现在普遍采用三线制测试方法，可以消除线电阻的影响，测试精度大大提高。四线制接线比较烦琐，一般用于实验室环境中，在工程实际中应用比较少。

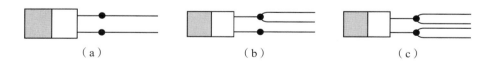

图7-33　不同线制铂电阻

（a）二线制；（b）三线制；（c）四线制

4. 温度测试注意事项

温度测试应根据测试目的确定测试方法和手段，研究测点布置和仪器安装方法。

最主要的是选择合适的传感器。如果传感器量程选择太大，测试精度会大大降低；如果量程选择太小，信号的真实值将测试不到。其次，选择传感器类型，是采用热电偶还是铂电阻。最后，考虑现场布线等。

热电偶温度传感器为非线性信号，每一种类型的热电偶都对应一个特定的热电偶分度表，测试结果只能通过查阅该分度表得出特定的温度值，不能用线性化来处理，否则误差非常大。图7-34为钨铼3—钨铼25热电偶分度表拟合曲线，中间段呈线性变化，在低温段和高温段呈现明显的发散状态。

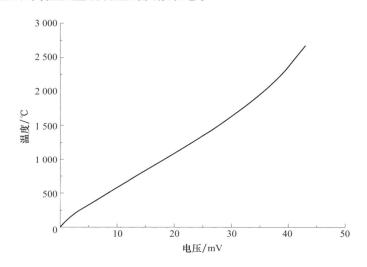

图7-34　钨铼3—钨铼25热电偶分度表拟合曲线

5. 热电偶温度传感器的补偿方法

1）冷端补偿法

根据热电偶测温原理，热电势的大小与热电偶两端结点温度差有关，因此，要准确测量温度，必须使参考端温度固定。一般固定在0 ℃，热电偶的分度表盒多为二次仪表，其参考端也是以0 ℃为条件，若不是0 ℃，参考端必须进行补偿。其补偿方法有以下几种：

（1）0 ℃恒温法。将热电偶的参考端保持在0 ℃的冰点器中，常用冰和水混合保持0 ℃，此法多用于试验室。

（2）参考端恒温法。保持热电偶参考端温度恒定，用水银温度计测出参考端温度，然后计算热电势，即

$$E(t,t_0) = E(t,t_0') + E(t_0',t_0) \tag{7-58}$$

式中　$E(t,t_0)$ ——热电偶测量端为t，参考端为$t_0 = 0$ ℃时的热电势；

　　　$E(t,t_0')$ ——热电偶测量端为t，参考端为$t_0' \neq 0$ ℃时的热电势。

（3）参考端补偿法。使用冷端补偿器可以自动补偿由于热电偶参考端温度变化而

引起的误差。补偿器产生一个直流信号，它串在热电偶测量线路中，信号随参考端温度变化而变化，在补偿温度范围内，直流信号的变化与热电偶特性一致。如热电偶的参考端为 t_0' 时，热电势为 $E(t_0', t_0)$。串接补偿器产生的直流信号大小与 $E(t_0', t_0)$ 相等，极性相反，两者抵消即可达到补偿目的。

2）补偿导线

当热电偶参考端温度由于受测量温度影响而变化范围较大时，直接采用参考端补偿法很困难。此时，可用一种特殊导线将冷端引线至温度变化比较平缓的环境中，这种导线不能随意取用，不同热电偶需配用的连接导线也不同，这种导线叫补偿导线。补偿导线在规定使用温度范围内，具有与热电偶相同的温度热电势。因而，它可以起到延长热电偶的作用。在使用中，如补偿导线接错，输出的热电势就不可能反映真实的温度。同时，补偿导线相当于一只一定温度（0 ℃ ~ 100 ℃）范围内的热电偶。所以，与热电偶相连接时，补偿导线的正、负极和热电偶的正、负极对应相接，如果极性相反，不但不能起到补偿作用，反而抵消了热电偶的部分热电势。

7.2.6 速度测试

1. 测试目的

在导弹（火箭）出箱过程中，需要掌握导弹（火箭）在箱体内某一点的瞬时速度，掌握导弹（火箭）在箱内的运动状态，为发射装置的设计提供保障。

2. 测试方法

这里讨论的速度是导弹（火箭）的出筒速度。运动速度的测量方法，按所用传感器可以分为两类：磁电式测速法和光电式测速法。由于导弹（火箭）发射时产生大量浓烟，使用光电式传感器测量效果不好，因此主要采用磁电式传感器。

其中，霍尔效应测速传感器以其精度高、价格低廉、安装方便等优点，在导弹（火箭）出筒速度测量中大量使用。

传感器由霍尔效应接近开关和磁钢两部分组成。磁钢是直径 20 mm、厚 3 mm 的永久磁铁，粘贴在导弹（火箭）助推器尾部。霍尔效应接近开关布置在发射筒筒壁上，从筒口开始，沿径向每隔 300 mm 或 400 mm 安装 3 ~ 4 只。当磁钢随导弹（火箭）运动，经过接近开关时，接近开关输出一个脉冲电压。如果知道两个脉冲尖峰之间的时间，以及两个接近开关的距离，就可以求出导弹（火箭）在此段距离内的平均速度。当两个接近开关的距离较小时，可以用平均速度代替出筒的瞬时速度。

3. 速度测试注意事项

传感器安装时要注意以下几点：

（1）磁钢的磁性不能太强。磁性越强，接近开关感知信号的径向距离越大，两个接近开关的间距必然加大，由此计算出的平均速度与瞬时速度的差值也越大。如果用平均速度代替导弹（火箭）出筒速度，必然有较大误差。

（2）根据助推器外壁与发射筒壁间隙的大小选择霍尔效应接近开关。接近开关与磁钢的轴向最大作用距离为 15 ～ 20 mm。当助推器与筒壁间距不大时，可选用带螺纹柱式结构，直接在筒壁上打孔，安装接近开关。当间距较大时，可选用高度合适的块状结构，直接粘接在筒内壁。

（3）正式试验前必须进行调试，使接近开关与磁钢之间的径向和轴向距离合适。保证磁钢随导弹（火箭）飞过时，接近开关有信号输出。

图 7-35 给出了在试验过程中实际测得的速度曲线，图中有 4 个脉冲，分析前 2 个脉冲的上升沿时间差，同时制定产生这两个脉冲时的距离，即可计算出导弹（火箭）通过该处的平均瞬时速度，同理可得到后两个脉冲对应的瞬时速度。

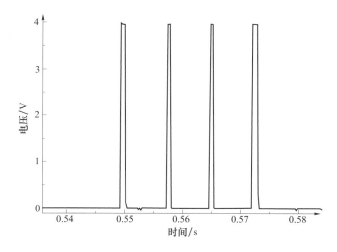

图 7-35　速度脉冲测试

7.2.7　位移测试

1. 测试目的

航天发射装置在发射时，对发射装置在各个方向上运动的变化量是有严格要求的，只有满足要求的发射装置才是合格的，才能在导弹（火箭）发射时，顺利将导弹（火箭）发射出去。所以，在研制阶段的各个过程，需要掌握各个分系统在受到特定冲击力时位移的变化量、分系统之间的相对位移变化量，以及发射装置整体相对发射场地的变化量。如发射装置升降系统采用的液压缸或电动缸的位移变化、发射箱盖受燃气流冲击时产生的位移变化量。通过研究这些物理参数，确保各分系统自身不会受到损害，最终满足总体设计要求。

2. 位移分类

在工程实际应用中，把机械装置、结构的位移分为线位移和角位移两大类。

（1）线位移是力学中描述物体位置变化量的一个物理量。

（2）角位移是物体转动时位置变化的物理量。

根据实际测试环境的状态，也即频率的变化快慢，常把位移测试分为静态位移测试和动态位移测试两种。在实际测试时，根据与被测物体表面接触与否，可将位移测试分为接触式位移测试和非接触式位移测试。在航天发射装置外场试验中，由于点火瞬间对发射装置的冲击力较大，发射装置此时产生的位移都为动态位移。而做发射装置的静力加载等试验时测试的位移都为静态位移。位移的测试一般都直接采用位移传感器来测量。

3. 传感器的测试

1）线位移传感器的测试

线位移传感器在选型时首先需要考虑位移是动态位移还是静态位移，才能做出最佳的选择，并测试获得准确的数据，否则采集不到真实有效数据。目前，线位移传感器种类较多，如拉线式、拉杆式、磁制伸缩式等，下面介绍两种常用的线位移传感器。

（1）拉线式位移传感器。拉线位移传感器（又名拉绳位移传感器）是直线位移传感器在结构上的精巧集成，并能把机械运动转换为可计量、记录和传送的电信号。拉线式位移传感器由可拉伸的不锈钢绳绕在一个螺纹的轮毂上，此轮毂与一个精密旋转传感器连接在一起，感应器可以是增量编码器、绝对编码器，混合或导电塑料旋转点位器、同步器或解析器。

在操作上，拉线式位移传感器安装固定在固定位置，拉线缚在移动物体上，拉线直线运动方向与移动物体运动轴对准，运动发生时，拉线伸展和收缩。一个内部弹簧保证拉线的紧度不变。带螺纹的轮毂带动紧密旋转感应器旋转，输出一个与拉线位移距离成比例的电信号，测量输出信号可以得出运动物体的位移、方向和速率。

（2）拉杆式（顶杆式）位移传感器。拉杆式位移传感器和拉线式位移传感器原理相同，也是把机械运动转换为电量输出，所不同的是用杆代替线。拉杆式位移传感器的底座固定，伸出杆直接顶在被测物体表面，当被测物体运动时，顶杆也随着移动，从而输出对应的电量信号。拉杆式和拉线式一样，传感器的两端都需要固定，当被测物体移动时，拉着拉杆运动，从而输出对应的电量信号。

2）角位移传感器的测试

角位移指零部件的定位角变化、转角的角度等。角位移测试中也需要知道是动态角位移的测量还是静态角位移的测量，选用适合测试需求的传感器才能测试真实的角位移信号。目前，测试角位移有直接测量方法和间接测量方法，其对应有直接测量传感器和间接测量传感器。直接测量传感器有光栅传感器、差动电容式转角传感器、光电水平仪、光电式绝对值编码器、陀螺等，间接测量可以采用坐标法测量、勾股定理测量。

7.2.8　噪声测试

噪声是听起来不和谐的声音，是由发音体不规则的振动产生的。从物理学的角度来看，噪声是发声体做无规则振动时发出的声音。噪声是一类使人烦躁，或音量过强而危害人体健康的声音。噪声污染主要来源于交通运输、工业噪声、社会噪声（如音乐厅）、高音喇叭和人的大声说话等。噪声按照类型分为机械性噪声、燃烧噪声、空气动力性噪声和电磁性噪声。

在导弹（火箭）发射过程中，也会产生噪声，属于空气动力性噪声，尤其在助推器点火后导弹（火箭）起飞阶段，会产生很强的噪声。由于噪声对人体有害，同时噪声还会引起振动，对结构装置造成破坏，所以需要掌握导弹（火箭）发射时各个角度和位置的噪声大小。

1. 噪声测量

正常人的听力范围为 20 ~ 2 000 Hz，所以，在测试导弹（火箭）发射时的噪声，一般选用频率范围能覆盖该频率段的测量设备。

2. 噪声测量设备

1）传声器

传声器直接测量声场的声压，灵敏度是传声器最重要的技术指标。传声器的灵敏度 S 由下式表示：

$$S = 电量输出/机械量输入 \qquad (7-59)$$

传声器有压电式、电动式和电容式三种。电容式传声器是目前较为理想的一种换能器，它主要由构成电容两个极板的振膜和背极组成。这种传声器灵敏度高，在很宽的频率范围内频率响应平直，输出性能稳定，一般在 −50 ℃ ~ 150 ℃ 的温度范围内和 0 ~ 100% RH 的相对湿度范围内几乎不变。

2）声级计

声级计是噪声测量中最常用的便携式仪器，可测量总声压级和各种计权声级。声级计的原理如图 7−36 所示。

（1）放大器和衰减器。声音通过传声器后，输出的电压很微弱，故声级计内必须有放大系统，包括输入放大器和输出放大器。

（2）计权网络。根据人耳对声音的响应特性，声级计中常用的频率计权网络有 A、B、C、D 四种，其显示读数通常称之为声级。

（3）指示表头。快挡用于测量随时间起伏小的噪声，当快挡测量的噪声起伏大于 4 dB 时应换用慢挡。脉冲和脉冲保持挡用于测量声压最大有效值。峰值保持挡用于测量声压峰值，即声压最大值。利用声级计进行噪声测量前，一般应进行校正。调节衰减器旋钮时，应按由大到小的方向调节噪声值量程。

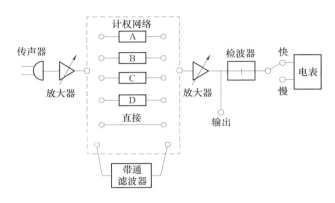

图 7 - 36　声级计原理

（4）滤波器。在模拟信号分析中，带通滤波器是必不可少的仪器。它的作用是让滤波器所确定的频率范围内的信号通过，阻止其他分量的信号通过，即在通带内没有衰减，在通带外没有输出。

3）噪声传感器

噪声传感器也是测量噪声最常用的方式，噪声传感器和振动传感器的测量原理一样，传感器放置于前端，通过高频传输导线将信号连接至采集设备进行采集。图 7 - 37 是采用 PCB 公司的噪声传感器测试噪声信号。

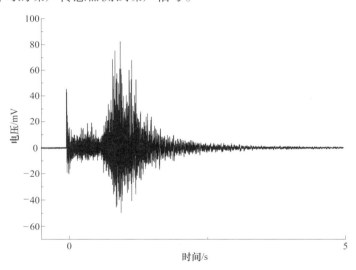

图 7 - 37　噪声测试波形

测试结果为电压值，按以下公式计算即可得到噪声值。

$$噪声值（dB）= 20\lg\frac{P_x}{20\mu} \tag{7 - 60}$$

式中，$P_x = V_{实测值}$／传感器的灵敏度（mV/kPa）。

将测试结果代入公式即可求得噪声值。

7.2.9　过载测试

过载是指导弹（火箭）在筒内或导轨上的运动速度与重力加速度之比。速度是指导弹（火箭）在出筒或离轨时的瞬时速度。

1. 导弹（火箭）过载测量

导弹（火箭）的过载信号频率下限为零，上限为 20～30 Hz。因此，测量导弹（火箭）过载时要选用低频下限好的过载传感器。

2. 过载传感器

过载传感器的基本原理是牛顿定律，当加速度为 a 时，质量块 m 所受的惯性力为 $F = ma$。在 F 力作用下，传感器运动系统产生位移，通过计算，即可线性输出过载信号。

过载传感器在选用时需要注意传感器频率范围的选定，因为过载信号为缓变信号，主要是窄带低频成分，频率范围一般选取 0～40 Hz。

3. 过载传感器标定

过载传感器标定可以在专用台上进行，也可用重力加速度 ±1 g 来标定。在现场没有专用设备的情况下，常用 ±1 g 的方法来标定，简单实用。做法是按传感器标出的过载方向，分别使它垂直地面，记下输出电压值 U，U 对应 2 g 的过载，除以 2 得到对应 1 g 的电压灵敏度。

重力加速度 g 受海拔高度影响，给标定带来系统误差，对测试结果要进行修正。图 7－38 给出了导弹测试的过载曲线。

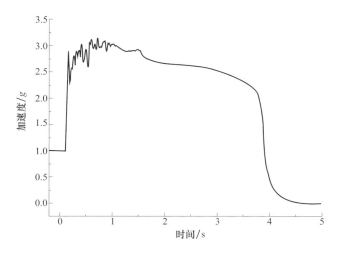

图 7－38　导弹测试的过载曲线

图中由于导弹采用垂直发射，初设的过载为一个重力加速度值，即 1 g（9.8 m/s^2）。导弹点火后由于推力的迅速上升，过载值也迅速增大。推力达到最大时刻即是测试过载的最大值，当导弹飞行过载为零时，表示推力消失，进入惯性飞行阶段。通过弹上测试过载曲线可以很清楚地分析导弹的飞行过程。

7.2.10　高速摄影

高速摄影技术是用照相的方法拍摄高速运动过程或快速反应过程，它把空间信息和时间信息一次记录下来，具有形象逼真和动画效果。在导弹（火箭）发射过程中，需要用到高速摄影技术，用来捕捉导弹（火箭）发射以及飞行过程的影像，同时利用高速摄影系统，可以分析、测量导弹（火箭）在发射时的位移和速度等物理量。高速摄影的"高速"指的是拍摄频率高、曝光时间短、扫描速率快，具备三者之一即可称为高速摄影。

1. 高速摄影的记录方式

1）分幅摄影

其拍摄的信息为一幅或多幅二维图像，与普通照片一样。连续拍摄的运动过程在时间上是间断的。

2）扫描摄影

拍摄结果在一幅图像中，具有连续的时间坐标。

2. 摄影速度分类

1）快速

拍摄频率 $10^2 \sim 10^4$ 幅/s，曝光时间 $10^{-3} \sim 10^{-5}$ s，扫描速率 $10^{-3} \sim 10^{-1}$ mm/μs。

2）高速

拍摄频率 $10^4 \sim 10^6$ 幅/s，曝光时间 $10^{-5} \sim 10^{-7}$ s，扫描速率 $10^{-1} \sim 10$ mm/μs。

3）超高速

拍摄频率 $> 10^6$ 幅/s，曝光时间 $< 10^{-7}$ s，扫描速率 > 10 mm/μs。

3. 高速摄像机的主要设置参数

（1）拍摄频率（帧频）。

（2）触发方式。

（3）曝光时间。

（4）摄像机布站位置。

4. 拍摄帧频的设置

（1）根据测试要求，确定水平和垂直方向上的拍摄空间范围 x 和 y，根据 CCD 芯片成像区尺寸 $a \times b$ 计算影像放大比 $\beta = a/x$。

（2）根据目标尺寸 L 及影像放大比，计算目标像尺寸 $L' = L \times \beta$，要求目标像在任何方向都能覆盖 3~10 个像元。

（3）根据安全因素确定布站距离 s，镜头焦距设置为 $f = s \times \beta$。

（4）根据目标速度 v 和 CCD 像元尺寸确定拍摄频率，要求摄像频率满足像移量要求，即由于目标运动引起的像移量不应大于所允许的运动模糊量 d（可以看成允许像元数），由此可推出摄像机拍摄频率 $F = \beta v/d$。

（5）根据计算出的拍摄频率要求和存储器容量，计算摄像机总的记录时间。

某些拍摄项目通常对拍摄的有效画幅数提出要求，拍摄频率应根据式（7 - 61）求得的值进行设置。

$$F \geqslant \frac{N_{有效}}{t} = \frac{N_{有效}}{x/v} \tag{7 - 61}$$

式中　x——线视场宽度。

5. 同步方式设置

根据具体使用情况，可采用零时信号、光学信号、声音信号和人工触发方式。

6. 曝光时间设置

曝光时间应满足摄像机曝光量和像移量的要求。

7. 摄像机布站位置

摄像机布站时，应首先考虑安全因素，然后通过选择合适的焦距来满足拍摄视场要求。

8. 高速摄像系统分类及组成

高速摄像系统按照工作原理可分为 CMOS 摄像系统、CCD 摄像系统和 CCD 数字摄像系统。随着电子技术及数字化的发展，CCD 数字摄像系统是目前应用最为广泛的系统。每种摄像系统的构成如图 7 - 39 ~ 图 7 - 41 所示。

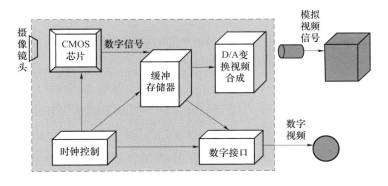

图 7 - 39　CMOS 摄像系统

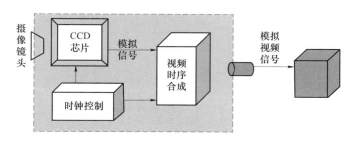

图 7 - 40　CCD 摄像系统

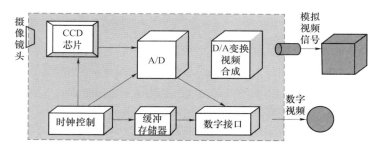

图 7 - 41　CCD 数字摄像系统

　　采用高速摄像，除了对试验过程进行拍摄外，还可以用于分析、计算导弹（火箭）的出筒速度，所要做的工作就是在导弹（火箭）装填前，在弹体的合适位置做好测速标识，标识采用易于识别的黑白相间条纹或黑白相间十字标，并测算好标识之间的精确距离，根据摄像回放的帧数和标识距离即可分析、计算出导弹（火箭）出筒的瞬时速度。同样，除了分析导弹（火箭）出筒速度外，还可以分析结构件的微小位移等物理参数。

第8章　试验数据采集与处理

8.1　数据信号的分类和描述

8.1.1　数据信号的分类

信号按其随时间变化的特点可以分为确定性和非确定性两大类。能够用明确的数学关系式来描述的信号，或者可以通过试验方法重复产生的信号称为确定性信号，如导弹速度、导弹过载等。反之，不能用明确的数学关系式来表达，或者无法重复产生的信号称为非确定性信号，又叫随机信号，如导弹发射过程中发射装置的振动。

以上两大类信号还可以根据各自的特点进一步地划分，具体分类如图 8 - 1 所示。

图 8 - 1　信号分类

8.1.2　确定性信号特征描述

确定性信号描述函数中的特征参数主要有：

（1）幅值。幅值反映信号随时间变化的情况，是时域描述，包括最大值、最小值、均值。

（2）频谱。根据傅里叶级数的基本理论，任何一个具有确定周期的信号波形都可以展开成傅里叶级数，即可以将该数据信号分解成许多不同频率的谐波分量。显然，周期性信号的频谱是离散型的（图 8-2）。

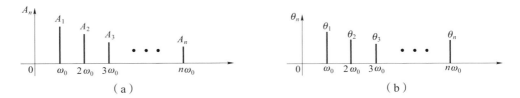

（a） （b）

图 8-2 周期性信号的幅值与相位频谱

（a）幅值频谱；（b）相位频谱

设信号 $x(t)$ 的周期为 T，则

$$x(t) = x_0 + x_{01}\sin(\omega t + \phi_1) + x_{02}\sin(2\omega t + \phi_2) + \cdots + x_{0n}\sin(n\omega t + \phi_n) \quad (8-1)$$

对于非周期信号，其频谱是一条连续的曲线（连续谱），可以用傅里叶变换得到，即

$$X(\omega) = \frac{1}{2\pi}\int_{-\infty}^{+\infty} x(t)\,\mathrm{e}^{-\mathrm{j}\omega t}\mathrm{d}t \quad (8-2)$$

反之

$$x(t) = \frac{1}{2\pi}\int_{-\infty}^{+\infty} X(\omega)\,\mathrm{e}^{\mathrm{j}\omega t}\mathrm{d}\omega \quad (8-3)$$

图 8-3 矩形脉冲及其频谱为上述信号的一种特殊波形。

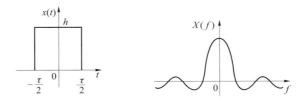

图 8-3 矩形脉冲及其频谱

瞬变非周期信号频谱有以下特点：

（1）非周期信号的频谱是连续的，这是与周期信号频谱的最大区别。

（2）非周期信号含有从 $0 \sim +\infty$ 的所有频率成分（个别点除外）。虽然周期信号也含有从 $0 \sim +\infty$ 的无数多个频率成分，但都是可列的，而非周期信号则是无穷多不可列的。

（3）非周期信号的频谱从总体变化趋势上看具有收敛性，即谐波的频率越高，其幅值密度就越小。这表明虽然瞬变非周期信号在理论上具有无穷多的频率分量，但信号的主要分量都集中在低频区段上，其余的高频分量可以忽略不计。

8.1.3 随机信号特征描述

随机信号是不能用时间的确定性函数来描述的一种信号。但是从总体来看，这种信号存在着一定的统计规律性，能用信号的统计特性进行描述。随机信号又分为平稳随机信号和非平稳随机信号。

1. 平稳随机过程

平稳随机信号指其统计特性不随时间而变化。平稳随机信号中的一些信号可以用一个子样的特征来表征整体的平均特性，这种信号称为各态历经信号。严格地说，实际工程中不存在各态历经信号，但是从"近似"的角度出发，不少工程问题是符合这种假设的。而且从另一方面说，在工程实际中也不可能获取无限长时间的样本记录。因此，最简单的、比较近似的办法是假定工程中所研究的随机信号是各态历经信号，除非有足够的证据否定上述假设。

一个各态历经信号可以从时域、幅值域、时差域、频率域等不同的角度进行描述。

（1）时域描述。用时域描述随机信号采用样本函数。对于各态历经信号而言，有限长的记录（子样）中包含整个随机信号（母体）中的全部统计信息，因此将这个有限长的记录称为样本或样本函数，有时也称为帧。显然，选取样本函数时必须注意该样本函数的代表性。

（2）幅值域描述。

①概率分布与概率密度函数。工程中大多数随机振动的幅值都近似地服从高斯分布（也称正态分布）。

$$p(x) = \frac{1}{\sigma\sqrt{2\pi}}e^{-\frac{(x-\mu)^2}{2\sigma^2}} \tag{8-4}$$

式中 μ——$x(t)$ 的平均值；

σ——标准差。

当 $\mu=0$，$\sigma=1$ 时的正态分布称为标准正态分布。

②均值 μ_x。对于连续型随机变量 $x(t)$，若其概率密度函数为 $p(x,t)$，则

$$\mu_x = E[x(t)] = \int_{-\infty}^{+\infty}x(t)p(x,t)\mathrm{d}x \tag{8-5}$$

对于各态历经的随机振动，有

$$\mu_x = \lim_{T\to+\infty}\frac{1}{T}\int_0^T x(t)\mathrm{d}t \tag{8-6}$$

式中 T——样本长度或采样周期，s。

③均方值 φ_x^2。

$$\varphi_x^2 = E[x^2(t)] = \int_{-\infty}^{+\infty} x^2(t)p(x,t)\mathrm{d}x \tag{8-7}$$

对于各态历经的随机振动

$$\varphi_x^2 = \lim_{T \to +\infty} \frac{1}{T} \int_0^T x^2(t)\mathrm{d}t \tag{8-8}$$

均方根值 φ_x 是均方值 φ_x^2 的正平方根。

④方差 σ_x^2。

$$\sigma_x^2 = E\{[x(t) - \mu_x]^2\} = \int_{-\infty}^{+\infty} [x(t) - \mu_x]^2 p(x,t)\mathrm{d}x \tag{8-9}$$

对于各态历经的随机振动

$$\sigma_x^2 = \lim_{T \to +\infty} \frac{1}{T} \int_0^T [x(t) - \mu_x]^2 \mathrm{d}t \tag{8-10}$$

标准差 σ_x 是方差 σ_x^2 的正平方根。

随机振动均值 μ_x、均方值 φ_x^2 及方差 σ_x^2 从不同的角度描述了随机振动幅值的统计参数，均值 μ_x 描述随机振动幅值的静态分量，方差 σ_x^2 表示振动幅值的动态分量，而均方值 φ_x^2 则既包含了振动幅值的静态分量，也包含了振动幅值的动态分量。所以均方值反映了随机振动中与能量有关的信息。

（3）时差域描述。

①自相关函数 R_{xx}。一个随机过程 $x(t)$ 在时刻 t 与 $(t+\tau)$ 的随机变量分别是 $x(t)$、$x(t+\tau)$，τ 为相对于 t 时刻的延迟时间（时差）。定义 $x(t) \cdot x(t+\tau)$ 的数学期望（均值）为随机过程 $x(t)$ 在时刻 t 和 $(t+\tau)$ 之间的自相关函数，即

$$R_{xx}(t,\tau) = E[x(t) \cdot x(t+\tau)] \tag{8-11}$$

对于平稳的各态历经的随机振动过程，R_{xx} 与 t 无关，只是时差 τ 的函数。故

$$R_{xx}(t,\tau) = R_{xx}(\tau) = \lim_{T \to +\infty} \frac{1}{T} \int_0^T x^2(t)x(t+\tau)\mathrm{d}t \tag{8-12}$$

自相关函数也可以理解为时间历程曲线 $x(t)$ 与在时间轴上向左平移 τ 后所得时间历程曲线 $x(t+\tau)$ 的相似性描述。对于平稳随机振动，当 $|\tau| \to +\infty$ 时，$x(t)$ 与 $x(t+\tau)$ 会越来越不相关，且 $R_{xx}(\tau)$ 趋向于固定值 μ_x^2。一个典型的随机振动的自相关函数如图 8-4 所示。

自相关函数可以用于检测混淆于随机振动过程中的确定性振动，这是因为任何确定性周期振动的自相关函数曲线不会随延迟时间增加而衰减到趋近于固定值 μ_x^2 或 0，而是保持周期振动，其频率就等于 $R_{xx}(\tau)$ 曲线在 τ 值较大时的波动频率。

②互相关函数 R_{xy}（或 R_{yx}）。一个随机过程 $x(t)$ 在时刻 t 的随机变量为 $x(t)$，随机过程 $y(t)$ 在时刻 $(t+\tau)$ 的随机变量为 $y(t+\tau)$，此外 τ 为相对于 t 时刻的延迟时间（时差）。定义 $x(t) \cdot y(t+\tau)$ 的数学期望（均值）是两个随机过程 $x(t)$、

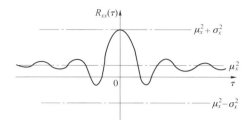

图 8 - 4　随机振动的自相关函数

$y(t)$ 之间的自相关函数，即

$$R_{xy}(t,\tau) = E[x(t) \cdot y(t + \tau)] \qquad (8-13)$$

或

$$R_{yx}(t,\tau) = E[y(t) \cdot x(t + \tau)] \qquad (8-14)$$

对于平稳的各态历经的随机振动过程，R_{xy}（或 R_{yx}）与 t 无关，只是时差 τ 的函数。故

$$R_{xy}(t,\tau) = R_{xy}(\tau) = \lim_{T \to +\infty} \frac{1}{T} \int_0^T x(t)y(t + \tau)\,\mathrm{d}t \qquad (8-15)$$

两个平稳随机振动过程的典型互相关函数图如图 8 - 5 所示。

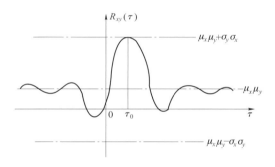

图 8 - 5　随机振动的互相关函数

应用互相关函数可以检测振动系统的响应信号对于激励信号的滞后时间，这需要画出输入激励与输出响应信号的互相关函数，图中峰值所对应的时间 τ_0（图 8 - 5）就是这个滞后时间。互相关函数还可以用于确定信号传递通道，只要预先测定通道的传递时间，则当该通道的互相关函数最高峰值所对应的 τ_0 与通道的信号传递时间相同，则可判定信号主要是通过该通道传递。另外，互相关函数还可以用于检测和回收隐藏在噪声中的周期信号或随机信号，确定各种振源在振动响应中所占有的比重等。

（4）频率域描述。

①自功率谱密度函数 $S_{xx}(\omega)$。工程上定义平稳随机信号 $x(t)$ 的自相关函数的傅里叶变换为随机信号自功率谱密度函数 $S_{xx}(\omega)$。

$$S_{xx}(\omega) = \frac{1}{2\pi} \int_{-\infty}^{+\infty} R_{xx}(\tau) \mathrm{e}^{-\mathrm{j}\omega\tau} \mathrm{d}\tau \tag{8-16}$$

自功率谱密度函数是一个很有用的函数，它描述了随机信号的频率构成。特别是在机械振动中，功或能与振动幅值的平方成正比，因此 $x^2(t)$ 可以看作是振动系统功和能的度量，由于 $R_{xx}(\tau)$ 包含有 $x^2(t)$ 的成分，故根据式（8-16）所求得的 $S_{xx}(f)$ 表示了随机振动的能量按频率分布的度量。因此，自功率谱密度曲线下的面积就等于均方值。即

$$\int_{-\infty}^{+\infty} S_{xx}(\omega)\mathrm{d}\omega = R_{xx}(0) = E[x^2(t)] = \psi_x^2 \tag{8-17}$$

若从零到理论上无穷大的整个频率范围内，功率谱密度函数为一平直线，则称之为白噪声谱，其对应的时域随机信号为白噪声。显然白噪声包含有无穷多个谐波分量，且各个谐波分量均包含有相等的能量，这样的随机振动信号经常用于检测系统的传递函数特性。不同类型的时域信号有不同的自功率谱图。正弦信号的功率谱图是 δ 函数，窄带随机信号的能量集中在一个较窄的频带内，其功率谱图有一个谱峰。而宽带随机信号则对应一条频率范围很宽的连续曲线。同一类型，不同状态的时域信号可能对应相同的自功率谱图。例如，初相角不同的同一频率 f_0 的简谐振动在自功率谱图上都是过 f_0 的 δ 函数。不同的白噪声时域信号，其功率谱图都是一条与横轴平行的直线。这是因为自功率谱只包含了时域信号 $x(t)$ 中幅值和频率信号，而丢失了相位信息。

②互功率谱密度函数 $S_{xy}(\omega)$。设有两个平稳随机振动信号的样本记录 $x(t)$、$y(t)$，它们的互功率谱密度函数 $S_{xy}(\omega)$ 常常用互相关函数 $R_{xy}(\tau)$ 通过傅里叶变换求得，即

$$S_{xy}(\omega) = \frac{1}{2\pi} \int_{-\infty}^{+\infty} R_{xy}(\tau) \mathrm{e}^{-\mathrm{j}\omega\tau} \mathrm{d}\tau \tag{8-18}$$

互功率谱密度函数也是一个很重要的函数，如利用互功率谱可以求得线性机械振动系统的频率响应函数。

③相干函数 $\gamma_{xy}^2(f)$。两个平稳随机过程之间的线性相关性，在时域上用互相关函数 $R_{xy}(\tau)$，在频域上用互功率谱密度函数 $G_{xy}(f)$ 和自功率谱密度函数 $G_{xx}(f)$ 进行描述，在频域上也可以用相干函数描述这种线性相关性。定义为

$$\gamma_{xy}^2(f) = \frac{|G_{xy}(f)|^2}{G_{xx}(f)G_{yy}(f)} \tag{8-19}$$

此处的 $G_{xx}(f)$、$G_{yy}(f)$ 为非零且无 δ 函数的自功率谱密度函数。

由于 $|G_{xy}(f)|^2 \leqslant G_{xx}(f)G_{yy}(f)$，故 $0 \leqslant \gamma_{xy}^2(f) \leqslant 1$。

当 $\gamma_{xy}^2(f) = 1$ 时，表示随机过程 $x(t)$ 与 $y(t)$ 是完全相关的，即输出 $y(t)$ 完全是由输入 $x(t)$ 所引起，外加干扰信号为零。若 $\gamma_{xy}^2(f) = 0$，则 $y(t)$ 与 $x(t)$ 的过程在统计上是完全独立的，也称 $y(t)$ 与 $x(t)$ 是不相干的。显然，$\gamma_{xy}^2(f)$ 的数值越

接近于 1，则振动系统的输出 $y(t)$ 与输入 $x(t)$ 的关系越大。因此，相干函数是把两个随机过程的线性相关的程度定量地按频率展现出来，即 $\gamma_{xy}^2(f)$ 的值是频率 f 处对应输入信号 $x(t)$ 的那部分输出信号的均方值在总输出信号均方值中所占的比例，而 $[1-\gamma_{xy}^2(f)]$ 则是输出信号中由其他干扰信号（与输入信号不相关的）引起的输出信号均方值的成分。因此相干函数常常用于确定两个时间历程在频率域的相关程度，检测和评定频率响应函数测量结果的准确性，检验振动系统是否是常系数线性系统，以及判断线性振动系统的振动传递通道等。

2. 非平稳随机过程

非平稳随机过程是时变、非各态历经的，不能用平稳随机过程处理方法解决非平稳随机过程问题。但可认为平稳随机过程是非平稳随机过程的特例，这是解决非平稳随机过程的基础。

非平稳随机过程的特征是它统计数据的时变性。在不同时刻，过程有不同统计特征，即它不是各态历经的，它的各域信息都与时间 t 有关。

对于一个非平稳随机过程，它在各个时刻的统计特征也可以用下列信息来描述：

（1）非平稳概率密度函数。

（2）非平稳自相关函数。

（3）非平稳谱密度函数。

对于多个非平稳随机过程还有：

（1）联合非平稳概率密度函数。

（2）非平稳互相关函数。

（3）非平稳互功率谱密度函数。

1）单个非平稳随机过程幅值的概率结构

非平稳随机过程 $x(t)$ 在任意时刻 t 的总体统计特性是随着 t 的变化而变化。因此，对任意的 $t=t_1$ 随机变量 $x(t_1)$ 的概率是 t_1 的函数，非平稳随机过程的概率分布函数 $P(x,t_1)$ 定义为

$$P(x,t_1) = p_{\text{rob}}[-\infty < x(t_1) \leqslant x] \qquad (8-20)$$

式中，$p_{\text{rob}}[\cdot]$ 为返回区域中的数值落在指定区间内的对应概率函数。概率分布函数与概率密度函数 $p(x,t_1)$ 之间关系与平稳随机过程相似，即

$$p(x,t_1) = \lim_{\Delta x \to 0} \frac{p_{\text{rob}}[x < x(t_1) \leqslant (x+\Delta x)]}{\Delta x} \qquad (8-21)$$

相应的统计信息有以下内容。

t_1 时刻的均值

$$\mu_x(t_1) = E[x(t_1)] = \int_{-\infty}^{+\infty} x p(x,t_1)\,\mathrm{d}x \qquad (8-22)$$

t_1 时刻的均方值

$$\varphi_x^2(t_1) = E[x^2(t_1)] = \int_{-\infty}^{+\infty} x^2 p(x,t_1)\,\mathrm{d}x \qquad (8-23)$$

t_1 时刻的方差

$$\sigma_x^2(t_1) = E\{[x(t_1) - \mu_x(t_1)]^2\} \qquad (8-24)$$

从这些信息表达式可看出，非平稳随机过程的统计量是时间的函数，如图 8-6 所给出的三种不同类型的时间历程曲线。

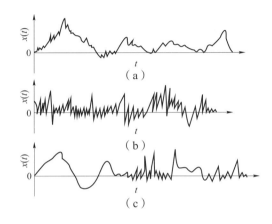

图 8-6 非平稳随机过程

（a）时变均值曲线；（b）时变均方值曲线；（c）时变频率结构曲线

从图 8-6 中可看出对于不同时间 t，非平稳随机过程有不同的概率密度或时域信息，有一簇概率密度曲线和一簇各域信息曲线。

若非平稳随机过程 $x(t)$ 在 $t = t_1$ 时是正态的，则 $p(x,t_1)$ 有如下形式：

$$p(x,t_1) = [\sqrt{2\pi}\sigma_x(t_1)]^{-1}\exp\frac{-[x - \mu_x(t_1)]^2}{2\sigma_x^2(t_1)} \qquad (8-25)$$

由此可见，$p(x,t_1)$ 完全由 $x(t)$ 在 $t = t_1$ 时刻的非平稳均值 $\mu_x(t_1)$ 和标准偏差 $\sigma_x(t_1)$ 确定。在工程上，很多情况是正态分布或很接近正态分布，对此类问题按正态分布处理，引起的误差在可接受范围之内。

非平稳随机过程的概率密度函数不仅是 x 的函数，而且也是时间 t 的函数，要得到统计数据，对多个样本函数 $x_1(t),x_2(t),\cdots$，在 t_1 时刻同时采样，得到 t_1 时刻总体均值为

$$\mu_x(t_1) = E[x(t_1)] = \lim_{n \to +\infty}\frac{1}{n}\sum_{i=1}^{n} x_i(t_1) \qquad (8-26)$$

在航天工程中，因试验次数少，不可能得到多个样本函数。但为了说明均值随时间变化情况，可采用分段平均，从分段平均中可分析随机振动的影响。

2）非平稳随机过程的谱结构

非平稳随机过程的谱密度可由非平稳随机过程的相关函数的双重傅里叶变换得到。如相关函数 $R_{xx}(t_1,t_2)$ 的双重频率谱密度函数为

$$S_{xx}(f_1,f_2) = \int_{-\infty}^{+\infty}\int_{-\infty}^{+\infty} R_{xx}(t_1,t_2)\exp[-j2\pi(f_2t_2-f_1t_1)]dt_1dt_2 \qquad (8-27)$$

$$S_{xy}(f_1,f_2) = \int_{-\infty}^{+\infty}\int_{-\infty}^{+\infty} R_{xy}(t_1,t_2)\exp[-j2\pi(f_2t_2-f_1t_1)]dt_1dt_2 \qquad (8-28)$$

另一种表示非平稳随机过程谱结构的方法是频率—时间谱密度函数，称为时变谱密度，即

$$S_{xx}(f,t) = \int_{-\infty}^{+\infty} R_{xx}(\tau,t)\exp(-j2\pi f\tau)d\tau \qquad (8-29)$$

$$S_{xy}(f,t) = \int_{-\infty}^{+\infty} R_{xy}(\tau,t)\exp(-j2\pi f\tau)d\tau \qquad (8-30)$$

式中　τ——取值的时间差；

　　　$S(f,t)$——谱密度在 (f,τ) 平面内的分布情况。

在这两种非平稳谱密度表示方法之中，后者更有实用价值。用 (f,τ) 平面及与此平面相互垂直的许多竖线描述非平稳谱结构，可看出对应不同时刻有不同的频率成分，即为一个谱场或谱群，如图 8-7 所示。

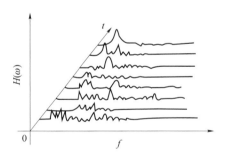

图 8-7　非平稳谱结构

8.2　数据采集

在发射试验中，数据采集系统一般由传感器—放大器—记录系统组成，但要对信号进行数字分析，就必须将模拟量转化为数字量（即 A/D 变换）。受计算机容量之限，只能从随机信号中采集有限长的一段信号（数据系列）进行分析。为了保持信号采集时的准确度，要求在采样、量化、时域截断等方面遵循一定的法则并采取一些技术措施，以确保所获取信号的真实可信。

8.2.1 采样与混淆

采样是以固定的时间间隔（Δt）依次抽取连续信号不同时刻瞬时幅值的过程，称 Δt 为采样间隔，$f_s = 1/\Delta t$ 为采样频率。一个连续信号被采样后，就以一系列离散信号去代表原来的连续信号，两者之间应该是一一对应且互相复原的，既不丢失原来的信息，也不增添新的干扰。

对一个有限频宽为 ω_c，频谱为 $X(\omega)$ 的无限持续时间历程 $x(t)$ 进行采样的过程，就是用一个脉冲序列 $\sum_{n=-\infty}^{+\infty}\delta(t-nT_s)$（采样函数）对连续时间历程 $x(t)$ 进行脉冲调制的过程，得到采样的时间系列为

$$x^*(t) = x^*(nT_s) = x(t) * \sum_{n=-\infty}^{+\infty}\delta(t-nT_s) \tag{8-31}$$

式中 T_s——采样周期，$T_s = \Delta T$。

显然 $f_s = 1/T_s$，且（nT_s）为一帧的采样时间。取傅里叶变换对

$$x^*(t) \leftrightarrow X^*(\omega)$$
$$x(t) \leftrightarrow X(\omega)$$
$$\sum_{n=-\infty}^{+\infty}\delta(t-nT_s) \leftrightarrow \frac{2\pi}{T_s}\sum_{k=-\infty}^{+\infty}\delta(\omega-k\omega_s)$$

式中 ω_s——采样圆频率，$\omega_s = \frac{2\pi}{T_s}$。

根据傅里叶变换及卷积定理的特性，两个时间函数乘积［式（8-31）］的傅里叶变换是对应的两个频谱函数的卷积，则

$$X^*(\omega) = \frac{1}{2\pi}\Big[X(\omega) * \frac{2\pi}{T_s}\sum_{k=-\infty}^{+\infty}\delta(\omega-k\omega_s)\Big] = \frac{1}{T_s}\Big[X(\omega) * \sum_{k=-\infty}^{+\infty}\delta(\omega-k\omega_s)\Big]$$

$$\tag{8-32}$$

根据卷积的定义，可知一个函数与 δ 函数的卷积就是该函数本身。那么一个周期性的脉冲系列 $\delta(\omega-k\omega_s)$ 与函数 $X(\omega)$ 的卷积［式（8-32）］，就可以看作是函数 $X(\omega)$ 的延时 $k\omega_s$（$k=\pm1,\ \pm2,\ \cdots,\ \pm\infty$）后的多次反复，即

$$X^*(\omega) = \frac{1}{T_s}\sum_{k=-\infty}^{+\infty}X(\omega-k\omega_s) \tag{8-33}$$

式（8-33）说明 $X^*(\omega)$ 是 $X(\omega)$ 频谱的反复，反复的周期为 ω_s。图8-8给出了不同 ω_s 时 $X^*(\omega)$ 的形状。

当 $\omega_s \geq 2\omega_c$ 时，$X^*(\omega)$ 只有反复，没有重叠；当 $\omega_s < 2\omega_c$ 时，由于采样频率不够高，频谱 $X^*(\omega)$ 在反复中出现重叠，谱形发生畸变，这种使信号的频谱出现混叠的现象称为混淆。

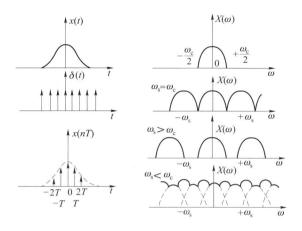

图 8 – 8　频率混淆原理

为了避免出现频域的混叠，采样频率与信号截止频率之间必须满足

$$\omega_s \geqslant 2\,\omega_c \tag{8 – 34}$$

不等式（8 – 34）就是采样定理，在具体采样过程中还应该尽量做到：

（1）采样前，根据信号的截止频率选择抗混淆的前置低通滤波器对连续信号进行滤波（简称为抗混滤波器），去掉不需要的高频成分，然后再进行采样和数据处理。

（2）选择采样频率 f_s 必须大于所需信号截止频率 f_c 的 2 倍以上。但由于抗混滤波器的通带与阻带之间的斜率不可能是理想的 90°，在滤波器的截止频率之后还留有一些高频成分。为了减小频率混淆带来的误差，通常采样频率应大于抗混滤波器截止频率的 2.56 倍以上（最好是 3～5 倍）。

8.2.2　泄漏与加窗

随机振动数字分析的基础是傅里叶变换。

$$X(f) = \frac{1}{2\pi} \int_{-\infty}^{+\infty} x(t)\,\mathrm{e}^{\mathrm{j}\omega t}\mathrm{d}t \tag{8 – 35}$$

这种变换是针对无限长时间的。但实际进行计算时，只在一个有限时间区间的样本长度 T 内进行采样和计算，即

$$X_T(f) = \frac{1}{2\pi} \int_{-\frac{T}{2}}^{\frac{T}{2}} x(t)\,\mathrm{e}^{-\mathrm{j}\omega t}\mathrm{d}t \tag{8 – 36}$$

式（8 – 36）相当于用一个高为 1、长度为 T 的矩形时间窗函数乘以原函数 $x(t)$，其结果是将时间窗函数之外的信息丢失了，在时域的这种截断必然导致频域内附加一些频率分量，使分析的结果产生畸变，这种现象称之为泄漏。

为了更清楚地说明时域的截断会导致频域内频率分量的增加，以正弦振动函数 $x(t) = \sin\omega_0 t$ 为例，取时间窗函数 $u(t)$ 为矩形截断函数，即

$$u(t) = \begin{cases} 1, |t| \leqslant \dfrac{T}{2} \\[2mm] 2, |t| > \dfrac{T}{2} \end{cases} \qquad (8-37)$$

已知正弦函数 $x(t) = \sin\omega_0 t$ 的傅里叶变换是 δ 函数 ［图 8 - 9 （a）］，矩形截断函数 $u(t)$ 的傅里叶变换结果 ［图 8 - 9 （b）］

$$U(f) = T\frac{\sin(\pi T f)}{\pi T f} \qquad (8-38)$$

前面已经说明两个时域函数之积 $x(t) \cdot u(t)$ 的傅里叶变换之卷积，即

$$x(t) \cdot u(t) \leftrightarrow X(f) * U(f)$$

已知 $X(f)$ 是一个 δ 函数：$\delta(f - f_0)$，并且某个函数与 δ 函数卷积的结果就是这个函数本身。所以

$$X(f) * U(f) = U(f) * X(f) = U(f) * \delta(f - f_0) = U(f - f_0) \qquad (8-39)$$

式 （8 - 39） 表明经矩形时间窗函数截断的有限长正弦振动函数的傅里叶变换频谱图是将 $u(t)$ 的傅里叶变换 $u(f)$ 曲线在频率轴上右移至 f_0 处 ［图 8 - 9 （c）］，将图 8 - 9 （a） 与 （c） 相比较，不难看出经这种有限长窗函数截断后的时间历程的频域变换使原来单一的线谱扩散到了相当宽的一个频带上，在频域范围内附加了很多其他的频率成分，即产生了泄漏。

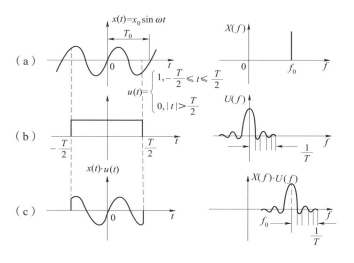

图 8 - 9　频率泄漏

为了减少泄漏，进行时域截断时可以选取不同类型的时间窗函数。在具体选择窗函数时总是希望：

（1） 窗函数的主瓣宽度尽可能小。

（2） 主瓣高度与旁瓣高度之比尽可能大。

（3）旁瓣的衰减快。

（4）在计算时间及计算机内存允许的条件下，窗函数的时间历程应尽量的长。

关于窗函数的选择，应考虑被分析信号的性质与处理要求，如果仅要求精确读出主瓣的频率，而不考虑幅值的精度，则可选用主瓣宽度较窄、便于分辨的矩形窗，例如测量物体的自振频率等；如果分析窄带信号，且有较强的干扰噪声，则应选用旁瓣幅度小的窗函数，如汉宁窗、三角窗等；对于随时间按指数衰减的函数，可采用指数函数来提高信噪比。

8.2.3　量化及其误差

把采样信号 $x(t)$ 的连续幅值变为有限个离散幅值的过程称为量化。这个过程是由模/数（A/D）变换器完成的，其最小二进制数称为量化单位 q，对于字长为 b 的 A/D 变换器，不含符号位时量化单位为 $q = 2^{-b}$。

当采样信号 $x(t)$ 的实际幅值落在两个相邻量化值之间时，就要舍入到相近的一个量化值上，量化值与实际幅值之差称为量化误差 $e(n)$。故量化误差满足下面的不等式。

$$-2^{-(b+1)} < e(n) \leq 2^{-(b+1)} \qquad (8-40)$$

通常，与信号数字化中出现的上述几个误差相比，量化误差一般较小，不是主要误差。

8.3　数据处理

8.3.1　处理原则

（1）数据处理应依据试验大纲的要求进行，特别是振动信号，试验大纲中应给出分析频率范围（即最低频率到最高频率）。

（2）有线测量取得的测试数据应首先进行预处理，对数据的合理性、可信度进行判断，剔除异常数据后才能进行正式处理。

8.3.2　数据预处理

（1）试验过程中，测量系统非常容易损坏，数据处理前必须判断信号的真伪并剔除不正常时段。

（2）判断试验前被测物理量是否为初始值，根据试验被测物理量的初始值平移整个时间里程曲线，消除零漂。

在大多数情况下，试验前被测物理量值都是已知的，如压力为大气压、过载为零、温度为常温、发射前导弹速度为零等，而实际测量值通常不为初始值，消除这一部分漂移误差是必要的。

（3）判断试验后被测物理量是否为确定值，若已知则进一步判断试验后测量值与实际的相符程度，若差异较大，则可作为测量失败、数据不可信的判据。

在大多数情况下，试验后被测物理量值都是已知的，如压力为大气压、过载为零、温度恢复为常温等，试验过程中测量系统非常容易损坏，比较试验结束后测量值与实际的相符程度通常是有效的验证手段。

（4）试验后观察传感器及连接电缆，若脱落或损坏，则该测点记录数据开始剧烈变化以后的信号无效。

（5）数据异常点的剔除。观察数据的时间历程图，若在不应出现的时刻有较大的异常值，经分析确认后，在数据处理时剔除这些时段。

（6）数据的滤波处理。根据信号的具体情况和试验大纲的要求，选取适合的滤波器。从测取的信号中选取代表真实信号的频率段，剔除虚假信号和噪声。对于振动信号，按照分析频率进行滤波处理，滤掉要分析的频率段外的频率成分。如果滤波后的时间历程图与试验前信号已经没有明显区别，说明信号被噪声淹没，应舍弃不用。

8.3.3　各类信号数据处理

能够用明确的数学关系式来描述的信号，或者可以通过实验方法重复产生的信号称为确定性信号，如燃气流的压力、温度，导弹出筒速度，发射装置结构件的应变等。

1. 压力、温度、应变数据处理

1）试验前数据判读

判断试验前被测物理量值是否为初始值，根据试验被测物理量的初始值平移整个时间历程曲线，直到试验前的数据记录变为初始值。大多数情况下，试验前被测物理量值都是已知的，如压力为大气压、过载为零、温度为常温、发射前导弹速度为零等，而实际测量值通常不为初始值，消除这一部分漂移误差是必要的。

2）试验后数据判读

判断试验后被测物理量值是否为确定值，若已知则进一步判断试验后测量值与实际的相符程度，若差异较大，则可作为测量失败、数据不可信的判据。大多数情况下，试验后的被测物理量值都是已知的，如压力为大气压、过载为零、温度恢复为常温等，试验过程中测量系统非常容易损坏，比较试验结束后测量值与实际的相符程度通常是有效的验证手段。如试验后观察被测结构温度测点处有无熔化烧蚀现象，若无熔化烧蚀现象则测量结果大于材料熔点的测点为测试失败点；观察测点热电偶的情况，如果折断破损则该测点记录数据开始剧烈变化以后的信号无效；从测量仪器上观察当试验结束一段时间且信号稳定后，如果不能回到常温，则该测点不可信；试验后观察被测结构应变测点处有无塑性变形，若无塑性变形则测量结果大于材料屈服极限的测点为测试失败点；观察测点的应变片粘贴情况，如果脱落破损则该测点无效。

3）数据的滤波处理

对测录到的压力信号进行 100 Hz 低通滤波处理，以试验前的状态为零，剔除零漂。图 8 - 10 是实测压力曲线，其中图 8 - 10（a）为原始信号，毛刺较多，不光滑。经过滤波处理即可得到图 8 - 10（b），滤波后的波形比较光滑。

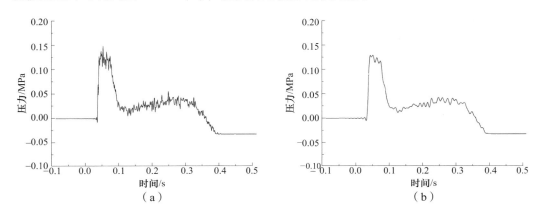

图 8 - 10　压力测试曲线

（a）原始信号；（b）数据处理后的信号

对测录到的温度信号，表面温度进行 10 Hz，燃气流温度进行 100 Hz 低通滤波处理，以试验前的状态为零，剔除零漂。图 8 - 11 是实测燃气流温度信号，由于温度信号为缓变信号，采用滤波进行处理，效果不是很明显。

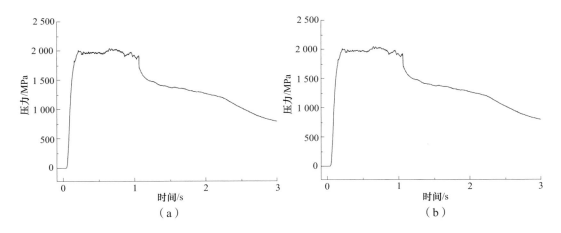

图 8 - 11　燃气流温度曲线

（a）原始信号；（b）数据处理后的信号

对测录到的应变信号进行 45 Hz 低通滤波处理，以试验前的状态为零，剔除零漂。

4）数据异常点的剔除

逐点观察测录到的数据点，对于个别偏离前后 5 点平均值较远的值，且偏离程度超过这 10 点均方差的 2 倍，该点的值可以用这 10 点的均值来替代。

5）数据的平滑处理

平滑处理就是对测量数据进行修匀，把外界的干扰和影响消除，让修匀后的数据落在一条光滑的曲线上，可用三点或五点平滑法进行平滑。

2. 随机振动信号的数据处理

由于随机振动在时域上是不确定的，在数学上只能用统计的方法进行研究。对于统计特性不随时间变化的平稳随机振动过程，在幅值域可以进行均值、均方值、方差和概率分布与概率密度函数的分析；在频域可以进行自功率谱、互功率谱、频率响应特性与相干函数的分析；在时差域可以进行自相关和互相关函数的分析。本节所述内容针对公路运输、铁路运输和海上航行等试验中的稳态随机振动信号。

（1）数据预处理。主要包括选取信号段、数据检验、滤波、去均值、剔除异常值内容。

①选取信号段。选取试验过程中稳定的信号段，选取的样本长度 T 应满足下面公式要求，即

$$T > \frac{1\,024}{f_{采}} \times 25\,(\text{s}) \tag{8-41}$$

式中 $f_{采}$——采样频率。

②数据检验。平稳性、各态历经性的检验都是针对工程应用中的一种近似假设的检验。经常采取最简单、凭经验的目视检查法和物理判断去判定一个过程的各态历经性与平稳性。目视检查法是通过采集仪器观察振动信号的时间历程。若振动幅值的平均值波动很小，振动波形的峰谷变化比较均匀且各段时间历程的频率结构大体一致，则可以近似认为该随机信号是平稳的，否则是不平稳。物理判断是指若某随机过程的各个样本本身是平稳的，而且获得各个样本的基本物理因素大体相同，则认为由这些样本所代表的随机过程的总体是各态历经的。

③滤波。根据需分析研究的信号频率进行一定频率段的滤波处理。一般公路试验为 0～500 Hz，铁路试验为 0～50 Hz。

④去均值。将试验数据的均值置零，剔除零漂。

⑤剔除异常值。计算试验数据的均方根值 σ，若数据 x_i 满足 $|x_i| > 5\sigma$，即认为是异常值，可以剔除。

图 8-12（a）是实测振动信号的原始信号，图 8-12（b）是经过 500 Hz 低通滤波器滤波之后的振动信号，由于该信号低频成分较多，所以采用 500 Hz 低通滤波器滤波时信号没有太多变化。

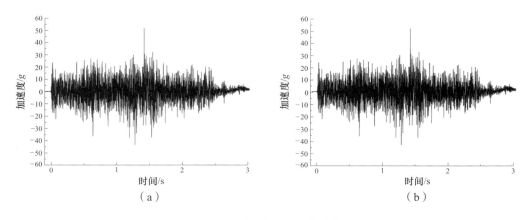

图 8 - 12　振动信号及滤波曲线

（a）原始信号；（b）数据处理后的信号

（2）功率谱计算。

①平均次数。进行功率谱计算时平均次数不少于 24 次。

②加窗类型。如果仅要求精确读出主谱峰的频率，而不考虑幅值的精度，则可选用矩形窗，例如测量物体的自振频率等；如果分析窄带信号，且有较强的干扰噪声，则应选用汉宁窗、三角窗等。由于除矩形窗之外，其他类型的窗函数都在所截取的时间段内，对原始信号进行了不等加权的修正，因此必须对加窗处理后用 FFT（Fast Fourier Transformation）方法算出的结果进行修正。

加速度功率谱密度与频率的关系曲线采用双线性轴，如果数据范围太大，使用线性刻度不方便时，可用双对数刻度形式画出。

图 8 - 13 是使用 ICP 加速度传感器和 OD - 100 数据采集设备测试某型号运输车得到的振动信号及功率谱曲线。图 8 - 13（a）为实测振动信号的原始信号，图 8 - 13（b）为功率谱密度曲线。

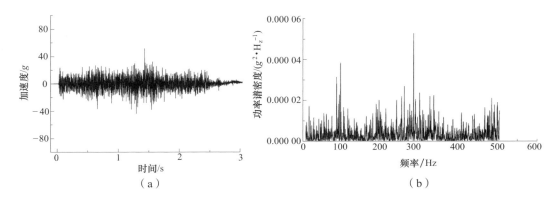

图 8 - 13　振动信号及功率谱曲线

（a）振动原始信号；（b）功率谱密度曲线

第 9 章 试验技术展望

随着计算机仿真技术的发展和以往大量试验技术的积累，虚拟试验技术在国内外得到了快速发展。虚拟试验简单来说就是在虚拟现实环境中，利用数字化模型代替实物模型，进行产品性能的试验分析。它是指通过应用计算机技术、仿真技术、虚拟现实技术、虚拟传感器技术、数据库技术、高速网络技术等数字化技术，构建虚拟试验环境，实现对产品在模拟试验条件下的功能指标考核，拓宽真实物理试验边界的数字化手段。虚拟试验是提高自主创新能力、缩短研制周期、降低研制成本的重要手段。

20 世纪 90 年代后期以来，虚拟仿真技术飞速发展，并广泛应用于航空、航天等军事领域，取得了令人瞩目的成果。目前，国外在工业产品的虚拟设计、制造和虚拟试验技术等方面已经取得了很大的进展，特别是在汽车领域得到了快速发展，包括虚拟现实图形绘制技术、虚拟仪器设计技术、车辆操纵稳定性虚拟试验、车辆平顺性虚拟试验、车辆动力性和经济性虚拟试验、车辆碰撞虚拟试验等。丰田、福特、大众、日产、本田等厂家都采用可视化数值模拟为基础的综合解决方案，用虚拟设计和虚拟试验技术来处理汽车产品在设计、制造和性能测试中所碰到的棘手问题，获得了性能质量/成本的最佳组合。虚拟试验系统可以作为真实试验的前期准备工作，部分地替代在现实世界中难以进行的试验，或者是费时、费力和费钱的试验，弥补物理资源的缺乏。

为了满足未来先进火箭导弹武器系统的需求、全面落实能力建设体系规划、实现专业技术的研制攻关和能力拓展，在研究国内外虚拟试验能力建设现状的基础上，根据航天发射装置试验技术特点和技术难点，明确虚拟试验的具体目标，系统梳理虚拟试验的关键技术（模拟复杂环境、试验故障快速诊断、试验风险评估、实物试验替代技术）有重要的意义。

9.1 国内外的虚拟试验在军工领域的发展现状

9.1.1 国外虚拟试验现状

在欧美发达国家，以建模仿真技术为基础的虚拟试验验证已成为武器系统试验与评价工作的重要组成部分，而且有些场合可以部分取代物理试验，成为武器系统试验与评价的新途径。如 1991 年美国国防部开始进行三大试验与评估投资计划，建立了试验和训练使能构架（Test and Training Enabling Arehitecture，TENA），成功用于逻辑靶场，提高了虚拟试验验证中的互操作性、可重用性和组合性，可以根据需要将分散和分布的资源根据要求集成起来，构成联合试验验证的逻辑靶场，为形成验证试验和作战使用试验一体化的新型试验模式奠定了基础。

虚拟试验验证技术也广泛应用在"宙斯盾"武器系统的"战备完好性"测试平台、"爱国者"防空导弹的虚拟试验验证系统以及"战斧"导弹地面的功能虚拟试验台中，对于设备的研发发挥了重要的作用。

9.1.2　国内虚拟试验现状

中国虚拟试验技术与欧美发达国家相比还有较大差距。随着计算机系统工程等技术的高速发展，虚拟试验已经得到了相当的重视，引起各界人士的兴趣和关注，国内许多研究机构和高校也都在进行虚拟试验的研究和应用，并取得了一些不错的研究成果。

如航空某单位以全尺寸飞机强度虚拟试验为牵引，以试验过程（从加载到测量）虚拟试验软件平台为目标，开始了数据库和知识库的研究；航天某单位开展了以 TENA 框架为基础的虚拟试验框架研究与建设；航天某单位依托某重点型号开展了弹用涡扇发动机虚拟试验平台建设，对涡轮部件的气动性能及燃烧室特性进行虚拟试验验证和预估研究；航天某单位开展运载火箭模态虚拟试验方法研究，进行全箭模态参数预示；南京航空航天大学开展振动台虚拟试验建模和验证技术研究，进行电磁振动台有限元虚拟试验模型建设，以及频率和振型修正工作；在虚拟现实技术的应用方面，中船重工某研究所进行了实船试验数据、电子样机、仿真设计数据和总体性能试验虚拟化方面的工作。

9.2　虚拟试验技术在航天发射装置中的应用

在发射装置的研制过程中，如何以最优的质量、最低的成本、最快的速度研制出来，满足用户的需要，是提高产品竞争力的关键。计算机技术、信息处理技术、CAX（CAD/CAE/CAPP/CAM）技术的迅猛发展，虚拟现实技术的逐步应用，为发射装置的研发、设计、制造和性能试验提供了一种全新的解决方法——在计算机上建立产品完备的三维实体模型，创建虚拟的实验室及运行环境，在虚拟环境下完成各种测试、试验，评定新产品的制造性能、装配性能、使用性能，从而极大地减少样机的制造和试验次数，缩短产品的开发周期，降低开发成本。

航天发射装置虚拟试验技术目前正在深入开展，整合了三维设计软件、燃气流场仿真软件、有限元分析软件、运动学仿真软件等模拟软件，在此基础上开发用于航天发射装置的专用虚拟试验仿真分析软件，从三维实体建模、虚拟加工、产品装配模拟、虚拟试验室建设、虚拟试验编程、虚拟仪器测试等方面进行开发，构建数字化的建模、试验和测试环境，使该软件能够进行航天发射装置全部试验项目的仿真：

（1）发射条件下，发射装置的燃气流排导和热防护分析。

（2）发射条件下，发射装置减震、降噪仿真分析。

（3）运输条件下（公路、铁路、海运、空运），发射装置的振动和疲劳寿命分析。

（4）发射条件下，发射装置刚强度分析。

（5）太阳暴晒条件下，发射装置的保温隔热分析和热防护效果仿真分析。

（6）发射装置伪装隐身性能的仿真分析。

（7）发射装置抗爆炸冲击的仿真分析。

（8）发射装置抗轻武器射击等装甲防护设计的仿真分析。

（9）发射装置的寿命预估仿真分析。

虚拟试验技术拥有美好的应用前景。在航天发射装置研制过程中已经开始应用，随着该技术研究的深入，将不断完善和发展，同时，此技术也对武器系统的研制和全寿命周期内的服务起到了极大的促进作用。

9.2.1 虚拟试验技术在水下垂直发射技术研究上的应用实例

潜载水下垂直发射装置技术比较复杂，需要通过大量反复的物理试验来验证发射方式的合理性，考核水下热发射带来的气液固耦合燃气流场排导理论分析的正确性，考核产品整机的功能和性能综合指标，以及完整性，需要投入大量的人力、物力。但实际上许多试验条件复杂，无法开展物理试验验证，或者物理试验无法完全覆盖实际使用工况。主要面临以下一些问题。

1. 试验环境条件复杂，难以复现

试验环境包括风、雨、温、湿等自然环境和特殊环境。为了准确获得水下垂直发射装置使用性能，应在试验场试验中充分模拟作战情况下的各种环境条件，但要完全模拟和复现使用环境无疑是困难的。此外，对影响产品性能的加工、装配公差，以及结构参数偏差等诸多不确定因素，也难以在试验中完全复现。由于上述多种因素的综合作用，环境复杂和不确定性使得实物试验很难完全在同一状态下进行，也很难完全复现真实的使用环境。

2. 破坏性大，安全隐患多

由于导弹（火箭）发射试验准备时间长，而且很多试验对自然环境和操作人员有不同程度的影响，安全隐患多，一些试验由于社会因素或造成环境污染而无法进行。

3. 故障定位难、分析难

由于试验环境复杂，试验数据采集难度大，中间过程参数难以测试，故障难以准确定位，也难以准确分析故障原因。

4. 投入大、成本高、周期长

水下发射试验的次数取决于其复杂性和试验费用，通常需要多次反复，才能确定产品的性能参数和综合指标。此外，水下发射试验耗资大，时间长，有些问题很难通过少量试验发现，尤其在工程研制阶段耗资量大，所占费用比例很大。

由此可见，试验方法和水平已成为制约其研制的瓶颈问题之一，迫切需要新的试验技术和试验方法。近年来，随着计算机技术、数学建模技术、虚拟样机技术、虚拟现实技术的迅猛发展，数值模拟与虚拟试验广泛应用于研制过程中，通过虚拟试验技术可以在计算机上营造辅助、部分替代甚至全部替代传统物理试验各操作环节的相关软硬件操作环境，试验者可以像在真实的环境中一样完成各种试验项目，所取得的试验效果接近、等价或者优于在真实物理环境中所取得的效果。可逐步减少或部分替代实物试验，以达到减少试验次数、降低研制成本、缩短研制周期的要求。

在某水下发射导弹型号预先研究阶段，针对采取什么样的发射方式（是弹射还是自力发射）进行了大量的燃气流仿真计算。首先建立数字样机的 CAD 模型和燃气发射器、助推器的数学模型，进行两种发射方式的燃气流场仿真分析，模拟导弹发射过程，计算两种发射方式燃气流排导的可行性，计算导弹受到的冲击过载和弯矩等关键技术参数，计算导弹出筒速度、加速度等参数。在大量反复计算的基础上，于原先预先研究阶段进行一系列的小比例发射试验，考核模型的正确性和优选发射方式。

在预先研究阶段成果基础上，进入型号演示验证阶段。首先明确了一种发射方式进行方案详细论证和设计，建立三维数学模型进行发射过程数字仿真、各种运输工况的受力分析，从而确定结构的详细尺寸并进行强度校核。这些都属于模拟试验的工作。然后确定几种工况，在水池内进行水下发射试验来验证数学模型的正确性。试验过程中通过有线测量和高速摄像获得相关的试验参数，修正数学模型。以修正后的数学模型为基础，进行大量的模拟试验仿真分析，比如模拟不同发射深度、模拟不同的海况、模拟不同的潜艇速度等进行模拟发射试验，从而得到各种发射工况下的数据。虚拟试验技术在水下发射装置研制过程中的应用，解决了发射工况多，试验海况和各种水深、艇速难以全部模拟的难题。

9.2.2　不同排导间隙下模拟导弹水下垂直发射仿真示例

以某水下发射技术为例，简单介绍采用燃气流场仿真分析模拟水下发射过程。

在导弹发射过程中，水下燃气自排导式垂直发射装置发动机喷出的高温、高速燃气需要经过燃气流排导系统排入安全空间，从而保证发射筒及发射平台的安全。因此，燃气流排导是发射筒的关键技术之一。燃气流排导系统在结构上主要与两种因素有关：约束燃气流排导的内外筒之间的排导间隙；实现燃气转向的底座结构形式。

内外筒间隙是同心筒设计过程中的一个关键参数，如果间隙过小，燃气流不能通畅地从内外筒间隙排出，高温高速燃气流可能在发射筒底部形成旋涡、壅塞，从而影响发射或对弹体造成严重的烧蚀。如果间隙过大，针对利用燃气压力开盖的发射筒，会使发射筒口压力降低，进而影响筒盖的正常开启，产生导弹弹头在发射出筒的过程中碰及筒盖的风险；也会降低导弹底部压力，使导弹出筒速度减小；最后，还会使发射筒体积庞大，造成空间浪费。另外，发动机喷出的燃气流在发射筒底座上经180°反转后进入内外筒排导间隙，底座内部的型面结构形式对发射筒内燃气流场有很大的影响。因此，利用大型流体力学仿真软件 FLUENT，对导弹发射时不同内外筒排导间隙和不同底座导流形式下的燃气流场进行详细的仿真分析，为发射筒排导间隙和底座型面结构形式的确定提供了参考依据。

1. 控制方程

所选用的雷诺平均 N—S 方程组如下：

质量守恒方程：

$$\frac{\partial \rho}{\partial t} + \frac{\partial (\rho u_i)}{\partial x_i} = 0 \tag{9-1}$$

动量守恒方程：

$$\frac{\partial (\rho u_i)}{\partial t} + \frac{\partial (\rho u_i u_j)}{\partial x_j} = -\frac{\partial p}{\partial x_i} + F_\mu + F_{\mu_t i} \tag{9-2}$$

能量守恒方程：

$$\frac{\partial (\rho E)}{\partial t} + \frac{\partial}{\partial x_i}[u_i(\rho E + p)] = G \tag{9-3}$$

RNG $k—\varepsilon$ 模型方程：

$$\rho \frac{dk}{dt} = \frac{\partial}{\partial x_i}\left(\alpha_k \mu_{\text{eff}} \frac{\partial k}{\partial x_j}\right) + G_k + G_b - \rho\varepsilon - Y_M \tag{9-4}$$

$$\rho \frac{d\varepsilon}{dt} = \frac{\partial}{\partial x_i}\left(\alpha_k \mu_{\text{eff}} \frac{\partial \varepsilon}{\partial x_j}\right) + C_{1\varepsilon} \frac{\varepsilon}{k}(G_k + G_{3\varepsilon}G_b) - C_{2\varepsilon}\rho \frac{\varepsilon^2}{k} - R \tag{9-5}$$

式中 ρ——气流密度；

u——速度矢量；

p——压力；

E——总能。

2. 计算模型与工况

计算模型采用三维对称模型，如图 9-1 所示。在分析不同内外筒间隙对发射筒内燃气流场的影响时，根据导弹初始位置建立计算域（图 9-2），其中发动机出口边界条件由导弹在发射筒内的位置确定，发射筒壁及弹壁定义为绝热壁面，外场边界定义为发射筒外。

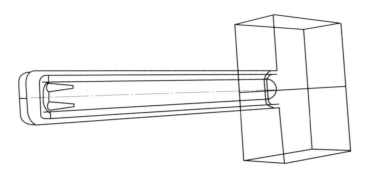

图 9-1　计算模型

首先对三种排导间隙工况下的燃气流场进行了仿真。计算过程中对同心筒底座以及内外筒间隙中 $z=0$ m、0.5 m、1.0 m、1.5 m、2.0 m 截面（z 向定义如图 9-2 所示）上的压力、温度进行了监测。

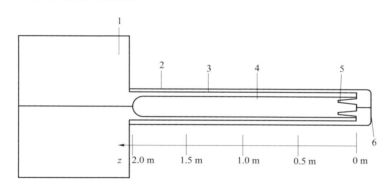

图 9-2　计算区域

1—外场；2—外筒；3—内筒；4—导弹；5—发动机；6—底座

在确定了排导间隙之后，研究了平板型和在底座上加装人字形导流锥的两种结构形式底座对发射筒内燃气流场的影响，同样对内外筒间隙中 $z=0$ m、0.5 m、1.0 m、1.5 m、2.0 m 截面上的压力、温度进行了监测。

3. 结果分析

1）不同排导间隙对发射筒内燃气流场的影响

在三种工况下，同心筒底座及内外筒间隙中 $z=0$ m、0.5 m、1.0 m、1.5 m、2.0 m 的位置处的压力如图 9-3 所示。

由图 9-3 可知，发动机点火后在底座上产生的燃气压力最大，内外筒排导间隙内随着与发动机的距离越远，燃气流产生的压力越小。另外，还可以看出，随着排导间

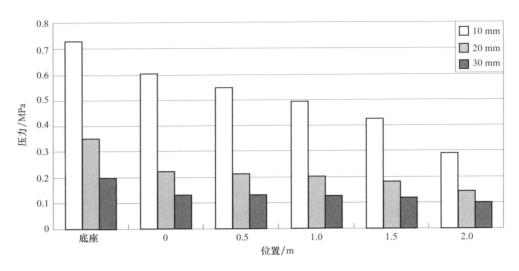

图 9 - 3　在三种工况下发射筒内不同位置处压力（绝对压力）

隙从 10 mm 增大至 30 mm，发射筒内压力明显减小。当排导间隙为 10 mm 时，底座上绝对压力可达到 0.73 MPa，而当排导间隙增至 20 mm 和 30 mm 时，底座上的绝对压力分别为 0.35 MPa 和 0.20 MPa，分别减小了 52% 和 72.6%。这是因为随着排导间隙的增大，气流排导逐渐流畅，因此压力逐渐变小。结合图 9 - 4 ~ 图 9 - 6 所示可以看出，排导间隙为 10 mm 和 20 mm 两种工况时，均出现了底座内压力大于发动机内部压力的现象，这表明气流受到了较大阻滞。而当间隙增加至 30 mm，没有出现外部压力大于发动机内部压力的现象，表明 30 mm 间隙时气流可以顺畅地排出筒外。另外，综合考虑发射筒的质量指标和使用要求，一般发射筒的设计承压为 0.1 MPa（相对压力），当排导间隙为 30 mm 时，燃气流在发射筒内产生的压力小于设计承压值，满足要求。

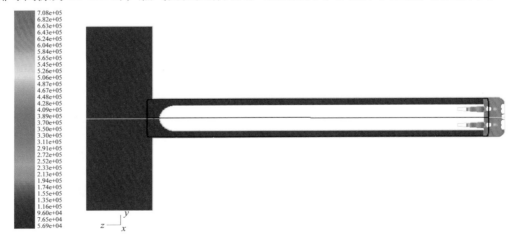

图 9 - 4　10 mm 间隙特征面上的压力云图

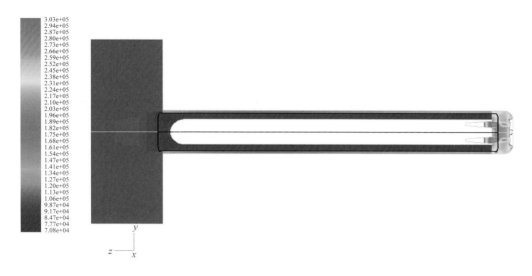

图 9 – 5　20 mm 间隙特征面上的压力云图

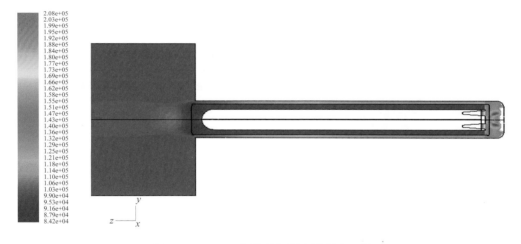

图 9 – 6　30 mm 间隙特征面上的压力云图

　　图 9 – 7 ~ 图 9 – 9 给的三种工况下，排导间隙为 10 mm 和 20 mm 时，由于在底座内气流阻滞，不能及时排导，速度显著降低，而当间隙增加至 30 mm 时，没有再出现马赫数降低的现象，这一结果与压力云图结果一致。

　　图 9 – 10 给出的是三种工况下发射筒内各监测位置处的温度值。从图 9 – 10 中可以看出，三种排导间隙下发射筒内温度基本一致，说明排导间隙的大小对排导间隙内各位置处温度影响不大，但温度值很高，均在 3 000 K 以上。

　　通过对三种排导间隙时导弹发射过程的燃气流仿真计算分析，排导间隙为 30 mm 时，发射过程中气流没有在筒内阻滞，能够顺利地排出筒外，而且燃气流在发射筒内产生压力值小于一般发射筒承压设计值 0.1 MPa （相对压力），因此建议该型导弹发射

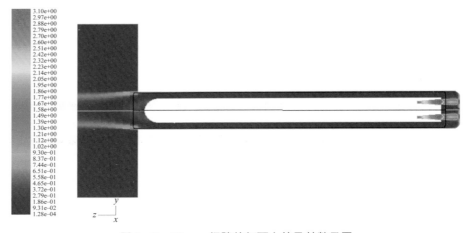

图 9 – 7　10 mm 间隙特征面上的马赫数云图

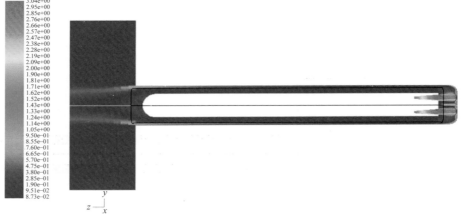

图 9 – 8　20 mm 间隙特征面上的马赫数云图

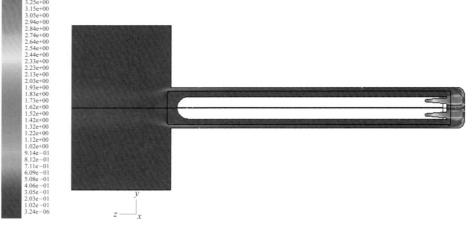

图 9 – 9　30 mm 间隙特征面上的马赫数云图

筒采用 30 mm 排导间隙。

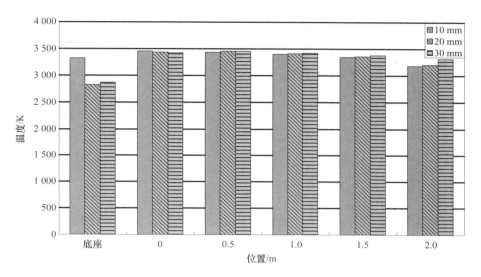

图 9 - 10　在三种工况下发射筒内不同位置处温度

2）不同底座导流结构对发射筒内燃气流场的影响

对于上述不同排导间隙的计算，底座中心采用的是平板导流形式，由于在仿真计算过程中发现弹体与内筒间的温度较高，均在 3 000 K 以上。考虑到温度高对弹体结构产生烧蚀作用，因此采取在底座上加装导流锥，以降低发射内筒与弹体之间的温度。研究了平板型和加装人字形导流锥两种结构形式底座对发射筒内燃气流场的影响，为底座结构设计提供依据。两种底座结构示意如图 9 - 11 所示。

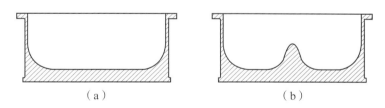

（a）　　　　　　　　　　　　　　　（b）

图 9 - 11　平板型和加装人字形导流锥两种结构

（a）平板型导流锥底座；（b）人字形导流锥底座

经过仿真计算，加装人字形导流锥结构以后，发射筒内筒与弹体间温度仍维持在 3 000 K 以上，可见人字形导流型面并不能达到预期的效果。

另外，监测了两种结构形式下内外筒间隙中 $z = 0$ m、0.5 m、1.0 m、1.5 m、2.0 m 截面（z 向定义如图 9 - 2 所示）上的压力数值，见表 9 - 1。

表 9 – 1   两种结构形式底座下内外筒排导间隙压力统计

位置/m	内外筒排导间隙压力/MPa	
	人字形导流	平板型导流
$z=0$	0.10	0.12
$z=0.5$	0.13	0.12
$z=1.0$	0.12	0.12
$z=1.5$	0.11	0.11
$z=2.0$	0.10	0.10

从表 9 – 1 中数据可以看出，在发射筒底部接近底座的地方（即当 $z=0$ m 时）压力稍有减小，这是因为在人字形导流锥结构的作用下，发动机喷出的燃气流向两边分开，减小了燃气流对底座的正面冲击，因此压力稍有减小；而当在距离底座远的地方，两种结构形式底座下发射筒内外间隙内的压力几乎相同，说明底座导流结构形式对发射筒排导间隙的压力影响不大。

从以上分析可以看出，通过加装人字形导流器并没有达到降低弹体与发射内筒之间温度的预期效果，而且由于底座内空间本来就有限，再增加导流器，一是增加结构，使结构设计烦琐；二是不利于气流排导。故综合考虑，该型导弹发射筒底座建议采用平板型导流即可。

4. 结论

通过对不同排导间隙下燃气流场的仿真分析，得出结论如下：

（1）内外筒间隙采用 30 mm 时，燃气流可以顺畅地排出发射筒外，20 mm 间隙和 10mm 间隙都出现了气流阻滞的现象。

（2）排导间隙从 10 mm 增至 30 mm 时，对发射筒内温度的变化影响不大，即通过增大排导间隙的方式对降低排导间隙内温度的贡献不大。

（3）加装人字形导流锥不能达到降低弹体与发射内筒之间温度的预期效果，对于排导间隙内压力影响不大，因此建议采用平板型导流形式。

9.3 总   结

随着航天发射技术的发展，火箭、导弹由助推器或发动机点火自力发射、燃气蒸汽弹射/提拉缸弹射等方式，发展到新的气液弹射、水动力弹射、电磁弹射等发射方式。导弹（火箭）装载载体也涵盖了舰艇、潜艇、飞机、发射车甚至外太空等，发射角度也包含了水平发射、倾斜发射和垂直发射。从研制的角度来看，要求各项地面试验要验证得具有"真实性"和"覆盖性"，为此，近年来各种试验手段逐步建立和发展，能够模拟发射装置的各种使用环境，包括性能试验、可靠性试验、维修性试验和环境试验等。随着需求的变化，发射技术也越来越复杂，对航天发射装置试验技术的要求也越来越高，航天发射装置试验技术已经发展为一个重要的支撑技术。

目前，国内从事发射技术研究的科研单位、生产单位以及某些高校先后建立了一些与发射技术有关的试验室或试验场，以及虚拟仿真试验室，涵盖了结构强度试验、液压试验、电气试验、环境试验、发射试验等各方面，相关的试验标准和规范也陆续编写、完善和发布实施。随着电子仪器的进步、内装自检技术的发展，测试技术向着多媒体、网络化发展。同时，以火箭、导弹试验要求为推动力，相应的试验技术理论研究、应用研究、测试设备的开发工作等都得到了更多的重视和发展。

在试验过程系统化、规范化的同时，试验的管理工作也逐步规范化，各项规章制度和监督检查制度逐步完善。试验室的认证工作将陆续纳入规范化管理，使相关的试验标准化，试验结果公正、正确。为了保证试验测试结果的公正性，需要有相关的权威组织作为认证机构，在确认标准、规定要求得到满足后，认证机构有权颁发证书。认证机构按照相关试验室操作的通用标准授权和控制试验室，使其具有合法身份，检查它的公正性、独立性、诚实性、技术能量和质量管理体系。

相信，航天发射装置试验技术作为一项重要的学科，必将在虚拟和真实试验相结合的道路上研究得越来越深入，为航天事业的发展做出更大的贡献。

参 考 文 献

[1] 高凯，张志勇，邓科. 某型导弹锁定机构解锁机理分析［J］. 导弹与航天运载技术，2012（7）：39－42.

[2] 姜毅，郝继光，傅德斌，等. 新型"引射同心筒"垂直发射装置理论及试验研究［J］. 宇航学报，2008，29（1）：236－241.

[3] 高凯，周成康，邓科，等. 同心筒内二次燃烧对导弹运动的影响分析［J］. 导弹与航天运载技术，2014（2）：23－26.

[4] 袁绪龙，王亚东，刘维. 同心筒水下发射内弹道建模与仿真研究［J］. 弹道学报，2013，25（2）：23－26.

[5] 韩煜宇，吴利民. 燃气流公共排导和同心筒技术在舰载导弹垂直发射装置中的应用分析［J］. 舰船科学技术，2007，29（A01）：76－78.

[6] 郭志成，郑宏建. 贮运发射箱性能试验方法研究［J］. 飞航导弹，2003（10）：30－33.

[7] 胡昌华，马清亮，郑建飞. 导弹测试与发射控制技术［M］. 北京：国防工业出版社，2014.

[8] 刘向阳. 航天测试技术［M］. 北京：国防工业出版社，2013.

[9] 陈浮，宋彦萍，陈焕龙，等. 气体动力学基础［M］. 哈尔滨：哈尔滨工业大学出版社，2013.

[10] 李德葆，沈观林. 振动测试与应变电测基础［M］. 北京：清华大学出版社，1987.

[11] 张佩元，等. 地面设备设计与试验［M］. 北京：中国宇航出版社，1996.

[12] 曾光宇，杨湖，李博，等. 现代传感器技术与应用基础［M］. 北京：北京理工大学出版社，2006.

[13] 范云霄，刘桦. 测试技术与信号处理［M］. 北京：中国计量出版社，2002.

[14] 李科杰. 传感器技术［M］. 北京：北京理工大学出版社，1989.

[15] 刘迎春，叶湘滨. 传感器原理设计与应用［M］. 长沙：国防科技大学出版社，2002.

［16］张洪润，张亚凡. 传感器技术与应用教程［M］. 北京：清华大学出版社，2005.

［17］王化祥，张淑英. 传感器原理及应用［M］. 天津：天津大学出版社，2002.

［18］严钟豪，谭祖根. 非电量电测技术［M］. 北京：机械工业出版社，1983.

［19］何希才. 传感器及其应用电路［M］. 北京：电子工业出版社，2001.

［20］韩云台. 测试技术基础［M］. 北京：国防工业出版社，1989.

［21］尹福炎. 航空—航天飞行器结构试验与应变测量技术一本通［M］. 北京：国防工业出版社，2013.

［22］吴正毅. 测试技术与测试信号处理［M］. 北京：清华大学出版社，1991.

［23］卢文祥，杜润生. 工程测试与信息处理［M］. 武汉：华中理工大学出版社，1994.

［24］郑君里，杨为理，应启珩. 信号与系统［M］. 北京：人民教育出版社，1981.

［25］李邦复，郝建明. 遥测系统（上）［M］. 北京：中国宇航出版社，1987.

［26］周正伐. 航天可靠性工程［M］. 北京：中国宇航出版社，2006.

［27］蔡淑华. 飞航导弹火控系统［M］. 北京：中国宇航出版社，1996.

［28］吕佐臣. 飞航导弹发射装置［M］. 北京：中国宇航出版社，1996.

索　引

E